# AUGUSTE TRILLAT

EXPERT-CHIMISTE AU TRIBUNAL CIVIL DE LA SEINE

———

# LES PRODUITS CHIMIQUES

## EMPLOYÉS EN MÉDECINE

(Série grasse et série aromatique)

## CHIMIE ANALYTIQUE ET INDUSTRIELLE

### INTRODUCTION PAR P. SCHUTZENBERGER

Membre de l'Institut
Professeur au Collège de France.

*Avec 57 figures intercalées dans le texte*

ANTISEPTIQUES

HYPNOTIQUES. — ANALGÉSIQUES

CLASSIFICATION
DÉTERMINATION DE LEUR VALEUR
RELATIONS CHIMIQUES ET PHYSIOLOGIQUES
PRÉPARATION
DES ANCIENS ET DES NOUVEAUX MÉDICAMENTS SYNTHÉTIQUES
CARACTÈRES ANALYTIQUES

## PARIS

LIBRAIRIE J.-B. BAILLIÈRE et FILS
19, Rue Hautefeuille, près du boulevard Saint-Germain.

———

1894

ENCYCLOPÉDIE DE CHIMIE INDUSTRIELLE

# LES PRODUITS CHIMIQUES

## EMPLOYÉS EN MÉDECINE

### CHIMIE ANALYTIQUE ET INDUSTRIELLE

LIBRAIRIE J.-B. BAILLIÈRE ET FILS

# MANIPULATIONS DE CHIMIE

## GUIDE POUR LES TRAVAUX PRATIQUES DE CHIMIE
### Par E. JUNGFLEISCH

Professeur au Conservatoire des Arts et Métiers, Membre de l'Académie de médecine

*Deuxième édition, revue et augmentée*

1893, 1 vol. gr. in-8 de 1,188 pages, avec 374 fig., cartonné.   25 fr.

L'auteur, se plaçant à un point de vue essentiellement expérimental, a voulu faire un guide pour les travaux pratiques de chimie, indiquant les conditions dans lesquelles chaque expérience doit être réalisée, les difficultés qu'elle peut présenter, les moyens à employer pour en assurer le résultat. Les opérations les plus importantes relatives, soit à l'analyse chimique, soit à la préparation ou à l'étude des éléments et de leurs composés, y sont passés en revue.

Dans cette nouvelle édition l'auteur a donné l'interprétation des réactions dans la *notation atomique* en même temps que dans la notation équivalente.

# MANIPULATIONS DE CHIMIE MÉDICALE
### Par J. VILLE

Professeur à la Faculté de Médecine de Montpellier

1893, 1 vol. in-16 de 180 pages, avec 68 figures, cartonné.   4 fr.

I. Étude des principes minéraux essentiels contenus dans l'organisme. — II. Étude des substances albuminoïdes, de la séparation des principales matières protéïques que l'on trouve dans les liquides de l'économie, notamment dans le sérum sanguin et le lait. Examen spectroscopique de l'hémoglobine et de ses dérivés. — III. Étude des liquides digestifs : salive, suc gastrique (méthode de MM. Armand Gautier et Hayem), suc pancréatique, bile. — IV. Examen des urines et détermination quantitative et qualitative de leurs éléments normaux et pathologiques.

# NOUVEAU DICTIONNAIRE DE CHIMIE
## COMPRENANT

### Les applications aux Sciences, aux Arts, à l'Agriculture et à l'Industrie

*A l'usage des Industriels, des Fabricants de produits chimiques des Agriculteurs, des Médecins, des Pharmaciens, des Laboratoires municipaux de l'École centrale, de l'École des mines, des Écoles de chimie, etc.*

### Par Émile BOUANT

Agrégé des sciences physiques, professeur au Lycée Charlemagne

*Avec une introduction par M. TROOST* (de l'Institut)

Un volume in-8 de 1,160 pages, avec 650 figures . . . .   25 fr.

L'auteur s'est astreint à rester sur le terrain de la chimie pratique.

Les préparations, les propriétés, l'analyse des corps usuels sont indiquées avec les développements nécessaires. Les fabrications industrielles sont décrites de façon à donner une idée précise des méthodes et des appareils.

On trouvera là, à chaque page, sur les applications des divers corps, des renseignements qu'il faudrait chercher dans cent traités spéciaux qu'on a rarement sous la main.

# NOUVEAUX ÉLÉMENTS DE CHIMIE MÉDICALE ET BIOLOGIQUE
### Par R. ENGEL

Professeur à l'École Centrale, correspondant de l'Académie de Médecine

*4e édition.* 1892, 1 vol. in-8 de 672 pages, avec 107 figures.   9 fr.

Angers, imp. A. Burdin et Cie, rue Garnier, 4.

# AUGUSTE TRILLAT

EXPERT-CHIMISTE AU TRIBUNAL CIVIL DE LA SEINE

# LES PRODUITS CHIMIQUES

## EMPLOYÉS EN MÉDECINE

### (Série grasse et série aromatique)

## CHIMIE ANALYTIQUE ET INDUSTRIELLE

### INTRODUCTION PAR P. SCHUTZENBERGER

Membre de l'Institut
Professeur au Collège de France.

*Avec 57 figures intercalées dans le texte*

ANTISEPTIQUES

HYPNOTIQUES. — ANALGÉSIQUES

CLASSIFICATION
DÉTERMINATION DE LEUR VALEUR
RELATIONS CHIMIQUES ET PHYSIOLOGIQUES
PRÉPARATION
DES ANCIENS ET DES NOUVEAUX MÉDICAMENTS SYNTHÉTIQUES
CARACTÈRES ANALYTIQUES

# PARIS

## LIBRAIRIE J.-B. BAILLIÈRE et FILS

19, Rue Hautefeuille, près du boulevard Saint-Germain.

—

1894

# INTRODUCTION

La chimie organique et ses applications ont pris, de nos jours, de tels développements qu'il devient de plus en plus difficile d'en réunir les diverses parties dans un traité d'ensemble.

Non seulement les dimensions d'un tel ouvrage seraient trop vastes, mais, ce qui est plus grave, la compétence de l'auteur qui se chargerait d'une telle besogne serait, dans certaines parties, mise à une trop rude épreuve, quelle que fût, du reste, son érudition.

A côté de traités de chimie relativement courts, développant surtout les principes généraux, établissant des classifications rationnelles, définissant les fonctions et les procédés de synthèse des divers groupes de composés et donnant une place secondaire aux questions de détails, à côté des grands dictionnaires, destinés surtout à fournir rapidement, au chimiste, les renseignements dont il peut avoir besoin, il est désirable de voir surgir des traités spéciaux, visant un ou plusieurs groupes voisins de composés, reliés entre eux, soit par leur constitution, soit par leurs applications industrielles ou autres.

Des monographies de ce genre sont appelées à rendre des services incontestables, surtout lorsqu'elles sont dues à la plume d'un savant, compétent dans la matière qu'il traite, à même de soumettre à une critique sérieuse les matériaux nombreux, fournis par les publications périodiques et d'en former un tout méthodiquement classé.

A cause de leur importance industrielle considérable, les matières colorantes synthétiques ont, depuis longtemps, appelé l'attention des écrivains spécialistes tant en France qu'à l'étranger et trouvé leurs historiographes.

Les ouvrages traitant de ce domaine spécial de la chimie appliquée, présentés au public avec tant de profit pour l'industrie des matières colorantes, pour la teinture et l'impression des tissus, devaient solliciter des efforts analogues, en ce qui concerne les produits chimiques utilisés en médecine, soit comme antiseptiques, soit comme médicaments.

Là aussi des progrès sérieux et notables ont été réalisés, des faits nouveaux, des découvertes, des applications utiles se sont accumulés d'année en année.

Il devenait urgent de classer et de coordonner, d'après les règles scientifiques de la chimie moderne, les nombreux corps qui, par leurs propriétés physiologiques, avaient attiré l'attention du monde médical.

Cette classification paraissait d'autant plus nécessaire que, pour des raisons d'intérêt commercial, beaucoup de ces corps avaient été baptisés de noms arbitraires, ne rappelant par rien leur nature chimique et leur origine.

Un savant peut être fort embarrassé de

deviner ainsi la composition et la structure chimique de l'antinervine, de l'antipyrine, du dermotol, de l'iodol, du salol, du somnol, du sosoïodol, du sulfonal.

Dans les traités de chimie, ces préparations ne sont souvent décrites que sous leur nom scientifique, ce qui rend pénibles et infructueuses les recherches bibliographiques.

Nous avons rapproché à dessein les matières colorantes des substances physiologiquement actives. Il existe, en effet, une grande analogie dans le développement historique de ces deux branches de la chimie appliquée.

Jusque vers la fin de la première moitié du $XIX^e$ siècle, l'art de la teinture et de l'impression des tissus ne disposait en fait de matières colorantes, en dehors des sels et des composés minéraux, que des principes immédiats élaborés par l'organisme vivant. La racine d'une précieuse rubiacée, la garance, servait à colorer les fibres textiles en un rouge remarquable par sa résistance à l'action de la lumière, et dont le *rouge d'Andrinople* représente le type le plus parfait. Les feuilles d'une plante du genre indigofera, cultivée dans les pays chauds, au Bengale notamment, mises en fermentation avec de l'eau, donnaient l'indigo bleu très recherché à cause de sa solidité. Les bois colorants, bois de Campêche, bois rouges, bois jaunes, le lichen à orseille, la cochenille, le kermès et quelques autres produits d'origine végétale formaient, avec la garance et l'indigo, les seules sources où l'on pouvait puiser les matériaux servant à la coloration des plus belles étoffes et tentures en soie, en laine et en coton.

Il en a été absolument de même pour ce qui touche aux composés médicamenteux. Si nous laissons de côté les préparations minérales d'un emploi déjà très ancien, nous ne rencontrons à la même époque que des principes actifs contenus dans les végétaux, principes dont les alcaloïdes naturels et certains glucosides sont les représentants les plus énergiques et les plus estimés.

Tout au plus avait-on recours à certains produits artificiels obtenus en soumettant les principes immédiats des végétaux à diverses réactions chimiques.

L'alcool était fourni par la fermentation du sucre; l'éther sulfurique dérivait de l'alcool traité par l'acide sulfurique; le chloroforme, l'iodoforme étaient fournis par l'action des hypochlorites ou des hypoïodites alcalins sur l'alcool; le chloral résultait de l'action du chlore sur ce même alcool.

Que de changements d'un côté et de l'autre depuis 1850? Quelles riches moissons de faits nouveaux ont été recueillies depuis; quels résultats immenses ont été acquis en moins d'un demi-siècle?

Ce progrès rapide et intense, progrès dont

la vitesse est loin de s'atténuer, auquel nous devons les couleurs d'aniline, la synthèse de l'alizarine, de l'indigotine, celle de l'antipyrine et d'une foule d'autres substances couramment employées en médecine, nous le devons uniquement à la chimie moderne, à la chimie scientifique. La chimie élargit à grands pas son domaine déjà si vaste ; chaque jour elle crée de toutes pièces des composés nouveaux formés par voie de synthèse. Elle a su, en effet, s'affranchir de l'intervention de la force vitale jugée autrefois nécessaire et indispensable à la genèse des composés organiques, des composés du carbone. Elle n'utilise plus aujourd'hui que les affinités propres aux éléments, affinités qu'elle a appris à manier et à diriger avec une délicatesse et une sûreté de main remarquables en vue d'atteindre un but déterminé.

C'est parmi cette multitude de composés artificiels, dont la liste est infiniment plus vaste que celle des principes immédiats naturels, qui réalisent des genres de combinaisons absolument inconnus et insoupçonnés autrefois, que l'homme de l'art est appelé à choisir ceux qui, par leur action physiologique ou par leurs propriétés tinctoriales, sont susceptibles de produire un effet utile, de répondre à une indication spéciale.

Quelles sont les vraies causes de ce brusque

épanouissement de l'horizon chimique? Il vaut la peine d'en dire quelques mots.

Deux conceptions se sont développées presque parallèlement. Par ses mémorables travaux sur la synthèse des matières organiques, M. Berthelot a mis fin à une légende et fait disparaître de la science une conception fausse.

Les êtres vivants seuls, pensait-on, sont susceptibles, grâce à une force spéciale, la force vitale, de former les composés complexes du carbone en empruntant leur matériel parmi les combinaisons les plus simples, acide carbonique, eau, ammoniaque. M. Berthelot a démontré victorieusement qu'il est possible de passer des éléments isolés aux composés organiques, en n'utilisant que le jeu des affinités chimiques de ces éléments; en même temps, il faisait connaître par quelles voies on peut pénétrer du règne minéral dans le règne organique.

L'oxyde de carbone s'unit à l'hydrate de potasse en donnant du formiate de potasse, ce qui réalise la synthèse totale de l'acide formique, tête de la série des acides gras.

Sous l'influence de la chaleur intense de l'arc voltaïque, l'hydrogène s'unit au carbone sous forme d'un gaz, l'acétylène. Avec l'acétylène et l'hydrogène, on obtient l'éthylène. Ce dernier, en s'unissant à l'eau, produit l'al-

cool ordinaire. L'acétylène chauffé par 400°
se condense et se change en benzine, ce qui
permet de réaliser la synthèse totale de l'aniline et de tous ses dérivés.

La glycérine chauffée avec un acide gras,
tel que l'acide stéarique, reproduit le corps
gras neutre dont on l'avait retiré par saponification.

Tous ces faits accumulés, joints à quelques
données antérieures, telle que la synthèse
de l'urée par Wœhler, ne laissaient plus aucun
doute sur l'inutilité de la force vitale en chimie.
C'était beaucoup déjà, qu'un semblable résultat. Dès lors, on pouvait espérer et prévoir
la synthèse des principes immédiats les plus
variés et les plus complexes, tels que les su-
cres, les alcaloïdes, les acides végétaux, etc.

C'était beaucoup, disons-nous, mais ce
n'était pas assez. Outre cette promesse et cette
conviction, il fallait pour la convertir en réa-
lité un guide sûr, un fil conducteur, permettant de se reconnaître dans le dédale de la
structure, de la constitution des corps. Une
molécule complexe, le sucre $C^{12}H^{22}O^{11}$, par
exemple, ou un corps gras neutre, la stéarine,
est comparable à un édifice dont nous pouvons séparer, par la formule, les parties importantes, tels que façade, fond, parois laté-
rales, toit, sol, en étayant toutefois les parties
ainsi séparées.

On fait quelque chose d'analogue, lorsqu'on

scinde un corps neutre en glycérine et en acide gras ; les deux portions isolées et séparées l'une de l'autre ont ainsi besoin d'étais pour subsister. Ce sont les éléments de l'eau qui les fournissent.

Mais ces portions, de quoi se composent-elles, comment sont-elles susceptibles de se souder à nouveau ? Nous ne le saurons qu'en démolissant l'édifice pierre par pierre et en marquant la place qui revient à chacune.

Faute de ces données, le problème architectural ou synthétique restera forcément incomplètement résolu.

C'est grâce à la belle et féconde théorie des valences atomiques, théorie à la fondation de laquelle ont contribué des savants illustres tant en France qu'à l'étranger (1), que l'on est arrivé à se rendre un compte précis de la structure d'une molécule organique.

Voici, en quelques mots, quelle est l'idée maîtresse de cette théorie.

Deux éléments distincts, tels que le chlore et l'hydrogène, se saturent réciproquement, atome à atome, en donnant l'acide chlorhydrique ClH, corps auquel nous ne pouvons ajouter un nouvel élément.

Il n'en est plus ainsi dans les relations de l'oxygène avec l'hydrogène. L'atome d'oxygène n'est saturé d'hydrogène que lorsqu'il

(1) Gerhardt, Wurtz, Kekulé, Cooper, etc.

s'est combiné à deux atomes de ce corps simple.

De même, l'azote exige trois atomes d'hydrogène; le carbone en réclame quatre pour former le méthane $CH^4$. On exprime ces relations en disant que le chlore et l'hydrogène sont à atomes monovalents, que l'atome d'oxygène est bivalent, celui de l'azote trivalent et enfin celui du carbone tétravalent.

On voit facilement maintenant que ce sont les éléments à atomes bi, tri ou tétravalents qui servent de liens ou de ciment entre les diverses parties élémentaires de l'édifice moléculaire. Si l'on ajoute à cela la loi de substitution dans sa plus large signification; si l'on admet en outre, comme le prouve l'expérience, qu'un composé saturé quelconque, en perdant un atome d'un élément monovalent, se convertit en un groupe ou radical monovalent, susceptible de prendre la place d'un atome d'hydrogène dans une molécule; que l'élimination dans ce même composé saturé de deux atomes d'hydrogène conduit à un radical bivalent, et ainsi de suite, nous serons à même de nous rendre compte de la structure moléculaire d'un très grand nombre de corps.

Le méthane $CH^4$ est un corps complet, saturé; $CH^3$ représente donc un groupe ou radical monovalent que nous pouvons substituer à H dans $CH^4$, ce qui donne l'éthane $\begin{matrix} CH^3 \\ | \\ CH^3 \end{matrix}$

En continuant ce mode de substitution du méthyle à l'hydrogène, nous formons succes-

sivement : $CH^3.\ CH^2.\ CH^3$ ; $\begin{cases} CH^3.\ CH^2.\ CH^2.\ CH^3 \\ CH^3.\ CH\diagup^{CH^3}_{CH^3} \end{cases}$ ; etc.,

en un mot, tous les carbures saturés de la série grasse, ou les chaînes plus ou moins longues, plus ou moins ramifiées n'offrent pas de cycles clos. L'exemple précédent nous montre de plus qu'à partir du propane $CH^3.\ CH^2.\ CH^3$ une nouvelle substitution peut engendrer deux ou plusieurs corps distincts, renfermant les mêmes éléments et le même nombre d'atomes élémentaires, c'est-à-dire deux ou plusieurs isomères.

L'eau $H^2O$ étant un composé saturé, le résidu OH est monovalent; l'ammoniaque $AzH^3$, corps complet, en perdant un atome d'hydrogène, conduit au résidu monovalent $AzH^2$. Pour des raisons analogues, le groupe $\begin{matrix} C=O \\ | \\ OH \end{matrix}$ est monovalent.

Remplaçons dans l'un des carbures précédents H par OH, par $AzH^2$, par $\begin{matrix} C=O \\ | \\ OH \end{matrix}$ nous aurons des alcools, des amines, des acides.

Dans les carbures saturés, chaque atome de carbone n'est soudé à son ou à chacun de ses voisins, que par une seule de ses valences; ce qui conduit à la loi de saturation exprimée par la formule générale $C^nH^{2n+2}$. Dans l'éthylène $C^2H^4$, les deux atomes de carbone

sont reliés entre eux par deux affinités $\begin{array}{c} CH^2 \\ \| \\ CH^2 \end{array}$
et si dans ce corps nous substituons à un ou
à plusieurs atomes d'hydrogène des radicaux
monovalents, $CH^3$. $CH^3$; $CH^2$, etc., de la forme
$C^nH^{2n+1}$, nous obtenons les carbures éthylé-
niques caractérisés tous par un groupe de
deux atomes de carbone liés entre eux par
deux de leurs valences.

Pour la benzine $C^6H^6$, l'ensemble des faits
d'expérience a conduit à un schéma plus compliqué, à l'hexagone régulier de Kékulé, dont
les côtés représentent les valences échangées
et dont les sommets sont occupés par les
atomes de carbone liés chacun à un atome
d'hydrogène.

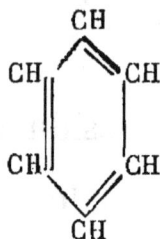

Les doubles traits indiquent des doubles liai-
sons. La benzine est donc une chaîne fermée.
En opérant sur la benzine des substitutions à
l'hydrogène d'éléments ou de groupes mono-
valents : $C^nH^{2n+1}$, OH, $AzH^2$, $SO^3H$, $HO^2$, $CO^2H$,
on dérive de ce carbure fondamental toute
la série des composés dits aromatiques.

Ajoutons encore que ce rôle de lien ou
d'intermédiaire appartient non seulement au
carbone, mais à tout élément polyvalent, tel

que $\begin{cases} O = \\ S = \end{cases}$; $Az \equiv$; $AzH =$. De là découlent un grand nombre de types fondamentaux, tels que le thiophène $\begin{matrix} CH = CH \\ | \quad\quad | \\ CH = CH \end{matrix}\!\!>\!S$, le pyrrol $\begin{matrix} CH = CH \\ | \quad\quad | \\ CH = CH \end{matrix}\!\!>\!AzH$ ; le furane ; $\begin{matrix} CH = CH \\ | \quad\quad | \\ CH = CH \end{matrix}\!\!>\!O$, la pyridine

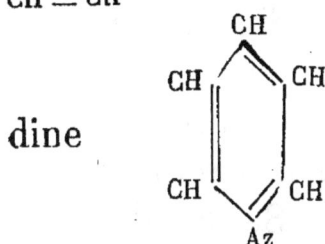

la quinoléine,

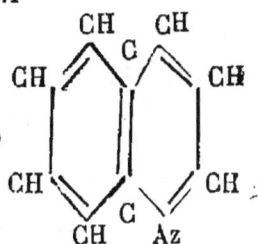

etc., etc.

A chacun de ces types, dont nous ne citons que les plus importants, se rattachent de nombreux dérivés obtenus par des substitutions à l'hydrogène de quantités équivalentes d'éléments ou de radicaux composés.

Grâce aux efforts multipliés d'une armée de travailleurs, la plupart des molécules sont connues dans leurs recoins les plus intimes et l'on peut représenter par une figure géométrique plane non la position réelle dans l'espace des atomes, mais les liens réciproques qui les lient et forment un tout stable.

Il est permis aujourd'hui, pour ne citer que deux exemples, d'affirmer que le schéma de structure du sucre de raisin répond à la figure $\begin{matrix} CH^2. & CH. & CH. & CH. & CH. & C = O \\ | & | & | & | & | & | \\ OH & OH & OH & OH & OH & H \end{matrix}$, que celui de l'indigotine est

$$CH—C(—CO.CH.CH.CO—)C—CH \quad (ring structures with CH, C.AzH, AzH.C)$$

Toutes ces relations entre les divers atomes constituants ont été établies par expérience.

Dès lors, la reconstruction de l'édifice tout entier peut être effectuée méthodiquement, en procédant comme un entrepreneur qui traduit matériellement le plan fourni par un architecte.

C'est sur ces bases solides et irréfutables que repose la chimie moderne. Ses ambitions vont même plus loin ; elle tente, depuis un certain nombre d'années, de fixer les positions relatives dans l'espace qu'occupent les atomes d'une molécule ; le problème a déjà été abordé avec succès sur certaines de ses faces et la chimie dans l'Espace ou stéréochimie est entrée largement dans les préoccupations des philosophes. Il est permis d'affirmer qu'au point de vue physiologique, ses conquêtes offriront un grand intérêt, puisque nous voyons deux corps qui ne diffèrent l'un de l'autre que par la position relative dans l'espace de l'un de leurs éléments ou groupes d'éléments opposer une résistance très différente à l'action destructive des organismes élémentaires et de certains microbes.

Mais il est grand temps de fermer la parenthèse ouverte plus haut et de revenir à notre point de départ, c'est-à-dire à l'utilité que présenterait un traité des substances médicamenteuses écrit au point de vue chimique.

Les médecins sont généralement gens scientifiquement curieux ; leurs études chimiques sont poussées assez loin pour leur permettre de comprendre très nettement les finesses de la constitution chimique et les procédés de synthèse des substances qu'ils sont à même d'employer comme médicaments.

Il leur sera certainement très agréable de pouvoir placer, dans la bibliothèque de leur cabinet, à portée de leur main, un volume renfermant tout ce qu'ils peuvent désirer apprendre et savoir à cet égard.

Un jeune savant des plus distingués, admirablement préparé par des études théoriques et pratiques, poursuivies tant en France qu'en Allemagne, connu, de plus, dans le monde scientifique par des travaux personnels et des découvertes importantes, a cherché et, nous pouvons le dire, a réussi à combler cette lacune bibliographique.

Dans sa chimie analytique et industrielle des produits employés en médecine, M. Trillat traite, non seulement des médicaments chimiques, mais il donne avec raison première place aux antiseptiques, aux corps qui, sans guérir par eux-mêmes, préviennent la maladie en détruisant ses causes premières.

Après un premier chapitre historique et quatre chapitres consacrés à la classification des antiseptiques, à la détermination de la

valeur d'un produit médicinal, valeur dé-
pendant de ses propriétés antiseptiques et de
ses propriétés physiologiques, et contenant un
résumé des procédés pratiques usités aujour-
d'hui pour atteindre ce but, M. Trillat étudie
avec soin la question des relations entre la constitution chimique et les propriétés physiologiques ; il arrive sur ce point à des conclusions
qui ne sont pas encore très satisfaisantes.
Malgré les efforts tentés de divers côtés pour
établir des lois permettant de prévoir l'action
physiologique d'après la structure de la molécule, ce côté scientifique de la question est
encore dans les premières phases de son développement.

Vient ensuite une classification rationnelle
des produits médicaux, dérivés de la série
grasse et de la série aromatique. Pour chaque
substance médicamenteuse, disposée dans la
case que lui assigne la classification adoptée,
on trouve relatés : la constitution chimique, les
procédés de préparation, les principales propriétés physiques et chimiques, les propriétés
physiologiques et la forme sous laquelle elle
est employée.

Nous sommes persuadé que le monde médical et scientifique fera un excellent accueil
au travail de M. Trillat, et nous ne pouvons
que féliciter l'auteur des soins consciencieux
qu'il a apportés à son œuvre.

P. SCHUTZENBERGER,
Membre de l'Institut.

# PRÉFACE

Ce livre s'adresse non seulement aux médecins, aux pharmaciens et aux savants désireux de se familiariser avec la chimie des produits médicinaux mais aussi aux praticiens et aux industriels qui veulent s'initier aux procédés de fabrications. A cause de l'importance que prennent chaque jour les antiseptiques, j'ai cru bon d'exposer quelques notions de bactériologie nécessaires pour les étudier.

En indiquant des méthodes simplifiées pour la détermination de la valeur antiseptique d'un corps, en résumant les travaux épars tendant à établir un certain lien entre la constitution chimique et les propriétés physiologiques, enfin en classant par groupes rationnels les produits médicinaux jusqu'ici décrits par ordre alphabétique, j'ai voulu surtout être utile aux médecins et aux chimistes dans le domaine des recherches.

Je me suis appliqué à décrire principalement les nouveaux produits médicinaux synthétiques; j'ai cependant compris, dans ma description, les anciens produits dont la fabrication a reçu de récents perfectionnements. Je n'ai pas cru devoir faire entrer dans le cadre de mon livre, les alcaloïdes, même ceux qui auraient pu se rattacher au groupe de la pyridine et les préparations de certains composés tels que l'alcool, l'acide tartrique, le tanin, etc., qui sont décrits dans les traités de chimie industrielle.

A. TRILLAT.

Janvier 1894.

# TABLE DES MATIÈRES

# TROISIÈME PARTIE

## PRODUITS MÉDICINAUX DÉRIVÉS DE LA SÉRIE AROMATIQUE

# CHIMIE ANALYTIQUE ET INDUSTRIELLE
# DES PRODUITS CHIMIQUES
## EMPLOYÉS EN MÉDECINE

---

## PREMIÈRE PARTIE

### GÉNÉRALITÉS

---

## CHAPITRE PREMIER

### HISTORIQUE

Développement de l'industrie des produits médicinaux synthétiques. — Son analogie avec l'industrie des matières colorantes. — Produits dérivés de la série grasse. — Distillation de la houille : acide phénique : dérivés de la houille. — Extraction des alcaloïdes. — Quinine. — Pyridine et quinoléïne. — Antipyrine. — Utilisation des goudrons.

*Développement de l'industrie des produits médicinaux.* — La préparation synthétique des substances médicamenteuses est une partie de la science encore à ses premiers débuts. Étroitement liée aux découvertes chimiques, cette industrie ne s'est développée que très lentement. Il ne suffisait pas en effet qu'un corps nouveau fût découvert, il fallait encore que le hasard souvent conduisît de savants médecins à trouver les propriétés physiologiques de ce corps. L'exploitation industrielle d'un produit n'eut lieu quelquefois que de longues années après sa découverte.

C'est ainsi que le *chloral* ou aldéhyde acétique trichloré découvert en 1831 par Soubeiran et Liebig, ne commence à être fabriqué en grand qu'après quarante ans, seulement lorsque Liebreich eut fait connaître ses propriétés physiologiques. Aujourd'hui la fabrication du chloral et de ses dérivés a pris une extension considérable. De même, l'acétanilide était connue depuis de longues années sans qu'on n'ait jamais soupçonné son action antipyrétique.

Le nombre des produits médicinaux synthétiques fut relativement très restreint et appartenant presque exclusivement à la série grasse jusqu'au moment où l'on se mit à distiller le goudron, qui devait doter la chimie organique d'un si grand nombre de combinaisons.

*Analogie avec les matières colorantes.* — Parmi tous ces dérivés de la houille, il en est qui, non seulement ont trouvé un emploi dans la fabrication des matières colorantes, mais encore ont pu être utilisés dans la thérapeutique et l'antisepsie en gé-

néral. Tel est le cas, par exemple, du phénol, de
la résorcine, de l'acide salicylique, de l'acétanilide, du β-naphtol, etc.

Si l'on parcourt la liste des produits de la série
aromatique employés en médecine, on remarque
que la plupart d'entre eux sont des matières premières servant à la fabrication des couleurs ou
de leurs dérivés. On comprendra facilement pourquoi l'étude des antiseptiques et des produits
médicinaux dérivés de la houille est désormais
étroitement liée à celle des matières colorantes,
et pourquoi l'industrie de ces dernières est similaire de la fabrication des produits intéressant la
médecine.

*Historique.* — De même que les matières colorantes, la chimie des antiseptiques et des produits
médicinaux a son histoire ; elle ne s'est développée, au début, que très lentement ; elle a eu ses
espérances et ses déceptions et, si la liste de ses
produits n'est pas si longue, elle n'en a pas moins
donné lieu à d'importantes et à de très lucratives
industries, principalement en Allemagne.

La prodigieuse activité des laboratoires allemands, non seulement dans les Universités, mais
aussi et surtout dans les nombreux laboratoires
(fig. 1) des fabriques de matières colorantes, contri-
bua beaucoup au développement de cette nouvelle
industrie. Elle devint dès lors inséparable de l'indus-

trie des couleurs et, grâce à elle, la chimie s'enrichit d'une foule de corps nouveaux, vérifiant une fois de plus l'influence de la théorie sur la pratique et réciproquement, à savoir que tout fait acquis par l'une d'elles contribue au développement de la seconde.

L'isolement du *phénol* a commencé lorsqu'on a distillé le goudron.

La thérapeutique s'en empara bientôt : dès l'année 1856, l'acide phénique remplaça presque complètement les préparations de *coaltar*, qui devaient leurs propriétés à la présence d'une petite quantité de phénol.

Peu à peu, et à mesure qu'à la suite des travaux de Pasteur, l'application des méthodes antiseptiques se répandait, la fabrication en grand de l'acide phénique prit d'énormes proportions ; on lui trouva de nouveaux débouchés comme antiseptique dans l'industrie des peaux, dans la papeterie, dans la conservation des bois et dans celles de diverses substances organiques.

L'acide phénique présentait des inconvénients de toxicité et d'insolubilité ; on chercha à le remplacer et on s'adressa avec plus ou moins de succès à ses sels, à ses homologues, à ses éthers et à ses produits de substitution.

Dans la série des oxacides, l'acide salicylique, dont la formation fut observée en 1860 par Kolb et Lautermann dans l'action de l'acide carbonique sur le phénol en présence du sodium, donna lieu à

une grande fabrication rendue plus importante encore par la découverte des *salols* par M. Nencki
et leur application à la médecine.

Dans la série amidée, la thérapeutique utilisa
*l'antifébrine* (acétanilide), *l'exalgine* (méthylacé-
tanilide), et la *phénacétine* (para-acétophénéti-
dine), etc.

*Extraction et synthèse des alcaloïdes.* — L'extraction des alcaloïdes des plantes marqua un progrès important en thérapeutique. Les végétaux ne
contiennent qu'une quantité faible d'alcaloïdes,
leur extraction est une opération compliquée qui
rend le prix de ces substances assez élevé. Il n'est
donc pas étonnant que les chimistes, depuis un
certain nombre d'années, se soient posé comme but
à leurs recherches la préparation des alcaloïdes par
voie de synthèse. On ne saurait dire que les efforts
faits dans cette voie aient été absolument infruc-
tueux ; pourtant, on n'a pas encore obtenu de résultats pouvant être mis en pratique immédiatement. Nous avons réussi à préparer artificiellement
quelques alcaloïdes tels que la *conicine* de la
ciguë ou la *muscarine* de l'agaric, mais ces
substances sont sans usages thérapeutiques.
Tous les efforts ont été impuissants à reproduire
l'alcaloïde le plus important à ce point de vue : la
*quinine*.

Mais la synthèse chimique, ainsi que le fait re-

Fig. 1. — Laboratoire de chimie.

marquer M. Nietski (1), s'est, dans ces dernières années, montrée fertile en résultats pour la thérapeutique dans une voie toute différente que celle que l'on avait suivie tout d'abord. Il était naturel de penser que les propriétés médicinales pouvaient se rencontrer dans d'autres composés carbonés que ceux des organismes végétaux ou animaux ; il ne s'agissait donc que d'examiner à ce point de vue un nombre aussi grand que possible de corps préparés par voie de synthèse.

L'expérience qu'on avait acquise dans l'étude scientifique des alcaloïdes naturels servit de fil conducteur dans ces recherches. On expérimenta tout d'abord sur des corps qui possédaient une constitution voisine des alcaloïdes. Ce fut pour cela que l'attention des chimistes fut en premier lieu attirée vers la série pyridique.

*Pyridine et quinoléine.* — La *pyridine* avait été retirée, en 1846, des produits de distillation sèche des os, par Anderson. Runge, de son côté, avait découvert dans le goudron de houille la présence de la *quinoléine*. La relation de cette dernière substance avec les bases pyridiques d'Anderson fut bientôt établie ; on reconnut que la quinoléine est, avec la pyridine, dans le même rapport que la naphtaline avec la benzine.

(1) *Prometheus.*

Par une série d'expériences, on arriva à la cons-
tatation de ce fait intéressant que les alcaloïdes les
plus importants fournissent tous comme ultime
produit de décomposition de la quinoléine ou de
la pyridine. On les considéra dès lors comme des

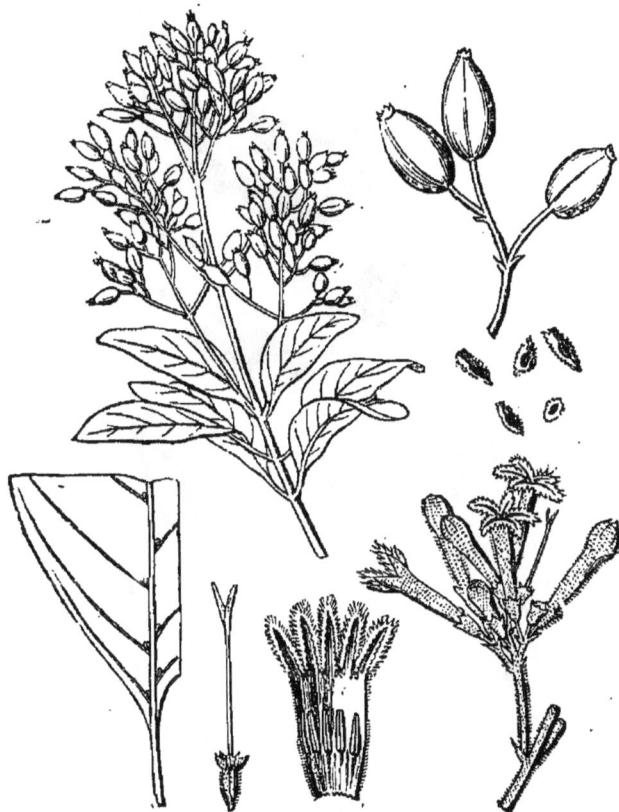

Fig. 2. — Cinchona calisaya.

dérivés de cette dernière base au même titre que
les substances aromatiques sont les dérivés de la
benzine.

Cette hypothèse acceptable de considérer les alcaloïdes naturels comme des dérivés de la pyridine

et de la quinoléine excita vivement l'ardeur des
chimistes.

En premier lieu, on essaya d'abord les combinaisons dont la constitution semblait se rattacher
à celle du groupe si important des alcaloïdes reti-

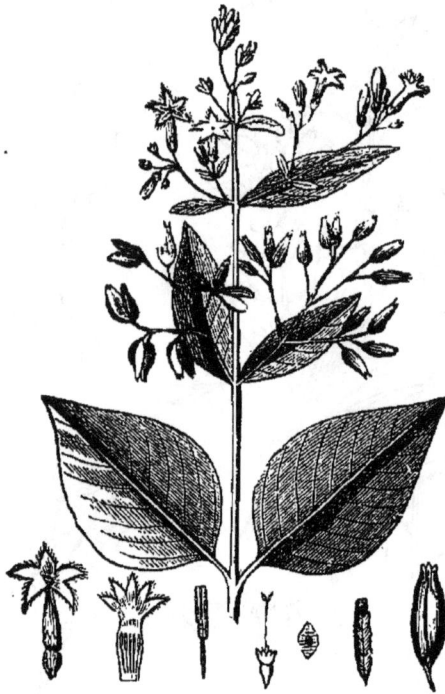

Fig. 3. — Cinchona officinalis.

rés des *cinchona* (fig. 2 et 3), comme la quinine
et la cinchonine. Les résultats que l'on obtint en
thérapeutique ne laissèrent aucun doute sur la relation qui existait entre la quinine et les premiers
termes de la série pyridique.

La quinoléine possédait un pouvoir antiseptique
déjà bien marqué et une propriété antipyrétique,

assez faible d'ailleurs, qui la firent employer sous
forme de tartrate et de salicylate.

M. Schützenberger démontra la présence de l'hydroxyle dans la quinine en prouvant l'existence
de la monobenzoylquinine (1), et l'encouragement
ne fit qu'augmenter lorsque les travaux de Königs
démontrèrent que la molécule de quinine, ainsi
que celle de la cinchonine, contenait un reste quinoléique méthylé à l'azote.

Effectivement, en se reportant à la quinoléine :

Az

on observe une action antipyrétique plus prononcée
et un abaissement de température plus considérable en employant le tétrahydrodérivé de la quinoléine méthylée à l'azote, c'est-à-dire la méthyl-
tétrahydroquinoléine :

$$C^9H^{10}AzCH^3$$

Cette combinaison fut vendue dans le commerce
sous le nom de *kairoline* et employée comme fébrifuge.

Skraup (2) démontra que la molécule de la quinine :

(1) *Comptes rendus de l'Académie des sciences*, t. XLVII, p.
233.

(2) Skraup, *Monatshefte*, t. II, p. 591; *Berichte der deutschen
chemischen Gesellschaft*, t. XII, p. 1106; t. XVI, p. 2684.

$$C^{19}H^{20}Az^2(OH)(OCH^2)$$

diffère de celle de la cinchonine :

$$C^{19}H^{21}Az^2(OH)$$

par un groupe méthoxylé.

On fut conduit ainsi à essayer l'action physiologique de l'oxyquinoléine, de la méthoxyquinoléine, de ses hydrodérivés et de ses dérivés méthylés.

La paraoxyquinoléine ainsi que le dérivé ortho donnèrent des résultats utilisables, et le commerce livra la paraméthoxytétrahydroquinoléine :

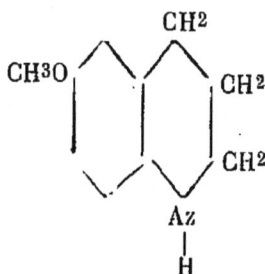

sous le nom de *thalline* et le dérivé ortho isomère :

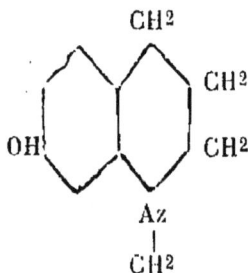

sous le nom de *kairine*.

On voit par là que l'introduction d'un groupe

*oxy* ou *méthoxy* dans la quinoléine augmente l'action fébrifuge comme cela a lieu dans la quinine par rapport à la cinchonine. La kairine et la thalline présentent un certain rapport avec la quinine au point de vue de leur constitution, en ce sens qu'elles dérivent comme elle d'une quinoléine réduite.

L'emploi de la quinoléine demandait un produit absolument pur : ce fut M. Skraup(1) qui indiqua une méthode aussi simple qu'élégante qui permit de préparer industriellement ce produit à l'état de pureté absolue.

*Antipyrine.* — L'élan était donné ; on se mit à essayer une foule de produits qui n'avaient aucun lien de constitution avec la série quinoléique : ce fut ainsi que l'on arriva à découvrir les remarquables propriétés de l'*acétanilide*, qui fut livrée au commerce sous le nom d'*antifébrine*, ainsi que celles des dérivés du *pyrazolon*, principalement de celles du diméthylphénylpyrazolon qui est aujourd'hui universellement connu sous le nom d'*antipyrine*.

L'antipyrine a été obtenue par Knorr (2), par la combinaison de la phénylhydrazine avec l'éther

(1) Skraup, *Monatshefte*, t. 1, p. 316 ; t. II, p. 141.
(2) Knorr, *Berichte der deutschen Gesellschaft*, t. XVI, p. 25, 27 ; t. XVII, p. 546, 2032.

acétylacétique et en méthylant le produit par l'iodure de méthyle.

Les importants résultats pécuniaires que procura
la fabrication de l'antipyrine ont donné lieu à une
grande quantité de brevets de la part des industriels,
afin de se réserver éventuellement la préparation
de produits dont l'analogie était proche. On n'a
qu'à parcourir la liste des brevets allemands pour
s'en rendre compte ; il faut avouer qu'une grande
partie de ces produits n'a pas donné les résultats
qu'on en attendait.

*Utilisation directe des goudrons.* — Enfin, on
chercha directement à utiliser le goudron de
houille, qui est la réunion d'une grande quantité
de produits antiseptiques, pour en faire des antiseptiques usuels et des agents conservateurs.

En combinant le goudron à une huile grasse en
présence d'un alcali, on fit le *lysol* ; en le traitant,
dans de certaines conditions, avec de l'acide sulfurique, on fit la *créoline*.

Le traitement de la paraffine retirée du goudron
avec le soufre donna un produit qui fut vendu sous
le nom de *thiole* ; on appliqua même la méthode
à certaines huiles minérales et animales.

# CHAPITRE II

## CLASSIFICATION DES ANTISEPTIQUES

Valeurs comparatives des diverses substances employées comme anti-
septiques. — Procédé de Yersin. Classification d'après Miquel . —
Classification d'après Jalan-de-la-Croix. — Expériences de Buchholtz.
— Mélange des antiseptiques.

### VALEURS COMPARATIVES DES ANTISEPTIQUES

Le nombre des antiseptiques recommandés est
considérable et ce nombre ne fait qu'augmenter
chaque jour. Il importe donc, devant une pareille
invasion, non seulement de connaître les valeurs
comparatives de ces divers produits, mais encore de
pouvoir vérifier leur qualité par des méthodes de
laboratoire spéciales.

Nous croyons ne pas trop nous éloigner de notre
sujet en relatant brièvement les tentatives et les
travaux concernant cette classification et les méthodes qui y conduisent.

Selon Duclaux, on pourrait faire une semblable
classification si l'on savait comment les antiseptiques agissent et par quels mécanismes variables
de l'un à l'autre ils arrivent à produire plus ou
moins bien l'effet qu'on leur demande sur les bac-

téries si nombreuses et si diverses par la forme et l'espèce (fig. 4).

Si toutes les expériences avaient été faites dans des conditions comparables, elle permettraient de ranger les corps par ordre de puissance et encore faudrait-il observer que la puissance antiseptique varie avec l'espèce de bactérie. Malgré toutes les recherches récentes, il n'existe pas encore de pro-

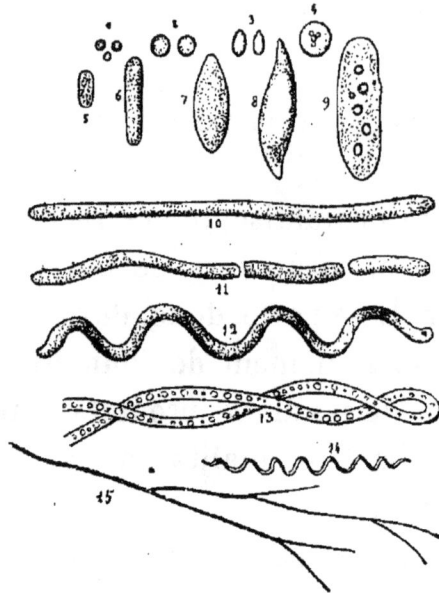

Fig. 4. — Forme de bactéries en général.

1, micrococcus; 2, mégacoccus; 3, coccus lancéolès (en fer de lance); 4, macroccocus; 5, bactérie ou bâtonnet court; 6, bacille ou bâtonnet long; 7, clostrium; 8, rhabdomonas; 9, monas; 10, filament de leptothrix; 11, vibrion; 12, spirille; 13, spiruline; 14, spirochète; 15, cladothrix.

cédé universellement adopté pour mesurer la valeur microbicide des corps. Les méthodes employées pour la déterminer sont tellement différentes entre elles et ont porté sur des milieux de composition chimique si diverse qu'il devient impossible de les comparer. Des procédés primitifs consistant à mesurer la force antiseptique d'une substance par la quantité nécessaire pour empêcher l'urine de se corrompre ou pour faire disparaître l'odeur du sang putréfié, on a passé à des méthodes plus exactes, dans lesquelles on faisait agir directement les solutions à essayer sur un des germes en culture pure, desséchés sur des fils de soie.

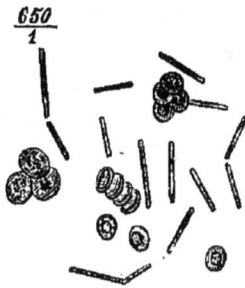

Fig. 5. — Bacillus anthracis.

Mais ce procédé, qui semblait exact il y a dix ans, s'est montré défectueux, car non seulement les germes désséchés dans les interstices du fil de soie se dérobent à l'influence même prolongée de la solution antiseptique, mais il devient impossible de se débarrasser à un moment donné des dernières traces de cette solution qui continue à exercer son influence après un lavage soigneux.

Depuis que M. Koch a démontré la résistance extraordinaire des spores de la bactéridie charbonneuse (fig. 5 et 6), beaucoup d'auteurs ont employé cette résistance comme mesure de la valeur des substances antiseptiques.

Cependant, d'après certains d'eux, la comparaison

$$\frac{650}{1}$$

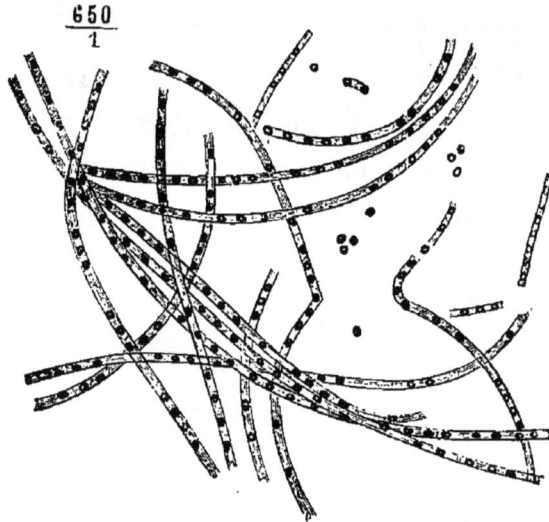

Fig. 6. — Culture de bacillus anthracis.

de la résistance des principaux microorganismes pathogènes démontre que le *staphylocoque jaune* (fig. 7) est de beaucoup le plus résistant : la valeur

Fig. 7. — Micrococcus pyogenes aureus
(forme de staphylococcus).

des antiseptiques se mesurerait donc bien par la quantité de substance qu'il faut employer pour tuer ce microbe.

*Principaux bacilles de la putréfaction*

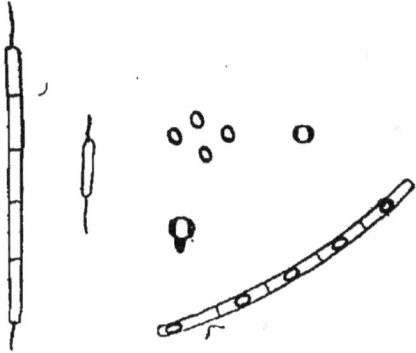

Fig. 9. — Bacillus termo.
Culture sur plaques de gélatine.

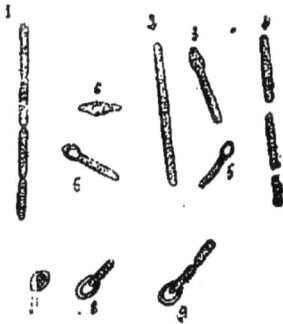

Fig. 8. — Bacillus subtilis.

Bâtonnets isolés avec cils. — Chaîne de
bâtonnet. — Spores dans un filament. —
Spores libres. — Spores germants.

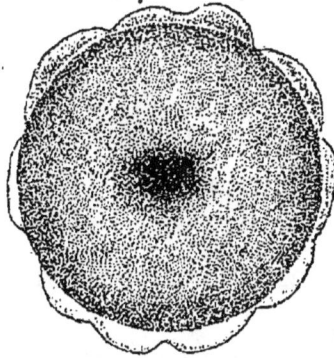

Fig. 10. — Bacillus
butyricus.

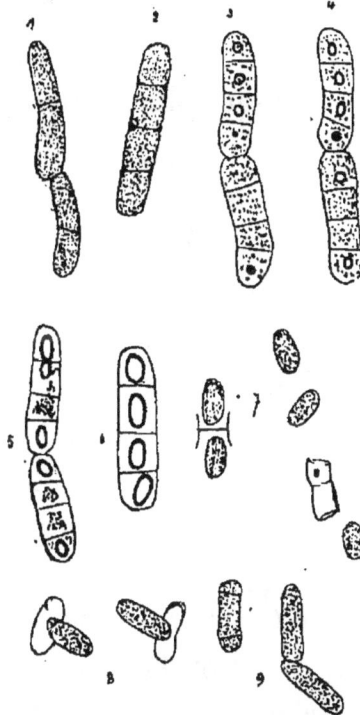

Fig. 11. — Bacillus mega-
therium.

1, cellules végétatives. — 2, 3, 4, 5, 6,
division en articles et formation de
spores. — 7, spores libres. — 8, 9,
germination des spores.

Parmi les différents procédés employés pour se rendre compte de la valeur microbicide absolue d'un antiseptique, le meilleur semble être celui qui met les microbes en contact immédiat avec la substance en solution et qui les en débarrasse d'une manière aussi complète que possible avant de les ensemencer dans un milieu approprié.

*Procédé de Yersin.* — La méthode indiquée par Yersin (1) consiste à mélanger une faible quantité d'une culture en bouillon du microbe avec une grande quantité de la solution antiseptique. Après un séjour plus ou moins prolongé, quelques gouttes de ce mélange étaient diluées avec une certaine quantité d'eau stérile et puis ensemencées dans du bouillon. De cette manière, on était assuré du contact immédiat ainsi que de la durée d'action du microbe avec l'antiseptique, et le microbe était débarrassé presque complètement de la substance antiseptique par le lavage dans l'eau et par l'ensemencement suivant dans une quantité relativement grande de bouillon.

*Classification de Miquel.* — A un point de vue général où l'on envisage non une espèce de bactérie mais une réunion, on peut considérer comme bon antiseptique le produit qui, à faibles doses,

(1) *Annales de l'Institut Pasteur*, vol. 2, 1888, p. 60.

s'oppose à la putréfaction du bouillon de viande. L'expérience montre en effet que la putréfaction est la résultante de l'action de plusieurs bactéries les unes aérobies les autres anaérobies, faisant accomplir chacune à la matière albuminoïde une étape différente vers la décomposition.

Les différentes bactéries connues de la putréfaction sont les suivantes : le bacillus subtilis, le bacillus butyricus, le bacillus megatherium, le bacterium termo (fig. 8, 9, 10 et 11). Tous ces organismes ont une propriété commune qui est de liquéfier la gélatine.

Miquel a calculé les doses diverses d'antiseptiques capables de s'opposer à la putréfaction d'un litre de bouillon neutralisé. Voici le résultat de ses expériences :

**Dose minima de quelques antiseptiques capables de s'opposer à la putréfaction d'un litre de bouillon de bœuf neutralisé.**

1º *Substances éminemment antiseptiques.*

|  | gr. |
|---|---|
| Eau oxygénée | 0,05 |
| Sublimé | 0,07 |
| Nitrate d'argent | 0,08 |

2º *Substances très fortement antiseptiques.*

| | |
|---|---|
| Iode | 0,25 |
| Chlorure d'or | 0,25 |
| Bichlorure de platine | 0,30 |
| Acide cyanhydrique | 0,40 |

2.

|  | gr. |
|---|---|
| Brome | 0,60 |
| Sulfate de cuivre | 0,90 |

### 3° Substances fortement antiseptiques.

|  |  |
|---|---|
| Cyanure de potassium | 1,20 |
| Bichromate de potasse | 1,20 |
| Gaz ammoniac | 1,40 |
| Chlorure d'aluminium | 1,40 |
| Chloroforme | 1,50 |
| Chlorure de zinc | 1,90 |
| Acide thymique | 2 » |
| Chlorure de plomb | 2 » |
| Azotate de cobalt | 2,10 |
| Sulfate de nickel | 2,50 |
| Azote d'urane | 2,80 |
| Acide phénique | 3,20 |
| Permanganate de potasse | 3,50 |
| Azotate de plomb | 3,60 |
| Alun | 4,50 |
| Tanin | 4,80 |

### 4° Substances modérément antiseptiques.

|  |  |
|---|---|
| Bromhydrate de quinine | 5,50 |
| Acide arsénieux | 6 « |
| Sulfate de strychnine | 7 » |
| Acide borique | 7,50 |
| Arséniate de soude | 9 » |
| Hydrate de chloral | 9,30 |
| Salicylate de soude | 10 » |
| Sulfate de protoxyde de fer | 11 » |
| Soude caustique | 18 » |

### 5° Substances faiblement antiseptiques.

|  |  |
|---|---|
| Protochlorure de manganèse | 25 » |
| Chlorure de calcium | 40 » |
| Borate de soude | 70 » |

|                                      | gr.    |
| ------------------------------------ | ------ |
| Chlorhydrate de morphine ........... | 75 »   |
| Chlorure de strontium............... | 85 »   |
| Chlorure de lithium ................ | 90 »   |
| Chlorure de baryum.................. | 95 »   |
| Alcool............................. | 95 »   |

6º *Substances très faiblement antiseptiques.*

|                                    |          |
| ---------------------------------- | -------- |
| Chlorure d'ammonium .............. | 115,50   |
| Arséniate de potasse ............. | 125 »    |
| Iodure de potassium .............. | 150 »    |
| Sel marin......................... | 165 »    |
| Glycérine ........................ | 225 »    |
| Sulfate d'ammoniaque.............. | 250 »    |
| Hyposulfite de soude.............. | 275 »    |

*Classification de Jalan-de-la-Croix.* — M. Jalan-de-la-Croix a établi une classification d'antiseptiques par ordre de puissance en introduisant des quantités variables de produits dans des bouillons faits avec du jus de viande et ensemencés avec quelques gouttes d'un bouillon identique renfermant des bactéries.

Nous croyons utile de signaler les tableaux où sont consignés les résultats de M. Jalan-de-la-Croix (1).

(1) Nous empruntons la disposition des tableaux qui suivent au *Petit Formulaire des antiseptiques* de M. Adrian.

TABLEAUX DES DOSES D'ANTISEPTIQUES NÉCESSAIRES POUR STÉRI-
LISER ET TUER LES BACTÉRIES ET LEURS GERMES DANS DES
MILIEUX DIFFÉRENTS.

## TABLEAU I

*Dose minima de substance antiseptique capable d'empêcher le
bouillon ou le jus de viande vierge de se remplir de bactéries
quand on l'ensemence avec deux gouttes de bouillon chargé de
bactéries bien développées.*

| ANTISEPTIQUES (PROPORTIONS CALCULÉES EN POIDS DU CORPS CHIMIQUEMENT PUR). | a DOSE qui empêche le développement, dans un bouillon neuf, des bactéries qui y sont directement portées par quelques gouttes de bouillon infecté. | | b DOSE qui stérilise les germes des bactéries directement portées dans le bouillon. | |
|---|---|---|---|---|
| | EMPÊCHE | N'EMPÊCHE PAS | STÉRILISE | NE STÉRILISE PAS |
| Sublimé ......... | 1 : 25250 | 1 : 50250 | 1 : 10250 | 1 : 12750 |
| Chlore .......... | 1 : 30208 | 1 : 37649 | 1 : 4911 | 1 : 6824 |
| Chlorure de chaux à 986 de chlore. | 1 : 11135 | 1 : 13092 | 1 : 488 | 1 : 678 |
| Acide sulfureux .. | 1 : 6448 | 1 : 8515 | 1 : 135 | 1 : 223 |
| Acide sulfurique . | 1 : 5734 | 1 : 8020 | 1 : 205 | 1 : 306 |
| Brôme .......... | 1 : 6308 | 1 : 7844 | 1 : 769 | 1 : 1912 |
| Iode métallique .. | 1 : 5020 | 1 : 6687 | » | 1 : 2010 |
| Acétate d'alumine. | 1 : 4268 | 1 : 5435 | 1 : 59 | 1 : 80 |
| Essence de moutarde ......... | 1 : 3853 | 1 : 5734 | 1 : 220 | 1 : 306 |
| Acide benzoïque. | 1 : 2867 | 1 : 4020 | 1 : 50 | 1 : 77 |
| Borosalicylate de soude ........ | 1 : 2850 | 1 : 3777 | 1 : 303 | 1 : 394 |
| Acide picrique... | 1 : 2005 | 1 : 3041 | 1 : 700 | 1 : 841 |
| Thymol.......... | 1 : 1340 | 1 : 2229 | 1 : 109 | 1 : 212 |
| Acide salicylique. | 1 : 1003 | 1 : 1121 | 1 : 343 | 1 : 454 |
| Hypermanganate de potasse ..... | 1 : 1001 | 1 : 1433 | 1 : 100 | 1 : 150 |
| Acide phénique.. | 1 : 669 | 1 : 1002 | 1 : 22 | 1 : 42 |
| Chloroforme .... | 1 : 20 | 1 : 112 | » | 1 : 80 |
| Borate de soude . | 1 : 62 | 1 : 77 | » | 1 : 14 |
| Alcool.......... | 1 : 21 | 1 : 35 | 1 : 4,4 | 1 : 8 |
| Eucalyptol....... | 1 : 14 | 1 : 20 | » | 1 : 2,03 |

## TABLEAU II

*Dose nécessaire pour tuer ou immobiliser dans le bouillon les
bactéries qui y sont très vivantes et en plein développement.*

| ANTISEPTIQUES (PROPORTIONS CALCULÉES EN POIDS DU CORPS CHIMIQUEMENT PUR.) | *a* DOSE qui tue les bactéries déjà en plein développement dans le bouillon. | | *b* DOSE qui stérilise les germes des bactéries ainsi immobilisées. | |
|---|---|---|---|---|
| | TUE | NE TUE PAS | STÉRILISE | NE STÉRILISE PAS |
| Sublimé................ | 1:5805 | 1:6500 | 1:12500 | 1:5250 |
| Chlore................ | 1:22768 | 1:30208 | 1:431 | 1:460 |
| Chlorure de chaux à 986 de chlore.......... | 1:3720 | 1:4460 | 1:170 | 1:258 |
| Acide sulfureux........ | 1:2009 | 1:4985 | 1:190 | 1:273 |
| Acide sulfurique...... | 1:2026 | 1:3353 | 1:116 | 1:205 |
| Brôme................ | 1:2550 | 1:4050 | 1:336 | 1:550 |
| Iode métallique........ | 1:1548 | 1:2010 | 1:410 | 1:510 |
| Acétate d'alumine..... | 1:427 | 1:835 | 1:64 | 1:92 |
| Essence de moutarde.. | 1:591 | 1:820 | 1:28 | 1:40 |
| Acide benzoïque....... | 1:410 | 1:510 | 1:121 | 1:210 |
| Borosalicylate de soude................ | 1:72 | 1:110 | 1:30 | 1:50 |
| Acide picrique........ | 1:1001 | 1:1433 | 1:150 | 1:200 |
| Thymol.............. | 1:109 | 1:212 | 1:20 | 1:30 |
| Acide salicylique...... | 1:60 | 1:78 | » | 1:35 |
| Hypermanganate de potasse.............. | 1:150 | 1:200 | 1:150 | 1:200 |
| Acide phénique....... | 1:22 | 1:42 | 1:2,66 | 1:4 |
| Chloroforme.......... | 1:112 | 1:134 | » | 1:0,8 |
| Borate de soude...... | 1:48 | 1:69 | » | 1:12 |
| Alcool............... | 1:4,4 | 1:6 | » | 1:1,18 |
| Eucalyptol........... | 1:116 | 1:205 | » | 1:5,83 |

CLASSIFICATION DES ANTISEPTIQUES

## TABLEAU III

*Dose nécessaire pour empêcher le développement quasi-spontané, dans du bouillon cuit, des germes de bactéries contenus dans l'air.*

| ANTISEPTIQUES (PROPORTIONS CALCULÉES EN POIDS DU CORPS CHIMIQUEMENT PUR). | *a* DOSE qui empêche le développement spontané des bactéries dans le jus de viande cuit abandonné à l'air libre. | | *b* DOSE qui stérilise les germes des bactéries développées spontanément dans le bouillon cuit. | |
|---|---|---|---|---|
| | EMPÊCHE | N'EMPÊCHE PAS | STÉRILISE | NE STÉRILISE PAS |
| Sublimé............ | 1 : 10250 | 1 : 2750 | 1 : 6500 | 1 : 10250 |
| Chlore............. | 1 : 28881 | 1 : 37589 | 1 : 1008 | 1 : 1027 |
| Chlorure de chaux (à 986 de chlore). | 1 : 3148 | 1 : 4716 | 1 : 109 | 1 : 134 |
| Acide sulfureux... | 1 : 8515 | 1 : 12649 | 1 : 325 | 1 : 422 |
| Acide sulfurique.. | 1 : 5734 | 1 : 8020 | 1 : 306 | 1 : 420 |
| Brôme............. | 1 : 13931 | 1 : 20875 | 1 : 493 | 1 : 603 |
| Iode métallique.. | 1 : 10020 | 1 : 20020 | 1 : 510 | 1 : 724 |
| Acétate d'alumine. | 1 : 4268 | 1 : 4778 | 1 : 937 | 1 : 1244 |
| Essence de moutarde............. | 1 : 3353 | 1 : 5734 | 1 : 77 (?) | 1 : 108 (?) |
| Acide benzoïque.. | 1 : 2877 | 1 : 4020 | 1 : 50 | 1 : 77 |
| Borosalicylate de soude............ | 1 : 1343 | 1 : 1694 | 1 : 35 | 1 : 50 |
| Acide picrique.... | 1 : 2005 | 1 : 3041 | 1 : 200 | 1 : 300 |
| Thymol........... | 1 : 1340 | 1 : 229 | 1 : 109 | 1 : 212 |
| Acide salicylique.. | 1 : 3003 | 1 : 6004 | 1 : 603 | 1 : 1003 |
| Hypermanganate de potasse...... | 1 : 2005 | 1 : 3041 | 1 : 101 | 1 : 150 |
| Acide phénique ... | 1 : 402 | 1 : 502 | 1 : 22 | 1 : 42 |
| Chloroforme.. .... | » | » | » | » |
| Borate de soude.. | 1 : 30 | 1 : 43 | » | 1 : 14 |
| Alcool............ | 1 : 11 | 1 : 21 | 1 : 177 | 1 : 2,03 |
| Eucalyptol........ | 1 : 20 | 1 : 29 | » | 1 : 14 |

## TABLEAU IV

*Dose nécessaire pour empêcher le même développement spontané dans un bouillon cru.*

| ANTISEPTIQUES (PROPORTIONS CAL- CULÉES EN POIDS DU CORPS CHIMI- QUEMENT PUR. | *a* DOSE qui empêche le dévelop- pement spontané des bactéries dans le jus de viande cru aban- donné à l'air libre. | | *b* DOSE qui stérilise les germes des bactéries déve- loppées spontanément dans le jus de viande cru. | |
|---|---|---|---|---|
| | EMPÊCHE | N'EMPÊCHE PAS | STÉRILISE | NE STÉRI- LISE PAS |
| Sublimé ........ | 1 : 7168 | 1 : 8358 | 1 : 2525 | 1 : 3358 |
| Chlore.......... | 1 : 15606 | 1 : 23182 | 1 : 1061 | 1 : 1364 |
| Chlorure de chaux à 986 de chlore. | 1 : 286 | 1 : 519 | 1 : 153 | 1 : 286 |
| Acide sulfureux... | 1 : 12649 | 1 : 16782 | 1 : 135 | 1 : 233 |
| Acide sulfurique. | 1 : 3353 | 1 : 5734 | 1 : 72 | 1 : 116 |
| Brôme.......... | 1 : 5597 | 1 : 8375 | 1 : 875 | 1 : 336 |
| Iode métallique.. | 1 : 2010 | 1 : 2867 | 1 : 843 | 1 : 919 |
| Acétate d'alumine. | 1 : 6310 | 1 : 7535 | 1 : 478 | 1 : 584 |
| Essence de mou- tarde ........ | 1 : 3353 | 1 : 7534 | 1 : 40(?) | 1 : 60(?) |
| Acide benzoïque. | 1 : 1439 | 1 : 2010 | 1 : 77 | 1 : 121 |
| Borosalicylate de soude......... | 1 : 2860 | 1 : 3777 | 1 : 35 | 1 : 50 |
| Acide picrique... | 1 : 2005 | 1 : 3041 | 1 : 100 | 1 : 117 |
| Thymol ........ | 1 : 1340 | 1 : 2229 | 1 : 20 | 1 : 36 |
| Acide salicylique. | 1 : 1121 | 1 : 1677 | 1 : 343 | 1 : 450 |
| Hypermanganate de potasse..... | 1 : 300 | 1 : 403 | 1 : 35 | 1 : 50 |
| Acide phénique.. | 1 : 502 | 1 : 659 | » | 1 : 10 |
| Chloroforme..... | 1 : 103 | 1 : 134 | » | 1 : 1,22 |
| Borate de soude. | 1 : 107 | 1 : 161 | » | 1 : 37 |
| Alcool.......... | 1 : 21 | 1 : 30 | » | 1 : 42 |
| Eucalyptol ...... | 1 : 205 | 1 : 308 | » | 1 : 30 |

*Valeur des antiseptiques vis-à-vis les organismes inférieurs. — Expériences de Buchholtz.* — Les valeurs comparatives des antiseptiques n'ont pas seulement été déterminées vis-à-vis des microbes pathogènes, mais aussi vis-à-vis des organismes inférieurs, tels que l'*aspergillus*, le *penicillium* (fig. 12 et 13). Nous nous bornerons à citer les expériences de Buchholtz qui a établi la résistance des organismes inférieurs de la même espèce dans le liquide alimentaire suivant :

| | |
|---|---|
| Sucre candi .................. | 10 grammes. |
| Tartrate d'ammoniaque ...... | 1 — |
| Phosphate de chaux.......... | 50 centigr. |
| Eau ........................ | 1000 grammes. |

Voici le résultat de ses expériences :

1

| EMPÊCHENT LE DÉVELOPPEMENT DES BACTÉRIES | AU DEGRÉ DE DILUTION SUIVANT |
|---|---|
| Bichlorure de mercure.............. | 1 : 20000 |
| Thymol .......................... | 1 : 2000 |
| Benzoate de sodium ............... | 1 : 2000 |
| Créosote ......................... | |
| Essence de thym.................. | |
| Curvol........................... | 1 : 1000 |
| Acide benzoïque.................. | |
| Acide méthylsalicylique............. | |
| Acide salicylique.................. | |
| Eucalyptol ....................... | 1 : 666 |
| Essence de Carvol................. | 1 : 500 |
| Salicylate de soude................ | 1 : 250 |
| Phénol........................... | 1 : 200 |
| Quinine.......................... | 1 : 200 |
| Acide sulfurique.................. | 1 : 151 |
| Acide borique ................... | |
| Sulfate de cuivre................. | 1 : 133 |
| Acide chlorhydrique .............. | 1 : 75 |
| Sulfate de zinc ................... | |
| Alcool........................... | 1 : 50 |

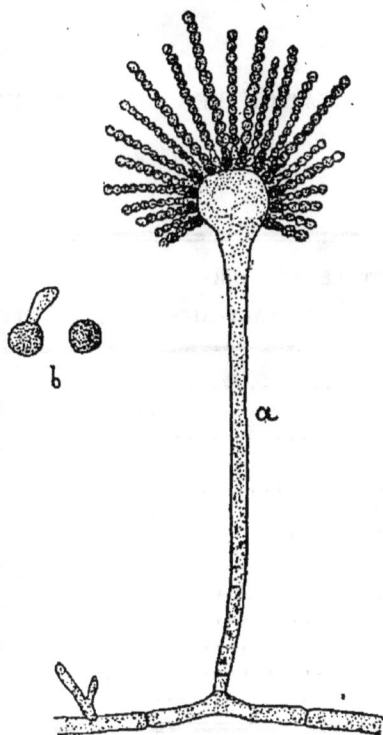

Fig. 12. — Aspergillus glaucus.

*a*, filament sporifère. — *b*, spores dont une est en germination.

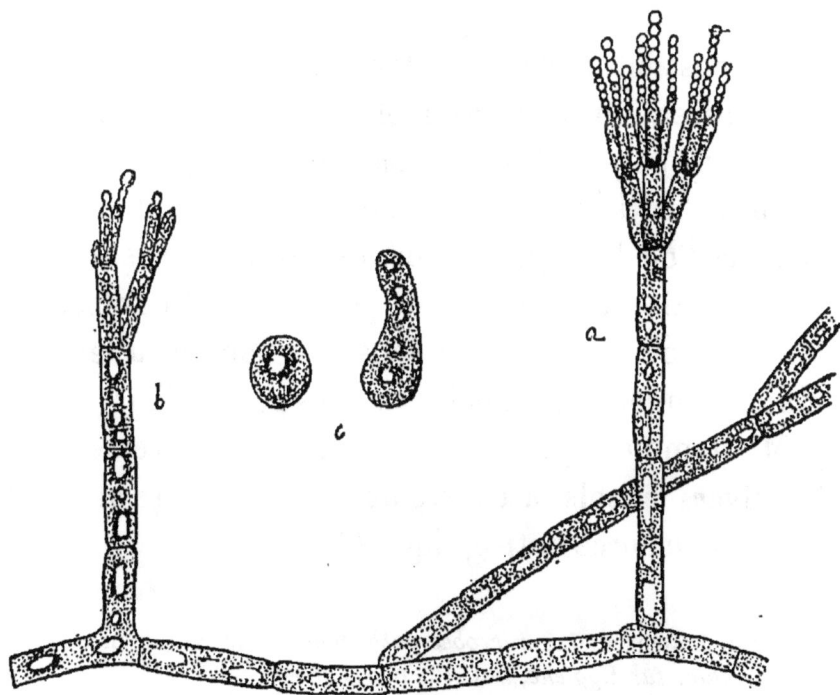

Fig. 13. — Penicillium glaucum.

*a*, filament sporifère. — *b*, filament dépourvu de spores. — *c*, spores dont un germe.

II

| DÉTRUISENT LE POUVOIR DE REPRODUCTION DE BACTÉRIES | AU DÉGRÉ DE DILUTION SUIVANT |
|---|---|
| Chlore | 1 : 25000 |
| Iode | 1 : 5000 |
| Brôme | 1 : 3333 |
| Acide sulfureux | 1 : 666 |
| Acide salicylique | 1 : 312 |
| Acide benzoïque | 1 : 250 |
| Acide méthylsalicylique | |
| Thymol | 1 : 200 |
| Carvol | |
| Acide sulfurique | 1 : 161 |
| Créosote | 1 : 100 |
| Phénol | 1 : 45 |
| Alcool | 1 : 25 |

### VALEUR DES MÉLANGES ANTISEPTIQUES

La possibilité d'augmenter la force microbicide des antiseptiques en les mélangeant entre eux a été entrevue par plusieurs savants.

M. le D\u02b3 Bouchard a trouvé qu'on peut tirer bénéfice de la combinaison des différentes substances antiseptiques et qu'on peut arriver à doubler leur pouvoir antiseptique sans que pour cela leur toxicité augmente dans les mêmes proportions (1).

M. Hammer, qui a étudié tout particulièrement les divers crésols, a trouvé que leur mélange augmente leur force antiseptique (2).

(1) Ch. Bouchard, *Les microbes pathogènes*. 1892, 1 vol. in-16.
(2) *Archiv. für Hygiene*, vol. 12, p. 370.

Laplace (1) a mélangé différents acides : l'acide
tartrique, l'acide sulfurique avec le sublimé et
l'acide phénique ; il a obtenu par ce moyen des
composés dont la force microbicide a été augmentée considérablement.

Nous ferons remarquer que le mélange des antiseptiques tel qu'il est indiqué par plusieurs
auteurs semble être plutôt une combinaison entre
les éléments qui le composent. Il n'y a donc rien
qui doive nous surprendre si le composé nouveau
résultant de la combinaison de deux éléments
divers est plus antiseptique que chacun d'eux.

M. le D$^r$ Christmas (2) a donné les formules de
quelques mélanges antiseptiques qui tous mon-
traient ce même phénomène : augmentation de la
puissance microbicide du nouveau corps par rapport à celle de chacune des substances employées
isolément.

Ce fait est d'une certaine importance pratique,
non seulement au point de vue économique, puisque l'augmentation de la force antiseptique permet de diminuer la quantité de la substance, mais
aussi au point de vue chimique s'il était démontré
que ces mélanges sont en même temps moins toxiques que les substances prises isolément.

(1) *Deut. med. Wochenschrift*, 1887-1888.
(2) Christmas et Respaut. Comptes rendus de la *Société de
Biologie*, 1892.

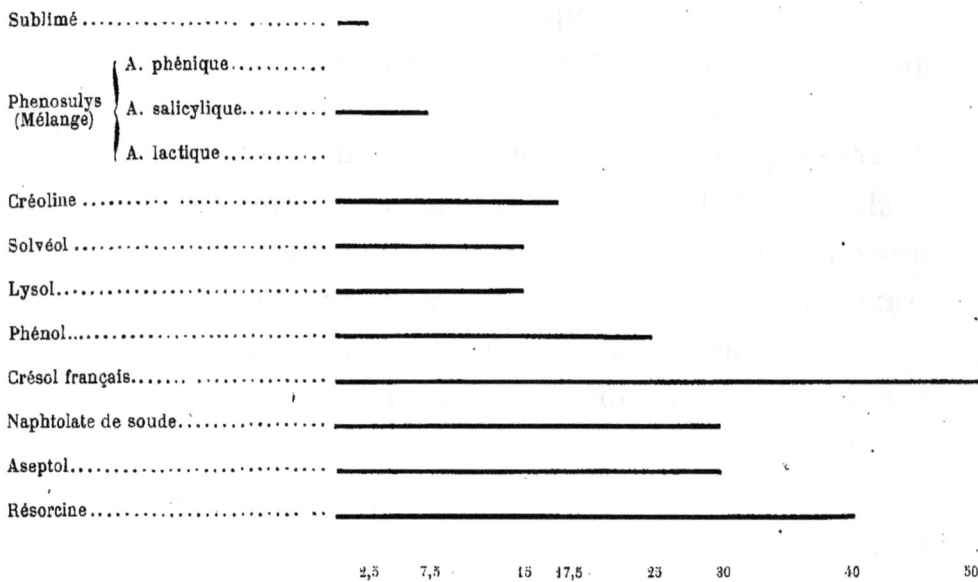

Le diagramme ci-contre de M. Christmas donne
l'intensité antiseptique de quelques substances
comparativement à un mélange d'acides phénique,
salicylique et lactique. Il indique en millièmes la
quantité de substance en solution aqueuse nécessaire pour tuer le *staphylococcus aureus* après un
contact d'une minute.

# CHAPITRE III

## DÉTERMINATION DE LA VALEUR D'UN PRODUIT MÉDICINAL

Confection des bouillons de culture. — Solutions minérales, végétales et animales. — Confection des milieux solides. — Emploi de la gélatine. — Instruments de culture. — Observation des cultures.

La valeur d'un produit médicinal et son emploi dépendent de plusieurs propriétés qui peuvent se résumer ainsi : *propriétés antiseptiques; propriétés physiologiques.*

L'étude des propriétés physiologiques d'un produit qui comporte l'expérimentation directe sur les animaux appartient au domaine de la médecine et ne saurait trouver place dans cet ouvrage. Mais le chimiste peut avoir à déterminer au moins approximativement l'action d'un désinfectant ou d'un antiseptique sur une bactérie isolée ou sur plusieurs bactéries. Comme ce cas peut se présenter fréquemment et qu'une pareille étude peut être facilement faite dans tous les laboratoires, nous croyons ne pas trop nous éloigner de notre sujet en indiquant brièvement les notions de bactériologie nécessaires à cette étude et la méthode que l'on peut suivre pour le but proposé.

La détermination approximative des propriétés

antiseptiques et désinfectantes d'un corps comporte des notions générales sur :

1o Les confections des divers bouillons ;
2o La mise en culture.

## CONFECTION DES BOUILLONS DE CULTURE

Les milieux de culture sont en nombre assez
considérable pour que chaque expérimentateur
puisse les varier à son gré, suivant le but qu'il se
propose d'atteindre ; aussi ne chercherons-nous
pas à être complet et à décrire tous les bouillons
qui ont été imaginés ; nous nous contenterons d'indiquer les plus connus et les plus généralement
employés.

Il y en a de trois sortes :

1° *solutions minérales ;*
2° *solutions végétales ;*
3° *solutions animales.*

### Solutions minérales.

Elles ont été surtout utilisées au début pour des
recherches théoriques, principalement par les auteurs qui se sont occupés des fermentations et de
la putréfaction.

### Solution de Pasteur.

Voici sa composition :

Eau distillée . . . . . . . . . . . . . . . . . . 100 gr.
Sucre candi. . . . . . . . . . . . . . . . . . . 10 —
Cendres d'un gramme de levure. . . . . . . 0,075

Elle fut ensuite modifiée de la façon suivante :

Eau distillée . . . . . . . . . . . . . . . . . . 100 gr.
Sucre candi. . . . . . . . . . . . . . . . . . . 10 —
Cendres de levure. . . . . . . . . . . . . . . 1 gr.
Carbonate d'ammoniaque . . . . . . . . . . 1 —

### Liqueur de Cohn.

Cohn a donné la composition suivante :

Eau distillée . . . . . . . . . . . . . . . . . . 100 gr.
Tartrate d'ammoniaque . . . . . . . . . . . 1 —
Cendres de levure. . . . . . . . . . . . . . . 1 —

### Solution de Cohn modifiée.

La solution de Cohn fut encore modifiée, et voici la formule nouvelle adoptée par l'auteur :

Eau distillée . . . . . . . . . . . . . . . . . . 200 gr.
Tartrate d'ammoniaque . . . . . . . . . . . 20 —
Phosphate de potasse . . . . . . . . . . . . 20 —
Sulfate de magnésie . . . . . . . . . . . . . 10 —
Phosphate tribasique de chaux. . . . . . . 1 —

Cette solution est particulièrement propre à la végétation du *bactérium termo*, organisme commun de la putréfaction.

### Liquide de Raulin.

Ce liquide a été fabriqué par Raulin, pour étudier l'influence des milieux sur le développement des végétaux inférieurs ; il convient, d'après l'auteur, particulièrement à l'*aspergillus niger* :

| | |
|---|---:|
| Eau. . . . . . . . . . . . . . . . . . . | 1.500 gr. |
| Sucre candi . . . . . . . . . . . . . . . | 70 — |
| Acide tartrique. . . . . . . . . . . . . . . | 4 — |
| Nitrate d'ammoniaque . . . . . . . . . . . | 4 — |
| Phosphate d'ammoniaque. . . . . . . . . . | 0,6 |
| Carbonate de potasse. . . . . . . . . . . | 0,6 |
| Carbonate de magnésie . . . . . . . . . . | 0,4 |
| Sulfate d'ammoniaque. . . . . . . . . . . | 0,25 |
| Sulfate de zinc . . . . . . . . . . . . . . | 0,07 |
| Sulfate de fer . . . . . . . . . . . . . . . | 0,07 |
| Silicate de potasse . . . . . . . . . . . . | 0,07 |

Les solutions minérales trouvent assez fréquemment leur emploi, lorsqu'il s'agit d'isoler une espèce ; mais il faut avouer que, dans la plupart des cas, il vaut mieux avoir recours aux infusions organiques, ou, tout au moins, les combiner avec ces dernières.

*Infusions végétales.* — L'usage de ces solutions se prête mieux à des applications multiples que les milieux purement minéraux ; on peut les confectionner avec les végétaux.

On peut aussi les fabriquer avec les substances les plus diverses (décoction de fruits, de plantes, moût de bière). Tyndall a multiplié à l'infini le nombre de ces infusions végétales (infusion de choux, navets, poireaux, pruneaux, carottes, etc.). Mais l'infusion végétale la plus répandue est le bouillon de foin. On l'obtient en coupant du foin

sec en petits fragments, qu'on place dans un vase
métallique, puis on verse dessus une quantité d'eau
bouillante suffisante pour le couvrir et le baigner
largement (1).

## BOUILLONS ORGANIQUES ANIMAUX

Les bouillons par excellence sont les liquides
animaux naturels ou artificiels.

Leur base est ordinairement constituée par des
décoctions de chair musculaire dégraissée, addi-
tionnées souvent de substances gélatineuses ou
peptonisées, et placées dans un état d'acidité ou
d'alcalinité variant avec les cas particuliers.

Voici le mode de préparation des principaux
bouillons employés :

### Bouillon de Miquel.

Pendant cinq heures, on maintient à l'ébullition
un kilogramme de chair musculaire maigre de
bœuf, dans 4 litres d'eau. On écume le bouillon pendant toute la durée de l'ébullition. Une fois
l'opération terminée, on laisse reposer, dans un
endroit frais, jusqu'au lendemain ; on dégraisse
très soigneusement et on neutralise à la soude
caustique. Ensuite, on le fait de nouveau bouillir

(1) Dubief, *Manuel de bactériologie.* — Voyez aussi Macé,
*Traité de bactériologie*, 2ᵉ édition. Paris, 1892.

pendant dix minutes, on filtre et on ramène au volume de 4 litres.

Pour le conserver, on le distribue dans des ballons d'un demi-litre, qu'on scelle à la lampe, et
qu'on maintient pendant deux heures à 110°, pour
le stériliser complètement. Le liquide est alors coloré en jaune foncé, mais reste limpide et ne fournit jamais de dépôt : s'il vient à se troubler, cela
est dû à un mauvais dégraissage, ou à ce que la liqueur a été insuffisamment bouillie après la neutralisation. Ce bouillon, à 20°, possède une densité
de 1,003 ; en y ajoutant 10 grammes de sel marin
par litre, on obtient un bouillon, de densité 1,009,
très sensible aux germes de l'atmosphère.

### Bouillon de Liebig.

On prend 50 grammes d'extrait de viande commercial, connue sous le nom d'*extractum carnis
Liebig*, et on le dissout dans un litre d'eau. La dissolution effectuée, on neutralise à chaud par la
soude caustique, on fait bouillir, on filtre ; à ce
moment, le bouillon doit être parfaitement neutre.
Sous l'action de la lumière, ce liquide, pourvu
après sa préparation d'une belle couleur rouge
ambrée, se décolore et acquiert à la longue une
teinte jaune pâle. Ainsi obtenu, le bouillon Liebig
possède à 18°, une densité égale à 1,024.

### Bouillons divers.

On peut préparer des bouillons nutritifs avec des viandes diverses (veau, poulet, volailles). Il faut avoir soin d'enlever toute parcelle graisseuse et aponévrotique ; ces bouillons se préparent mieux avec la viande pulpée. Pour la volaille, on met les animaux entiers, débarrassés de leurs organes viscéraux. On emploie une quantité d'eau telle que le bouillon représente à peu près le poids de viande employée.

On fait bouillir pendant un temps variable suivant le poids de viande (jamais moins de deux heures). On laisse reposer au frais, on filtre, on neutralise avec le carbonate de soude ; on sale avec 1 ou 2 0/0 de chlorure de sodium. Il est bon par précaution et pour avoir des bouillons bien limpides de faire bouillir et de filtrer une seconde fois après refroidissement. Il ne reste plus ensuite qu'à stériliser. (Voir p. 76.)

### Bouillon de Fol.

Cet auteur emploie les mêmes décoctions de viande, mais recommande, pour obtenir une plus grande limpidité, de les chauffer pendant une heure à 110° dans un autoclave et de les filtrer ensuite.

### Bouillon de Loëffler.

On fait macérer au frais pendant vingt-quatre

heures, dans un litre d'eau, 500 grammes de viande de bœuf réduite en pulpe après avoir été soigneusement dégraissée et débarrassée du tissus conjonctif. Au bout de ce temps, on exprime le tout à la presse, on ajoute de l'eau pour refaire un litre ; et on additionne le liquide de 10 grammes de peptone sèche, 5 grammes de sel marin et, si l'on veut, de quelques grammes de glucose. On alcalinise ensuite légèrement au carbonate de soude. Pour clarifier le liquide, on le chauffe dans un autoclave pendant deux heures, on laisse reposer vingt-quatre heures, on décante le liquide clair qu'on filtre une dernière fois après s'être assuré qu'il est toujours alcalin.

Parmi les bouillons que nous venons d'énumérer le bouillon de Miquel et celui de Loëffler sont ceux qui donnent les meilleurs résultats ; entre les décoctions ordinaires de viande et le bouillon Miquel, il n'y a en somme qu'une différence de densité ; ce dernier d'une densité de 1,009 est surtout propre au rajeunissement des germes atmosphériques. Quant au bouillon de Liebig, c'est de toutes les préparations la moins recommandable.

#### Liquides organiques naturels.

Ces milieux de cultures sont éminemment favorables à la vie des bactéries pathogènes, puisqu'ils se rapprochent des milieux où vivent normalement ces micro-organismes. Les plus employés sont l'urine, le lait, l'humeur aqueuse de l'œil, le sérum. Ce dernier peut être retiré directement du liquide sanguin, mais on emploie avec avantage le liquide de l'hydrocèle, celui de la pleurésie ou de l'ascite ; ces derniers surtout sont faciles à se procurer en abondance.

### CONFECTION DES MILIEUX DE CULTURE (1)

#### Gélatine peptonisée.

La gélatine peptonisée est l'un des milieux de culture les plus usités pour les méthodes en milieux solides, surtout pour cultures en tubes et cultures sur plaques. Sa fabrication repose sur le fait de la gélatinisation, c'est-à-dire de la transformation en gelée transparente des différents bouillons usités dans les méthodes de Pasteur.

Tous les bouillons dont nous avons donné la préparation peuvent servir de base ou de véhicule à la gélatine peptonisée ; on peut, par exemple, se servir d'urine neutralisée et stérilisée ou d'extrait de viande Liebig.

Büchner a proposé la composition suivante :

| | |
|---|---|
| Eau . . . . . . . . . . . . . . . . . . . . . . . . . | 1 litre |
| Gélatine pure . . . . . . . . . . . . . . . . . . | 100 gr. |
| Extrait Liebig . . . . . . . . . . . . . . . . . . | 5 — |
| Peptone sèche . . . . . . . . . . . . . . . . . . | 5 — |
| Sucre de canne. . . . . . . . . . . . . . . . . | 2 — |
| Phosphate basique . . . . . . . . . . . . . . | 5 — |

(1) Dubief, *Manuel de bactériologie.*

Mais parmi tous ces bouillons, ceux auxquels on devra, sans contredit, donner la préférence, sont les bouillons naturels, c'est-à-dire fabriqués avec la viande nature. On peut employer soit le bouillon de viande de Miquel, soit le macéré de viande Loëffler. Une fois que ces liquides ont été convenablement préparés, on procède à leur gélatinisation et à la confection définitive du milieu nutritif.

On prend un litre du bouillon qu'on a choisi et on y ajoute :

Peptone sèche pure..................... 10 gr.
Sel marin ordinaire................. 5 —

D'autre part, dans un vase bien propre (ballon, capsule de porcelaine), on a placé 100 grammes de gélatine bien pure et bien blanche qu'on a au préalable grossièrement concassée en petits fragments; on recouvre cette gélatine avec de l'eau stérilisée, de façon à ce qu'elle soit seulement recouverte par le liquide.

Au bout de 20 à 30 minutes, la gélatine est imbibée par le liquide et a subi un ramollissement très notable. Alors on fait écouler soigneusement tout l'excès de l'eau, et, après avoir bien fait égoutter, on verse sur la gélatine le bouillon peptonisé et salé. On place le tout au bain-marie et on fait dissoudre à une douce chaleur, en agitant constamment le liquide et en prenant soin que la température ne s'élève pas au delà de 40 à 45 degrés, car une

température excessive finit par modifier la gélatine
au point qu'elle peut ne plus se coaguler par le
refroidissement. Ainsi préparée, la gélatine-peptone a ordinairement une réaction franchement
acide peu favorable à la culture de la plupart des
bactéries; aussi faut-il la neutraliser et même pour
certains cas l'alcaliniser. Pour cela ,on se sert d'une
solution saturée de carbonate de soude qu'on ajoute
goutte à goutte, en ayant soin à chaque instant de
vérifier la réaction au moyen d'un papier de tournesol, et on continue jusqu'à ce qu'on provoque une
tache faiblement bleue. Si l'on avait ajouté trop de
liqueur alcaline, il faudrait neutraliser dans l'autre
sens avec un peu d'acide lactique.

A ce moment, le bouillon gélatinisé n'est ordinairement pas transparent et il contient encore
des substances qui pourraient se précipiter ou se
coaguler au moment de la stérilisation; il faut alors
le soumettre à un chauffage prolongé, jusqu'à ce
que les précipités soient complètement formés.
Pour cela, on se sert d'un bain-marie à 100° centigrade où on laisse la gélatine-peptone pendant une
heure. Une fois la précipitation terminée, il faut
filtrer le bouillon. En raison de la coagulabilité du
milieu nutritif, cette opération est assez difficile et
doit être faite à chaud; l'expérience doit être disposée de telle sorte que le liquide ne puisse se refroidir pendant toute la durée de la filtration, généralement assez longue.

Pour obtenir ce résultat, les auteurs et les cons-
tructeurs ont imaginé un certain nombre de procédés et d'appareils ordinairement fort simples : c'est
ainsi qu'on peut se contenter d'un ballon qui supporte dans son col un entonnoir ordinaire en verre
portant un filtre à plis en papier, le tout étant placé

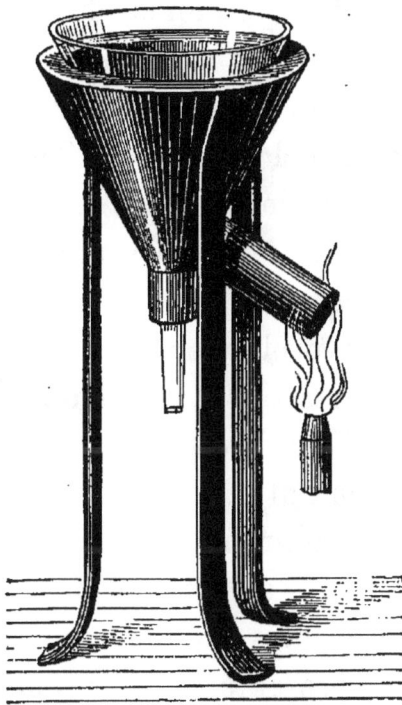

Fig. 14. — Entonnoir pour filtrer à chaud.

dans le poêle à vapeur. Nous avons insisté plus
haut sur les inconvénients d'un chauffage prolongé
de la gélatine, qui lui fait perdre sa propriété de
se coaguler à froid, aussi devra-t-on veiller de
toute façon à ce que la température s'élève simple-

3.

ment de quelques degrés au-dessus du point nécessaire à la fluidification de la gélatine. Il est
préférable de ne pas employer le stérilisateur
à vapeur et de se servir des appareils spéciaux pour
la filtration à chaud, appareils dans lesquels on
peut très facilement modérer et régler la température.

Le plus simple et le moins coûteux de ces appareils est celui fabriqué par Wiesnegg ; il se compose (fig. 14) d'un entonnoir en cuivre ou en fer-
blanc, dans lequel on peut adapter un entonnoir en verre qui contient la substance à filtrer ;
l'espace formé par la double paroi entre les deux
entonnoirs contient de l'eau que l'on peut chauffer
au moyen d'un prolongement latéral en forme de
tube qui supporte aussi un entonnoir destiné à
remplacer l'eau qui s'évapore.

Il faut toujours munir l'extrémité de l'entonnoir
d'une pince de Mohr ou d'un robinet et d'un tube
de verre assez long si l'on veut transvaser directement la gélatine dans les tubes à essai.

L'appareil représenté (fig. 15) est plus compliqué:
le chauffage se fait par la couronne $h$ où la température se maintient dans l'entonnoir $c$ par la circu-
lation d'eau chaude qui exige l'emploi d'un bain-
marie spécial en communication avec le tube $b$ et le
robinet $z$. La gélatine claire tombe dans le réservoir
$d$ et peut être facilement répartie dans le vase à
l'aide du tube qui commande la pince à pression $f$.

La gelée filtrée devra prendre une transparence parfaite à froid et l'on devra, si cette transparence n'est pas obtenue, recourir à plusieurs filtrations successives.

Souvent la gélatine chaude est trouble, grâce à

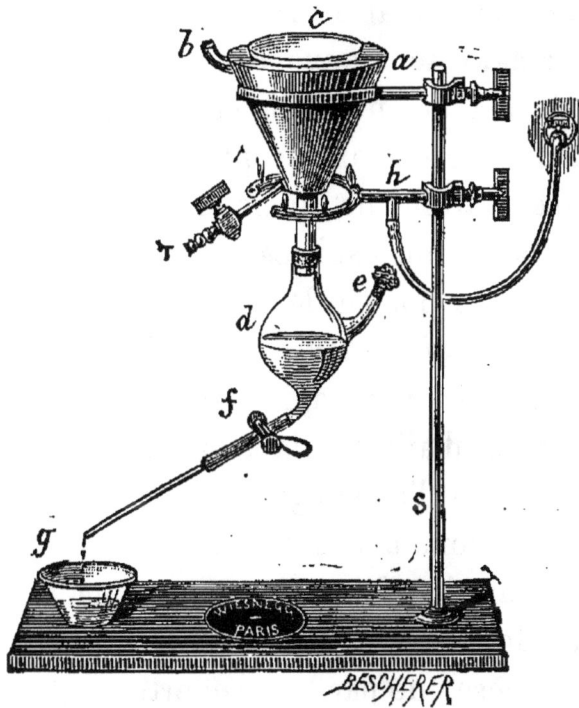

Fig. 15. — Appareil à filtration à chaud.

la présence de phosphates que la chaleur précipite et qui se redissolvent complètement par le refroidissement.

### Agar-agar ou gélose.

Les cultures sur la gélatine présentent l'inconvénient assez sérieux de ne pouvoir se faire qu'à la température ambiante, car à 25° centigrade les milieux gélatinisés se liquéfient et se transforment en bouillons, perdant tous les avantages des cultures sur milieu solides. On a comblé cette lacune par l'emploi de l'*agar-agar*, dont l'introduction en bactériologie est due au Dr Hesse.

L'agar-agar se trouve dans le commerce sous forme de plaques membraneuses ou écailleuses ; ces plaques ne sont autres qu'une substance mucilagineuse extraite de quelques espèces d'algues-marines communes sur les côtes du Japon et dont les principales portent les dénominations botaniques de *Gracilaria lichenoïdes* et *Gigartina speciosa*. Cette substance mucilagineuse ou d'autres analogues existent d'ailleurs dans la plupart des algues-marines, mais l'agar-agar provient surtout des espèces que nous avons désignées.

La préparation des gelées nutritives à l'agar-agar est identique à celle des gelées à la gélatine ; elle ne diffère que par les proportions et quelques détails pratiques.

L'agar-agar doit être découpé par petits morceaux ou être employé en poudre.

On commence par faire tremper l'agar-agar dans l'eau simple, ou mieux dans l'eau salée, pendant toute une nuit pour faciliter sa dissolution ultérieure ; puis, après l'avoir bien égoutté, on l'ajoute dans un bouillon convenablement choisi (ceux que l'on emploie pour la gélatine peptone sont également utilisables ici).

Tandis qu'il faut 10 0/0 de gélatine pour gélatiniser un bouillon de culture, on ne doit employer que des proportions beaucoup plus minimes d'agar-agar ; les proportions convenables sont de 1 à 2 0/0 et on peut employer la formule suivante :

| | |
|---|---|
| Bouillon neutralisé . . . . . . . . . . . . . | 1 litre |
| Agar-agar . . . . . . . . . . . . . . . . . . . | 10 à 20 gr. |
| Peptone sèche. . . . . . . . . . . . . . . . | 10 — |
| Sel marin. . . . . . . . . . . . . . . . . . . | 5 — |

On commence par ajouter le sel et la peptone au bouillon, puis on met l'agar-agar, qu'il faut alors faire dissoudre. Cette dissolution est beaucoup plus longue et beaucoup plus laborieuse que celle de la gélatine, et elle n'est généralement complète que par une ébulition prolongée à feu nu pendant quatre ou cinq heures, en ayant soin de remplacer le liquide évaporé avec de l'eau stérilisée, de façon à conserver toujours le volume d'un litre. La dissolution de l'agar-agar se fait beaucoup plus rapidement dans l'autoclave à 110°.

Ordinairement, la dissolution ainsi obtenue est neutre ; on peut l'employer telle quelle ou l'alcaliniser avec une solution de carbonate de soude saturée.

Le filtrage des gelées à base d'agar-agar est long et difficile, il est cependant indispensable.

Il est rare, malgré tout le soin qu'on peut y

mettre, qu'on obtienne des gelées tout à fait claires et transparentes, mais en prenant les précautions suivantes, on peut cependant arriver à un résultat satisfaisant.

On commence par faire une première filtration avec un cône de feutre, ou en garnissant avec de la ouate la moitié inférieure de l'entonnoir, puis on filtre une seconde fois à travers un double filtre en papier placé dans un entonnoir dont le fond est garni de coton de verre.

Il est encore un procédé plus commode, quoique moins productif, puisqu'on est obligé de sacrifier une partie du produit ; il consiste à verser la gelée liquide dans de longues éprouvettes de verre qu'on abandonne ensuite à un refroidissement progressif. Après une nuit entière, la gelée est solidifiée, et en frappant sur les parois on parvient à la faire sortir sous forme de boudins, dont on tranche facilement la partie qui n'est pas suffisamment transparente.

### Sérum gélatinisé.

Le sérum du sang est particulièrement apte à servir de milieu de culture pour certaines espèces bactériennes, principalement pour celles qui sont parasitaires ; le sérum liquide est peu employé, on se sert surtout du sérum dit gélatinisé, préparé par la méthode de Koch.

*Culture sur plaques.* — La culture sur plaques
très employée en bactériologie pour le triage des
germes, sur lequel nous n'avons pas à insister dans
cet ouvrage, sera employée de préférence à la méthode des cultures en milieux liquides, lorsqu'il
s'agira d'étudier le pouvoir antiseptique des corps
à l'état gazeux ou à l'état de vapeur.

Le milieu dont on se sert est la gélatine nutritive
dont la préparation a déjà été indiquée plus haut.
On utilise des plaques de verre de 10 à 12 centimètres de large sur 14 ou 15 de longueur. Ces
plaques bien propres doivent être chauffées d'avance
de manière à être stérilisées et à ne pas apporter des
germes qui fausseraient l'opération. On les stéri-
lise commodément en mettant un certain nombre
de plaques dans une boîte en tôle spéciale, munie
d'un couvercle et qu'on chauffe à 140°.

Pour empêcher la gélatine de se répandre irré-
gulièrement sur la plaque on se sert d'un support
horizontal.

Les cultures sur plaques se font à la température
ordinaire ou à 18-19°.

### INSTRUMENTS DE CULTURES

*Vases de cultures.* — La forme et l'aspect extérieur des vases de culture influent peu et ils peuvent
revêtir les formes les plus diverses. A côté du
ballon classique et du tube en U de Pasteur, citons

le *matras de Pasteur* (fig. 16) qui est excessivement
commode; il se compose d'un petit ballon à fond
plat, ayant l'apparence des petits flacons à densité.

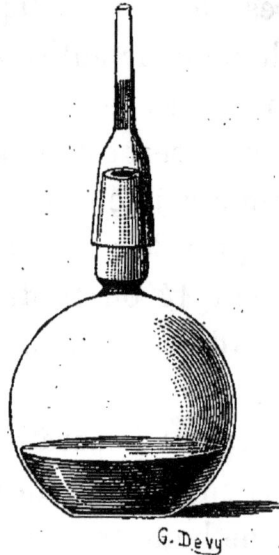

G. Devy

Fig. 16. — Matras de Pasteur.

Le bouchon à l'émeri est muni à la partie supérieure, d'un petit tube permettant l'accès de l'air
extérieur, et qu'on bouche avec de la ouate.

On peut encore, pour faire des cultures, à moins
de frais, se servir de la verrerie usuelle dans les
laboratoires, tels que ballons à fond plats, tubes à
essais, etc.

*Stérilisateurs.* — La stérilisation a pour but d'écar-
ter des cultures tout germe étranger à celui qu'on
veut étudier.

Le moyen par voie humide consiste à laver les objets avec des agents qui tuent les bactéries : mais la méthode la plus commode consiste à chauffer suffisamment les instruments et vases de cul-

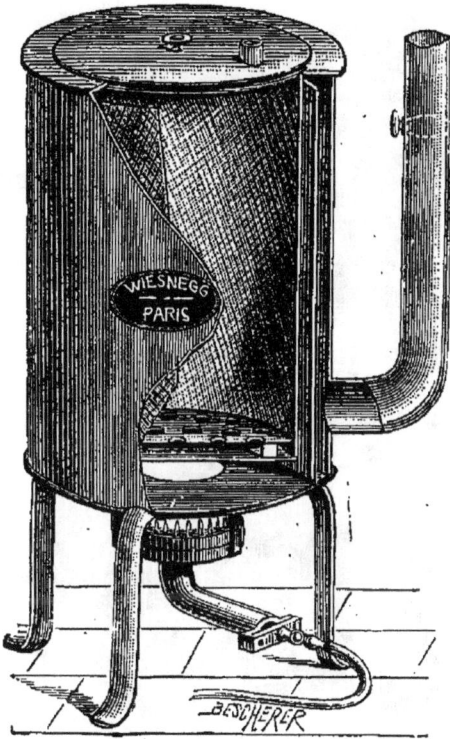

Fig. 17. — Four de Pasteur pour flamber les ballons.

tures pour tuer les germes adhérents. Le procédé courant de stérilisation appliqué dans les laboratoires est la stérilisation à la vapeur d'eau. Le chauffage à 100° s'opère facilement dans le *four de Pasteur* (fig. 17).

L'obtention de températures plus élevées de 100-

120° se fait à l'aide de l'étuve de *Wiesnegg* ou de l'*autoclave de Chamberland* (fig. 18).

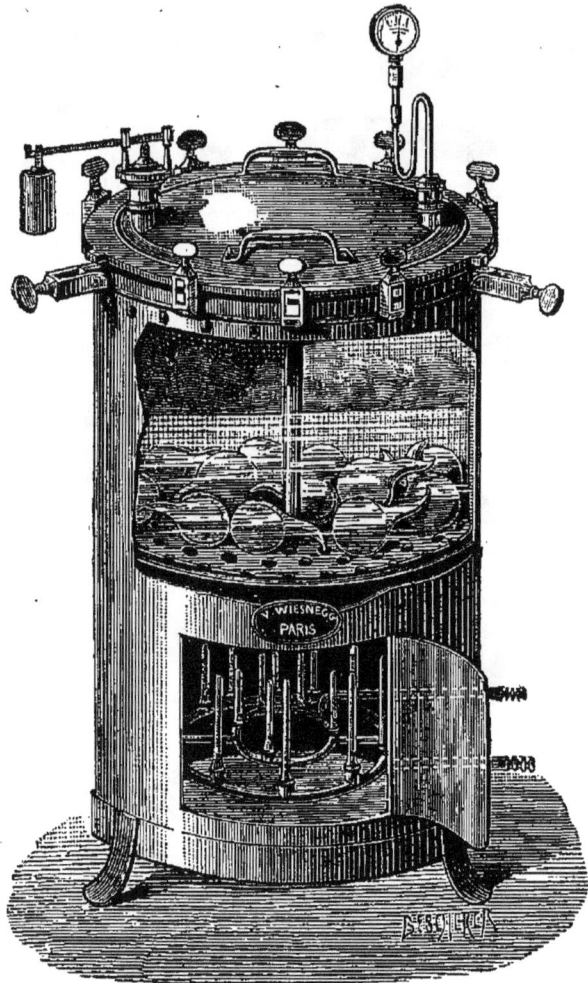

Fig. 18. — Autoclave de Chamberland.

*Étuves de cultures.* — Les étuves de cultures sont destinées à maintenir au moyen d'un chauffage continu et égal les milieux où l'on fait vivre les bactéries.

On se sert d'habitude d'étuves se réglant automatiquement une fois portées à la température
voulue. Afin d'obtenir une température plus constante, ces étuves sont généralement munies de régulateur.

Le régulateur à mercure (fig. 19) qui est fondé
sur la dilatation du mercure donne de bons résul-

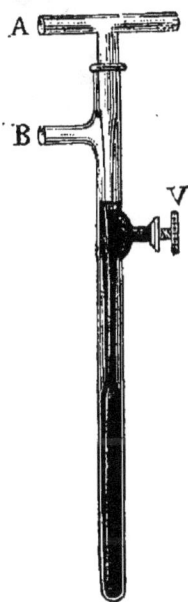

Fig. 19. — Régulateur à mercure.

A, Tube d'arrivée du gaz.— B, Tube de sortie. — V, Vis latérale commandant
le réservoir de mercure.

lats. Le régulateur à pression de Moitessier et le régulateur d'Arsonval (fig. 20) remplissent encore
mieux le but.

Munie d'un régulateur, l'étuve ordinaire de
Wiesnegg peut être employée dans la plupart des

cas spéciaux ayant trait à ce chapitre. Dans les laboratoires de bactériologie, on emploie de préférence l'étuve de Pasteur, l'étuve autorégulatrice
de d'Arsonval (fig. 21), ou encore l'étuve de Babès
(fig. 22) à deux compartiments.

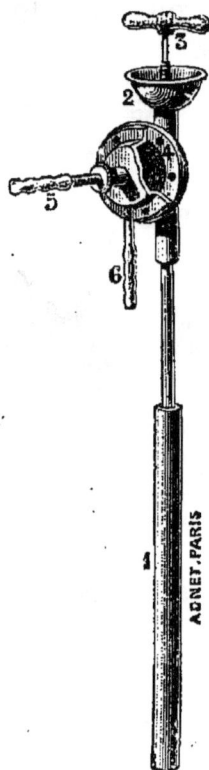

Fig. 20. — Nouveau régulateur du docteur d'Arsonval.

1, Tube de liquide régulateur. — 2, Cuvette. — 3, Robinet. — 4, Membrane métallique. — 5 et 6, Tubes d'entrée et de sortie du gaz.

*Aiguille de platine.* — Pour puiser la matière à
inoculer au bouillon, on se sert d'une aiguille en fil
de platine (fig. 23) que l'on fixe dans une baguette
de verre.

Pour ensemencer le milieu de culture, lorsqu'il
s'agit d'un milieu líquide, on débouche avec soin

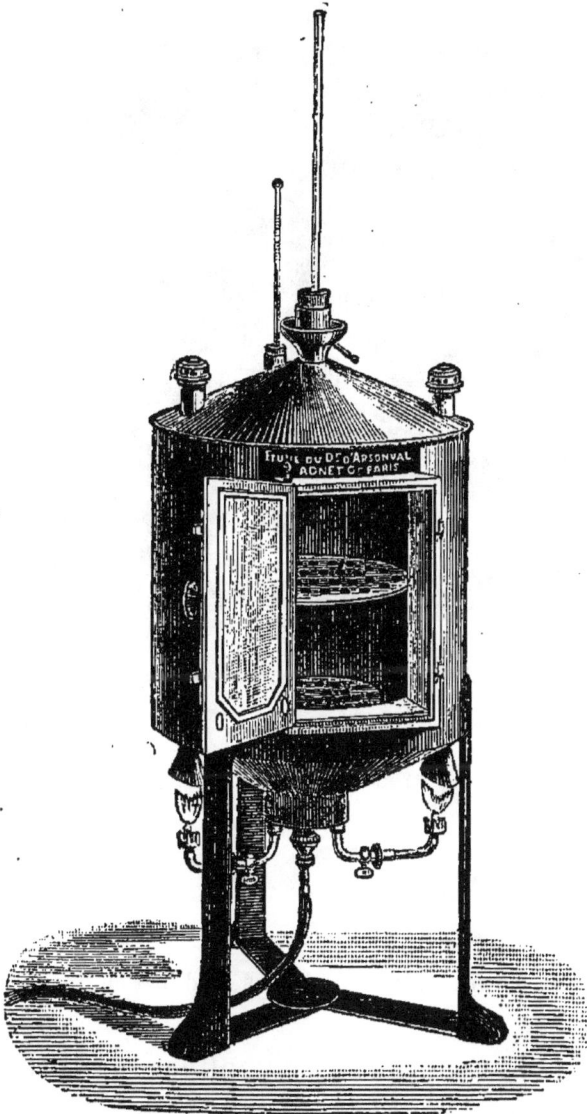

Fig. 21. — Nouvelle étuve autorégulatrice du docteur d'Arsouval

le vase qui le contient et on agite l'aiguille qui

porte la parcelle d'inoculation. Le vase est ensuite rapidement fermé.

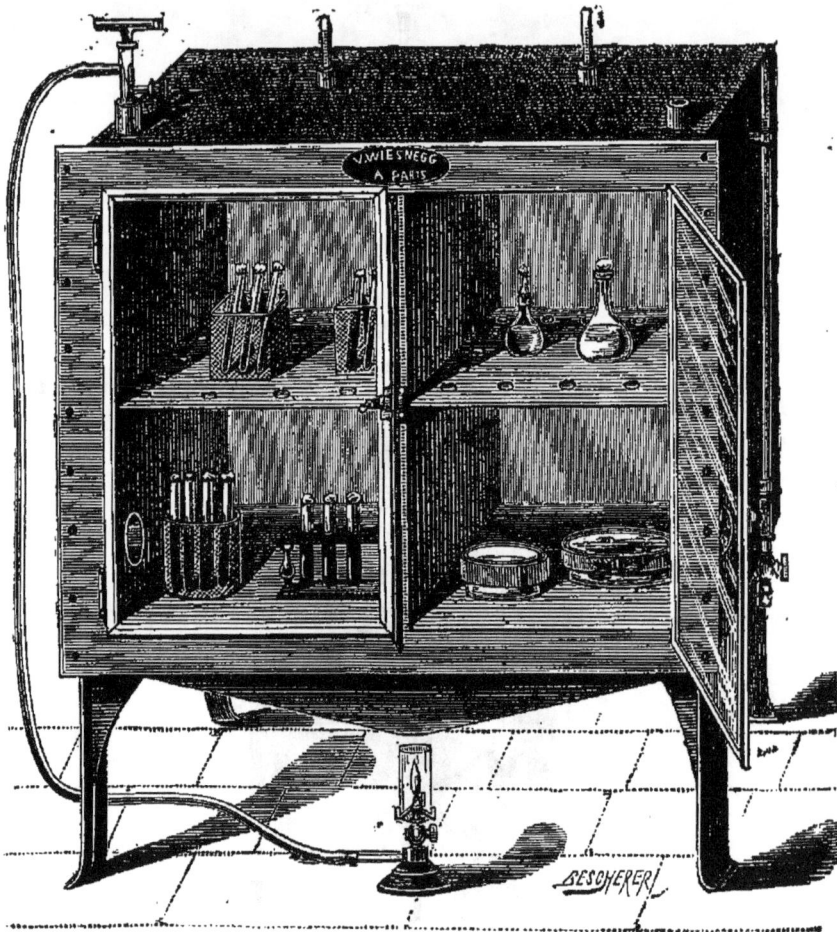

Fig. 22. — Grande étuve de Babès, à deux compartiments.

Pour inoculer les milieux solides on frotte à leur surface ou on introduit dans leur masse la pointe de l'aiguille (fig. 24).

Fig. 23. — Aiguille du fil
de platine.

Fig. 24. — Inoculation
en piqûre.

## OBSERVATION DES CULTURES

La rapidité du développement, dans des conditions semblables de chaleur et d'aération, correspond toujours à la qualité nutritive du milieu.
Aussi est-il nécessaire, lorsqu'on veut établir des
comparaisons, de ne se servir que de milieux de
composition identique.

## CHAPITRE IV

### MARCHE A SUIVRE POUR LA DÉTERMINATION DE LA VALEUR ANTISEPTIQUE D'UN CORPS

Détermination de la dose infertilisante. — Détermination de la dose microbicide. — Détermination de la dose microbicide en un temps donné.

Les quelques notions de bactériologie que nous venons d'exposer sont suffisantes pour se rendre compte de la valeur antiseptique d'un produit, et par suite de la valeur industrielle qu'il peut acquérir à ce point de vue.

Il est notoirement connu, ainsi que nous l'avons déjà fait remarquer, que la puissance antiseptique varie avec les germes sur lesquels on opère. Ainsi, la dose d'un antiseptique nécessaire pour infertiliser un bouillon ensemencé avec le *Bacillus anthracis* n'est plus la même lorsqu'il s'agit du *Bacillus subtilis* ou d'un autre bacille.

L'étude de la valeur d'un antiseptique sur tel ou tel germe ne saurait trouver place dans ce chapitre ; nous nous mettons à un point de vue plus général.

Nous considérons comme bon antiseptique le produit qui, à faibles doses, s'oppose au développement d'une réunion ou d'une collectivité de germes. Comme point de départ, on peut opérer sur l'eau

d'égout, le jus de viande décomposé ou simplement
sur une eau de lavage de terre végétale. La plupart
des bactéries qui y sont contenues étant des germes
très résistant, il est évident que l'on aura plus de
chances de déterminer la véritable valeur antiseptique d'un produit à un point de vue général, si les
expériences sont faites de cette manière.

L'étude d'un antiseptique comprend :

1° La détermination de la dose infertilisante ;

2° La détermination de la dose microbicide.

Par dose *infertilisante*, on entend la plus petite
quantité d'antiseptique arrêtant le développement
des bactéries dans un bouillon de culture.

La dose *microbicide*, est la plus petite quantité
d'antiseptique susceptible de tuer définitivement
les germes en un temps plus ou moins long.

## DÉTERMINATION DE LA DOSE INFERTILISANTE

Le bouillon de bœuf ayant été préparé par le procédé décrit plus haut, on en verse 10 centimètres
cubes dans une série de petits ballons à fond plat
d'une contenance de 25 à 30 centimètres cubes.
Dans chaque ballon, on introduit l'antiseptique
que l'on se propose d'étudier, en faisant varier graduellement les doses depuis 1 0/0 du poids du
bouillon jusqu'à la dose de 1/20000. Lorsque l'on
opère avec un antiseptique insoluble dans le bouillon on en fait une dissolution alcoolique alcaline

ou acide : dans ce cas, il faut tenir compte du pouvoir antiseptique du dissolvant lui-même.

Après avoir bien mélangé le produit antiseptique avec chaque bouillon, on procède à l'ensemencement. Pour cela, on se servira d'un liquide riche en bactéries comme le jus de viande décomposé, une eau d'égout ou plus simplement un lavage de terre dans de l'eau ordinaire. Au moyen d'une baguette de verre effilée, on introduira dans chaque ballon une goutte du liquide contenant les germes et on agitera pour effectuer le mélange.

On aura soin de conserver un ou deux flacons devant servir de témoins.

Les ballons seront ensuite placés dans une étuve et abandonnés à une température de 25° à 30° qui est propre au développement de la majeure partie des germes.

On observera chaque jour les modifications survenues dans les ballons : ceux qui contiennent la dose la plus faible d'antiseptique commenceront à donner un trouble plus ou moins intense et à présenter les phénomènes des caractères généraux du développement des bactéries dans les milieux liquides (voy. page 84).

On pourra arrêter l'expérience après 15 jours : supposons qu'après ce laps de temps le flacon contenant 1/2000 d'antiseptique soit resté clair tandis que le flacon contenant l'antiseptique à la dose de 1/3000 soit devenu trouble. Dans ce cas, la dose infertilisante sera comprise entre 1/2000 et 1/3000.

Afin d'avoir une plus grande approximation, on recommencera l'expérience en ensemençant dix ballons avec des doses croissantes par centième de 1/2000 jusqu'à 1/3000. Si l'observation fournit comme résultat que le ballon contenant 1/2500 d'antiseptique soit resté indemne, tandis que le trouble se soit formé dans celui qui contenait 1/2600 d'antiseptique. La dose infertilisante sera, cette fois, comprise entre 1/2500 et 1/2600.

Il faut cependant observer que l'on ne peut pas toujours arriver jusqu'à cette approximation : les bouillons donnent quelquefois des résultats contradictoires à mesure que l'on s'approche de la dose infertilisante.

### DÉTERMINATION DE LA DOSE MICROBICIDE

La méthode pour déterminer la puissance destructive d'un corps vis-à-vis les germes consiste à ensemencer des bouillons stérilisés avec des germes ayant subi un contact plus ou moins long avec lui.

On pourra, dans ce but, utiliser l'expérience précédente. Supposons que l'on ait trouvé que la dose infertilisante soit de 1/5000, c'est-à dire que le bouillon contenant 1/5000 d'antiseptique soit resté indemne de tout développement de bactéries. Au moyen d'une pipette stérilisée, on prélèvera 1 cen-

4.

timètre cube de ce bouillon que l'on aura soin d'a-
giter préalablement et on le mélangera avec
50 centimètres cubes d'un bouillon neuf stérilisé et
contenu dans un flacon également stérilisé. Après
avoir agité, le ballon sera mis en observation dans
l'étuve à 25°-30°. Si le liquide reste clair, on pourra
conclure que les germes ont été tués complètement
puisqu'ils ne peuvent plus évoluer lorsqu'on les
met en contact avec un milieu de culture propre à
leur développement. Si le bouillon s'est troublé on
recommencera l'expérience avec le liquide infer-
tilisé avec la dose supérieure et ainsi de suite jusqu'à ce que l'on observe plus de développement de
bactéries.

### DÉTERMINATION DE LA DOSE MICROBICIDE EN UN TEMPS DONNÉ

On peut aussi se proposer de calculer la rapidité
avec laquelle s'exerce l'action microbicide des antiseptiques sur les bactéries. Dans ce but, on pourra
employer la méthode suivante :

On prépare une eau riche en bactéries par un
des procédés ci-dessus indiqués, puis on le met en
contact avec la dose nécessaire d'antiseptique pour
amener la destruction des bactéries.

Après avoir bien mélangé, on fait, de quart
d'heure en quart d'heure, des prélèvements au
moyen d'une pipette stérilisée et l'on ensemence

une série de petits flacons de bouillons purgés de germes que l'on met en observation.

Les bouillons dans lesquels les bactéries se seront développées seront rejetés et on s'arrêtera au dernier bouillon de la série qui sera resté clair. Celui-ci contiendra la dose microbicide nécessaire pour tuer, en un laps de temps connu, les germes sur lesquels on a opéré.

Admettons que ce cas se soit produit pour le sixième prélèvement, c'est-à-dire que le bouillon ensemencé par les germes ayant subi un contact de six quarts d'heure avec l'antiseptique soit resté clair ; on concluera que l'antiseptique, à la dose employée, tue les germes sur lesquels on a opéré après un contact d'une heure et demie.

Dans ces recherches sur la valeur antiseptique ou désinfectante d'un produit, on pourra aussi employer les cultures sur milieux solides. On se conformera aux prescriptions qui ont été exposées dans le commencement de ce chapitre concernant les cultures en milieux solides.

# CHAPITRE V

## RELATIONS ENTRE LA CONSTITUTION CHIMIQUE ET LES PROPRIÉTÉS PHYSIOLOGIQUES

Groupes analogues aux groupes chromophores. — Expériences de Cornelly et Frew, de Rottenstein et Bourcart. — Expériences de Baumann sur les propriétés physiologiques des corps de la série du sulfonal. — Conclusions.

*Analogie avec les groupes chromophores.* — Y a-t-il une relation entre les propriétés antiseptiques ou physiologiques et la structure moléculaire d'un corps ? Est-il possible d'établir une loi permettant de prévoir *à priori* l'action physiologique en fonction de la constitution chimique d'un composé ? Telles sont les questions qui sont venues rapidement à l'esprit des médecins et des chimistes.

On comprend, en effet, de quelle utilité pourrait être une semblable détermination qui permettrait d'avoir un fil conducteur à travers les innombrables composés qu'offre la chimie organique.

On sait que les matières colorantes peuvent se rattacher à certains groupes fictifs appelés *chromophores* : la propriété colorante serait déterminée par la présence d'un semblable groupe dans un corps. On s'est demandé si la constitution chimique d'un composé ne présentait pas certaines

relations analogues avec les propriétés physiologiques ou antiseptiques.

L'existence de certains groupes, analogues aux
groupes chromophores dans les matières colorantes
et dont les dérivés seraient doués de propriétés
antiseptiques ou physiologiques, plaît certainement beaucoup à l'esprit. Malheureusement les
expériences faites à ce sujet n'ont pas donné des
résultats bien satisfaisants. Nous signalerons cependant les tentatives qui ont été entreprises.

*Expériences de divers auteurs.* — MM. Cornelly
et Frew (1) ont étudié le pouvoir antiseptique des
bidérivés de la benzine envers les micro-organismes. Ils trouvèrent que les combinaisons en
position para agissaient plus efficacement que les
ortho et les métha-dérivés.

MM. Rottenstein et Bourcart admettent un certain groupement d'atomes auquel on doit attribuer
un pouvoir antiseptique d'intensité différente, suivant le nombre de ces groupes. Ainsi, étant donné
un produit de la série aromatique, son pouvoir
antiseptique ira en augmentant avec le nombre
d'hydrocarbures :

$$CH^2, C^2H^5, \text{etc.}$$

qu'il renferme dans la molécule.

Le pouvoir bactéricide sera considérablement

(1) *Chemical Society*, 15 mai 1890.

augmenté quand la combinaison renfermera des halogènes tels que le chlore, le brôme, etc., ou de l'oxygène sous forme d'hydroxyle OH, de groupe aldéhydique COH, etc.

Au contraire, tandis que ces éléments ont une influence positive sur le pouvoir antiseptique des corps de la série aromatique, l'azote a une influence négative et il abaisse d'autant plus le pouvoir antiseptique que ses deux affinités libres sont combinées ou ne sont pas combinées à des groupes positifs. Si tel est le cas et d'après la règle ci-dessus énoncée, le pouvoir antiseptique, diminué par la présence d'un azote, sera augmenté par la présence de groupes positifs.

La différence dans le pouvoir antiseptique d'une combinaison dépend donc du nombre de groupes:

$$CH^3, C^2H^5, \text{ etc.}$$

de celui des groupes,

$$OH, CO, CHO, \text{ etc.}$$

et de l'azote contenu dans chaque radical.

En s'appuyant sur ces principes, voyons comment se comporteront les corps dans les principales séries.

### Homologues.

En partant de la benzine, le pouvoir bactéricide augmente à mesure que l'hydrogène est remplacé par $CH^2$.

L'échelle est la suivante :

Benzine :

$$C^6H^6$$

Toluène :

$$C^6H^5 (CH^3)$$

Xylène :

$$CH^4 (CH^4)^2$$

Mésithylène :

$$C^6H^3 (CH^3)^3$$

Phénols et oxyacides.

Le pouvoir antiseptique est proportionnel au nombre d'hydroxyles.

Les bioxybenzols :

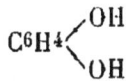

$$C^6H^4 {\Large\langle} {OH \atop OH}$$

sont plus antiseptiques que l'acide phénique. L'acide pyrogallique :

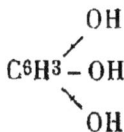

$$C^6H^3 {< OH \atop {- OH \atop \searrow OH}}$$

est pour la même raison supérieur à la résorcine.

L'introduction d'un groupe carboxyle COOH dans les oxybenzols augmente le pouvoir antiseptique.

L'acyde salicylique :

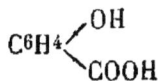

$$C^6H^4 {\Large\langle} {OH \atop COOH}$$

est plus antiseptique que le phénol, mais moins que l'acide gallique :

$$C^6H^2 (OH)^3 COOH$$

### Acides.

La solubilité de ces combinaisons les fait entrer dans la série des antiseptiques journellement employés. D'après les mêmes règles, le pouvoir antiseptique croit avec le nombre de groupes carboxylés.

L'acide phtalique :

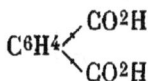

$$C^6H^4 \diagdown \begin{matrix} CO^2H \\ CO^2H \end{matrix}$$

a un pouvoir antiseptique supérieur à celui de l'acide benzoïque $C^6H^5CO^6H$.

Lorque l'hydrogène de l'acide est remplacé par un groupe méthylé ou éthylé, ce pouvoir augmente encore. Ainsi l'éther méthylique de l'acide salicylique est plus antiseptique que ce dernier.

### Dérivés amidés.

L'introduction de l'azote dans les hydrocarbures a pour effet d'apaiser le pouvoir antiseptique. Quand une combinaison aromatique contient un ou plusieurs atomes d'azote, son pouvoir antiseptique est plus faible que celui des hydrocarbures correspondants. Mais si les hydrogènes sont remplacés par des groupes $CH^3$, $C^2H^5$, etc., le pouvoir antiseptique pourra être relevé.

Par exemple la rosaniline :

$$
\begin{array}{c}
C^6H^4AzH^2 \\
\diagup \\
C - C^6H^4AzH^2 \\
| \quad \diagdown \\
OH \quad C^6H^4AzH^2
\end{array}
$$

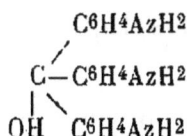

ne contient que des groupes :

$$AzH^2$$

son pouvoir antiseptique est faible. Mais si l'on vient à remplacer les hydrogènes par des groupes $CH^3$, le pouvoir antiseptique augmentera considérablement. Tel est le cas, par exemple, pour le violet hexaméthylé (1) :

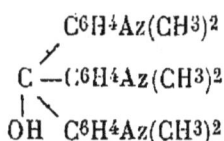

$$
\begin{array}{c}
C^6H^4Az(CH^3)^2 \\
\diagup \\
C - C^6H^4Az(CH^3)^2 \\
| \quad \diagdown \\
OH \quad C^6H^4Az(CH^3)^2
\end{array}
$$

Ces rapports entre le pouvoir antiseptique et la constitution chimique offrent de nombreuses exceptions.

Il en est de même pour ceux qui ont été énoncés par MM. Dujardin-Beaumetz et Bardet (2) :

(1) Il est bon de rapprocher ces résultats de ceux obtenus par Liebreich (*Therapeut. Monatsh.*, 1890, t. IV, p. 344) concernant le *pioktanin* et ceux de Ehrlich et Heppmann (*Deutsche medic. Wochenschr.*, 1890, 23) concernant l'action du *bleu méthylène* :

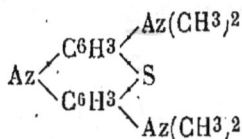

$$
Az
\begin{array}{c}
\diagup C^6H^3 \diagup \\
\diagdown C^6H^3 \diagdown
\end{array}
\begin{array}{c}
Az(CH^3)^2 \\
S \\
Az(CH^3)^2
\end{array}
$$

(2) *Comptes rendus de l'Académie des sciences*, 1889, t. CVIII, p. 571.

1° Le pouvoir antiseptique est caractérisé par le groupe hydroxyle;

2° L'action antithermique est déterminée par le groupe amidogène ;

3° L'action analgésique est donnée par les corps amidogénés dont un hydrogène a été remplacé par un radical de la série grasse.

*Expériences de Baumann.* — Parmi les composés de la série des sulfonals qui se produisent par l'oxydation des mercaptals, on a trouvé que le diéthylsulfone-diméthylméthane était doué de propriétés hypnotiques extrêmement remarquables.

On a été ainsi amené à étudier les principaux corps de cette série et voici quels sont les résultats correspondants :

Si l'on considère d'une part les diverses combinaisons de cette série et l'intensité de leurs propriétés physiologiques d'autre part, on voit que parmi les disulfones qui sont détruites ou transformées pendant leur passage dans l'organisme, les seules actives sont celles qui renferment des groupements éthyliques; l'intensité de leur action hypnotique paraît jusqu'à un certain point proportionnelle au nombre de groupes éthyles contenus dans la molécule ; enfin les groupes $SO^2C^2H^5$ paraissent donner à la molécule la même activité physiologique que le groupe $C^2H^5$ lui-même.

## Relations entre la constitution des sulfonals et la propriété hypnotique.

| | |
|---|---|
| Diéthylsulfone................. $(C^2H^5)^2SO^2$ | Inactif. |
| Ethylène-diéthylsulfone ........... $C^2H^4(SO^2C^2H^5,^2$ | Inactif. |
| Méthylène-diméthylsulfone ........ $CH^2(SO^2CH^3)^2$ | Inactif. |
| Méthylène-diéthylsulfone........... $CH^2,SO^2C^2H^5)^2$ | Inactif. |
| Ethylidène-diméthylsulfoue ......... $CH^3CH(SO^2CH^3)^2$ | Inactif. |
| Ethylidène-diéthylsulfone........... $CH^3CH(SO^2C^2H^5)^2$ | Action hypnotique légère. |
| Propylidène-diméthylsulfone........ $C^2H^5CH(SO^2CH^3)^2$ | Action hypnotique légère. |
| Propylidène-diéthylsulfone ......... $C^2H^5CH(SO^2C^2H^5)^2$ | Action hypuotique pro-noncée. |
| Diméthylsulfone-diméthyiméthane ..... $(CH^3)^2C(SO^2CH^3)^2$ | Action très légère. |
| Diméthylsulfone-éthylméthylméthane ... $C^2H^5CH^3C(SO^2CH^3)^2$ | Action à peine sensible. |
| Diméthylsulfone-diéthylméthane....... $(C^2H^5)^2C(SO^2CH^3)^2$ | Fortement hypuotique. |
| Diéthylsulfone-diméthylméthane (sulfo-nal)................... $(CH^3)^2C(SO^2C^2H^5)^2$ | Fortement hypnotique. |
| Diéthylsulfone-méthyléthylméthane ..... (trional)................... $(CH^3)(C^2H^5)C(SO^2C^2H^5)^2$ | Action plus énergique que le sulfonal. |
| Diéthylsulfone-diéthyl méthane (tétronal) . $(C^2H^5)^2C(SO^2C^2H^5)^2$ | Fortement hypnotique. |

Mais il serait téméraire de supposer que le groupement :

$$SO^2(C^2H^5)^2$$

est doué d'une propriété hypnotique. En effet, si nous le combinons de manière à obtenir des composés très solubles, nous verrons l'action hypnotique se réduire à néant.

C'est ainsi que le diéthyl-sulfone acétylacétate d'éthyle :

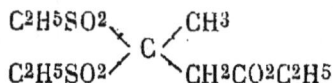

$$C^2H^5SO^2 \diagdown \\ \phantom{xxxxxx} C \diagdown \diagup^{CH^3} \\ C^2H^5SO^2 \diagup \phantom{xx} \diagdown CH^2CO^2C^2H^5$$

et le diéthyl-sulfone éthylacétylacétate d'éthyle :

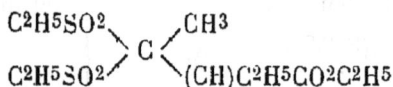

$$C^2H^5SO^2 \diagdown \\ \phantom{xxxxxx} C \diagdown \diagup^{CH^3} \\ C^2H^5SO^2 \diagup \phantom{xx} \diagdown (CH)C^2H^5CO^2C^2H^5$$

sont des combinaisons absolument dépourvues de toute action physiologique.

Il faut donc pour que les disulfones soient physiologiquement actives que leur destruction par l'organisme ne soit pas trop rapide.

### Conclusions

En résumé, la préparation synthétique des substances médicamenteuses ne se trouve, comme nous l'avons fait observer, qu'au début de son développement. Les résultats définitifs acquis dans ce domaine sont encore rares, et les hypothèses faites pour établir le lien entre la constitution chimique d'un corps

et ses propriétés antiseptiques ou physiologiques
peuvent à peine servir à orienter le chimiste dans
ses recherches. Il est cependant probable que cette
branche de la chimie doit avoir ses lois ; ce n'est
qu'après avoir découvert ces lois que nous pour-
rons opérer d'une façon plus rationnelle comme
dans les couleurs par exemple.

Jusqu'à maintenant, il est bon de signaler que
l'application de la plupart des produits médicinaux est due au hasard : nous avons déjà cité le
chloral et l'acétanilide ; on pourrait multiplier les
exemples ; le sulfonal a été découvert il y a quelques
années par Baumann sans que celui-ci en ait observé les effets hypnotiques.

L'histoire de l'antipyrine a montré clairement
que dès qu'il s'agit de déduire de la constitution
chimique d'un corps ses effets physiologiques, toute
idée théorique préconçue est vaine. L'inventeur
de la substance, comme il arrive souvent, n'en a
pas reconnu de suite la constitution réelle ; il croyait
qu'elle appartenait au même groupe que la quinoléine ; c'est cette circonstance qui a porté les expé-
rimentateurs à étudier les propriétés physiologiques de ce corps. Une analyse plus exacte de
l'antipyrine a montré depuis lors qu'elle n'avait
aucune relation avec la quinoléine. Peut-être n'au-
rait-on pas découvert ses propriété thérapeuthiques
si on avait connu dès le principe sa constitution
réelle.

On s'imaginait autrefois que seuls les corps présentant une constitution analogue à celle de là quinine pouvaient avoir des effets antipyrétiques; cette opinion préconçue fut fortement ébranlée lorsqu'on découvrit que ces effets se retrouvent dans des corps de constitution bien plus simple.

Nous ajouterons enfin que les recherches ont prouvé jusqu'à l'évidence que des produits d'une constitution différente ont une action physiologique analogue, et que les plus légères modifications, tel que le remplacement d'un hydrogène par un groupe méthyle, occasionnent des résultats tout à fait imprévus.

# CHAPITRE VI

## PRODUITS MÉDICINAUX DÉRIVÉS DE LA SÉRIE GRASSE ET DE LA SÉRIE AROMATIQUE

Hydrocarbures. — Dérivés halogénés. — Aldéhydes et acides. — Goudrons. — Groupe du phénol. — Groupe de l'aniline, de la pyridine, de la quinoléine et du pyrazol.

Les produits médicinaux synthétiques peuvent être divisés en deux grandes classes :

1° Les combinaisons appartenant à la série grasse ;

2° Les combinaisons appartenant à la série aromatique.

Si l'on considère d'une manière générale tous ces composés, on peut voir qu'ils ne sont pas régulièrement répartis dans les séries chimiques, surtout dans la série grasse. La série aromatique contient une liste assez grande de produits médicinaux et il nous a été possible de les diviser en groupes distincts.

Toutefois, la classification que nous suivons n'a d'autre but que de faciliter leur description et de mettre de l'ordre et de la clarté dans leur exposition.

### SÉRIE GRASSE

#### Hydrocarbures.

Les hydrocarbures de la série grasse n'ont pas

offert jusqu'à ce jour un grand intérêt au point de vue médical. Citons cependant le *pental* (triméthyl-éthylène :

$$(CH^3)^2C^2H^4CH^3$$

qui vient d'être récemment livré par le commerce.

### Dérivés halogénés.

La série des dérivés halogénés offre par contre une liste nombreuse de produits utilisés.

Exemple : les chlorures, bromures, iodures de méthyle et d'éthyle :
l'iodure d'amyle :

$$C^5H^{11}I$$

l'iodoforme :

$$CHI^3$$

le chloroforme :

$$CHCl^3$$

Il est à remarquer qu'à part l'iodoforme, la plupart des composés dont se compose cette série sont déstinés à l'usage anesthésique ou hypnotique.

### Aldéhydes et dérivés.

Cette classe fournit des produits remarquables. Déjà le *formol* ou aldéhyde formique :

$$CH^2O$$

le premier terme de la série des aldéhydes est un antiseptique très puissant.

L'aldéhyde acétique :

$$CH^3CHO$$

l'est également, mais à un degré moindre.

Mais le dérivé trichloré de l'aldéhyde acétiqué le *chloral* ou trichloraldéhyde :

$$CCl^3COH$$

est le terme le plus remarquable de cette série. Le chloral donne lui-même des combinaisons intéressantes dont plusieurs sont utilisées. Telles sont le *somnal* ou chloraluréthane :

$$C^7H^{12}Cl^3O^3Az^3$$

l'*hypnal* ou chloralantipyrine :

$$C^{13}H''AzOCl^3$$

le *chloralose* ou anhydroglucochloral :

$$C^8H^{11}Cl^3O^6$$

La plupart des dérivés chlorés de l'aldéhyde acétique sont des hypnotiques.

### Combinaisons appartenant à diverses séries.

Enfin à côté des séries précédentes plus riches en composés dont les propriétés sont utilisées, il en est qui appartiennent à la série des éthers, des acides, des mercaptanes, etc. Tels sont l'*éther ordinaire* ou oxyde d'éthyle :

$$(C^2H^5)^2O$$

le méthylal,

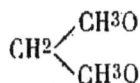

les acides formique, valérianique, tartrique, citrique lactique, etc.

Enfin parmi les dérivés sulfurés, le *sulfonal* ou diéthylsulfone-diméthylméthane :

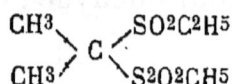

$$CH^3 \diagdown \phantom{C} \diagup SO^2C^2H^5$$
$$\phantom{CH^3}C$$
$$CH^3 \diagup \phantom{C} \diagdown S^2O^2CH^5$$

est universellement connu comme hypnotique.

## SÉRIE AROMATIQUE

Les produits médicinaux appartenant à la série aromatique et que l'on peut considérer presque exclusivement comme des dérivés de la houille, ainsique nous l'avons fait remarquer plus haut, se rattachent à six groupes principaux.

### 1: Groupe des produits provenant directement de goudrons.

Dans ce groupe sont contenus les divers produits obtenus soit par la sulfonation, soit par la sulfuration des huiles de goudrons et des huiles minérales, soit par leurs combinaisons avec une huile grasse. Exemple :

Créolines ;

Lysol ;

Ichthyoles ;

Thyole ;

Tuménol, etc.

2. Groupe se rattachant à une fonction phénolique telle que :

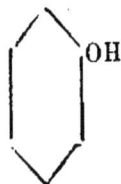

La liste de ces combinaisons comprend :

1° Les phénols, leurs sels, leurs éthers et produits de substitution. Exemple :

Phénol :

$$C^6H^5OH.$$

Résorcine :

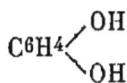

β-naphtol :

$$C^{10}H^7OH.$$

Gaïacol : .

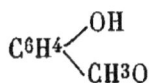

Aristols :

$$C^{20}H^{24}O^2I^2.$$

Sozoïodols :

$$C^6H^3SO^3NaI^2.$$

2° Les acides, oxyacides et dérivés. Exemple :

Acide benzoïque :

$$C^6H^5CO^2H.$$

Acide salicylique :

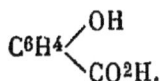

Acide oxynaphtoïque :

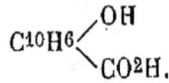

$$C^{10}H^6 \begin{cases} OH \\ CO^2H. \end{cases}$$

Salol :

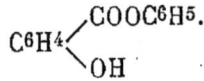

$$C^6H^4 \begin{cases} COOC^6H^5. \\ OH \end{cases}$$

Dermatol :

$$C^7H^7O^7Bi$$

3. Groupe se rattachant à une fonction amidée telle que :

$$Az_{R'}^{R},$$

Cette classe comprend les dérivés de l'aniline, tels que :

Acétaniline :

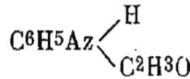

$$C^6H^5Az \begin{cases} H \\ C^2H^3O \end{cases}$$

Exalgine :

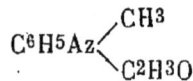

$$C^6H^5Az \begin{cases} CH^3 \\ C^2H^3O \end{cases}$$

Phénacétine :

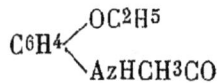

$$C^6H^4 \begin{cases} OC^2H^5 \\ AzHCH^3CO \end{cases}$$

Thiodérivés des amines, etc.

4. Groupe se rattachant à la pyridine.

Az

Exemple :

Quinoléine :

$$C^9H^7Az.$$

Thalline :

$$C^9H^{10}(OCH^3)Az$$

Kaïrine :

$$C^9H^9(OH)AzCH^3$$

5. Groupe se rattachant au pyrazol.

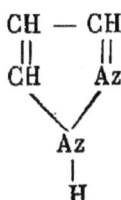

$$
\begin{array}{ccc}
CH & — & CH \\
\| & & \| \\
CH & & Az \\
& \diagdown\diagup & \\
& Az & \\
& | & \\
& H &
\end{array}
$$

Exemple :

Antipyrine :

$$C^{11}H^{12}Az^2O$$

et ses dérivés.

Observation.

Un autre mode de classification consisterait à diviser les produits médicinaux en groupes correspondant à leurs propriétés physiologiques.

Ainsi nous aurions le groupe des *antiseptiques* comprenant la liste des composés employés comme tels ; le groupe des *antithermiques*, le groupe des *hypnotiques,* etc.

Notre ouvrage n'étant qu'une étude chimique de ces produits, nous avons préféré adopter une division correspondante aux séries de la chimie.

# DEUXIÈME PARTIE

## PRODUITS MÉDICINAUX DERIVÉS DE LA SÉRIE GRASSE

---

## CHAPITRE PREMIER

### ÉTHER

Éthérification. — Préparation de l'éther au laboratoire. — Distillation de l'éther — Préparation industrielle de l'éther. — Méthode de Soubeiran. — Purification et rectification. — Combustibilité et propriétés de l'éther.

### ÉTHER

*Syn.* : Oxyde d'éthyle, éther sulfurique

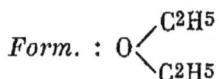

$$\textit{Form.} : O \genfrac{}{}{0pt}{}{C^2H^5}{C^2H^5}$$

La préparation de l'éther semble remonter à Gordus qui le décrivit en 1840 sous le nom d'*oleum vini dulce.*

L'éther semble également avoir été connu de Paracelse et de Basilius Valentinus. On supposa longtemps qu'il contenait du soufre : ce fut Rose qui, en 1800, démontra l'absence de ce corps.

*Éthérification.* — On désigne sous le nom d'éthérification le phénomène de la transformation d'un alcool en éther. Ce phénomène de la transfor-

mation de l'alcool éthytique en éther a été tout
d'abord attribué à l'action deshydratante de l'acide
sulfurique.

Cependant, puisque celui-ci, en agissant sur
l'alcool, abandonnait de l'eau, il était difficile d'admettre que ce fût l'avidité de l'acide pour l'eau qui
causât l'éthérification. On eut recours alors à l'hypothèse d'une action de présence, classant ainsi la
production de l'éther à côté d'autres phénomènes
dont on ignorait les causes.

Liebig s'aperçut le premier du rôle important
que joue la formation de l'acide sulfovinique dans
l'éthérification. Enfin Williamson élucida la ques-
en prouvant que l'acool, en agissant sur l'acide
sulfurique, était d'abord transformé en acide sulfovinique avec élimination d'eau et qu'une partie libre
de l'alcool, réagissant sur l'acide formé, régénérait
de l'acide sulfurique avec mise en liberté de l'éther.

Cette transformation peut être exprimée par les
formules suivantes :

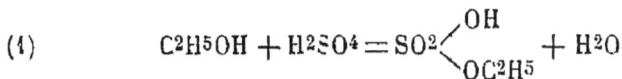

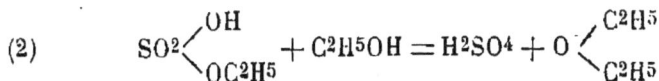

$$(1) \qquad C^2H^5OH + H^2SO^4 = SO^2 \diagdown_{OC^2H^5}^{OH} + H^2O$$

$$(2) \qquad SO^2 \diagdown_{OC^2H^5}^{OH} + C^2H^5OH = H^2SO^4 + O \diagdown_{C^2H^5}^{C^2H^5}$$

Il en résulte que la même portion d'acide sulfurique pourrait théoriquement éthérifier une quantité indéfinie d'alcool.

*Préparation de l'éther au laboratoire* (1). — L'appareil dans lequel on opère (fig. 25) se compose d'un ballon B, de 1 litre, portant, au moyen d'un bouchon à trois trous, un thermomètre T, un tube coudé *d* relié à un réfrigérant RR', et un tube de verre communiquant avec un flacon à tubulure inférieure M, dont l'écoulement est réglé par un robinet *r*. Le

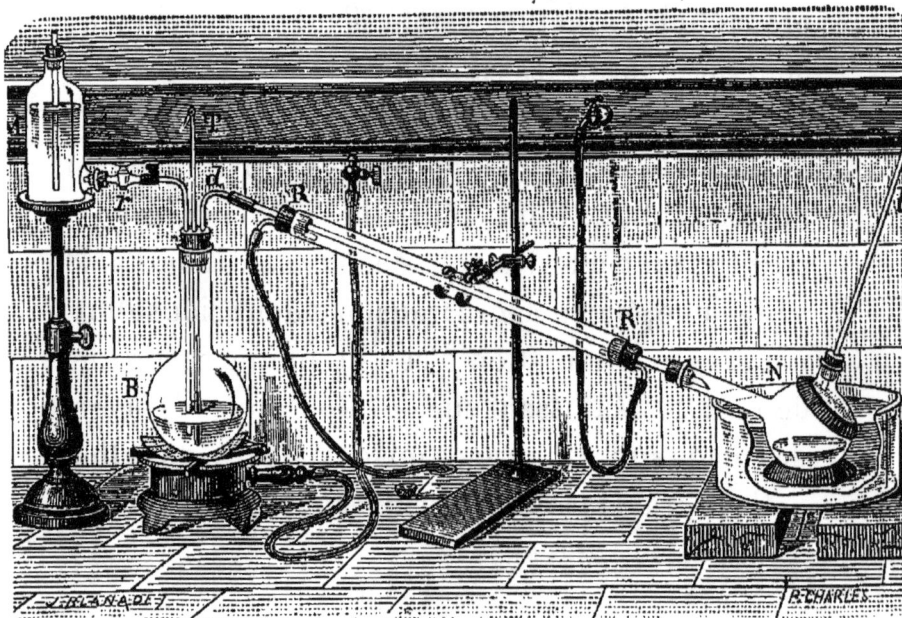

Fig. 25. — Préparation de l'éther ordinaire.

ballon est disposé sur un fourneau recouvert d'une toile métallique. Le tube du réfrigérant RR' est fixé par sa partie inférieure au col d'un ballon tubulé N, servant de récipient et plongé dans l'eau froide.

(1) Jungfleisch : *Manipulation de chimie.*

Après avoir introduit dans le ballon 200 grammes d'alcool (10 parties), et ajouté peu à peu, en agitant, 140 grammes d'acide sulfurique (7 parties), on chauffe doucement. Lorsque la température indiquée par le thermomètre dépasse 130°, l'ébullition commence et de l'éther plus ou moins mélangé d'alcool passe à la distillation. Ouvrant alors le robinet $r$, on laisse écouler très lentement dans le ballon de l'alcool à 95 centièmes, dont on a préalablement garni le flacon tubulé. En réglant le chauffage et l'arrivée de l'alcool, on maintient à la fois le niveau constant dans le ballon, et la température du mélange voisine de 140°.

De l'alcool nouveau remplaçant continuellement celui qui distille à l'état d'éther, la réaction peut se produire ainsi tant que l'acide sulfurique n'a pas été trop altéré.

Un point important est d'éviter tout accident du à l'écoulement de la vapeur d'éther, qui s'échappe de l'extrémité de l'appareil, et à sa combustion au contact du foyer; on l'écarte de ce dernier en adaptant un tube très long à la tubulure du ballon servant de récipient.

Le liquide condensé est de l'éther ordinaire souillé d'alcool, d'eau, d'acide sulfureux, etc. On l'agite dans un flacon fermé, avec la moitié de son volume d'eau additionnée de quelques grammes d'hydrate de chaux. Ce dernier corps neutralise l'acide sulfureux, tandis que l'alcool passe en dis-

solution dans l'eau. On décante l'éther qui surnage
et on le distille au bain-marie. On perd moins de
produit quand on fait précéder le traitement par
l'eau d'une distillation au bain-marie tiède; on sépare ainsi la plus grande partie de l'alcool.

*Distillation de l'éther.* — La distillation de l'é-
ther se pratique fréquemment dans les laboratoires.
Les vapeurs étant très inflammables, on doit, dans
cette circonstance, prendre certaines précautions.

Un moyen commode consiste à percer dans la
cloison MM' qui sépare deux pièces voisines (fig. 26),

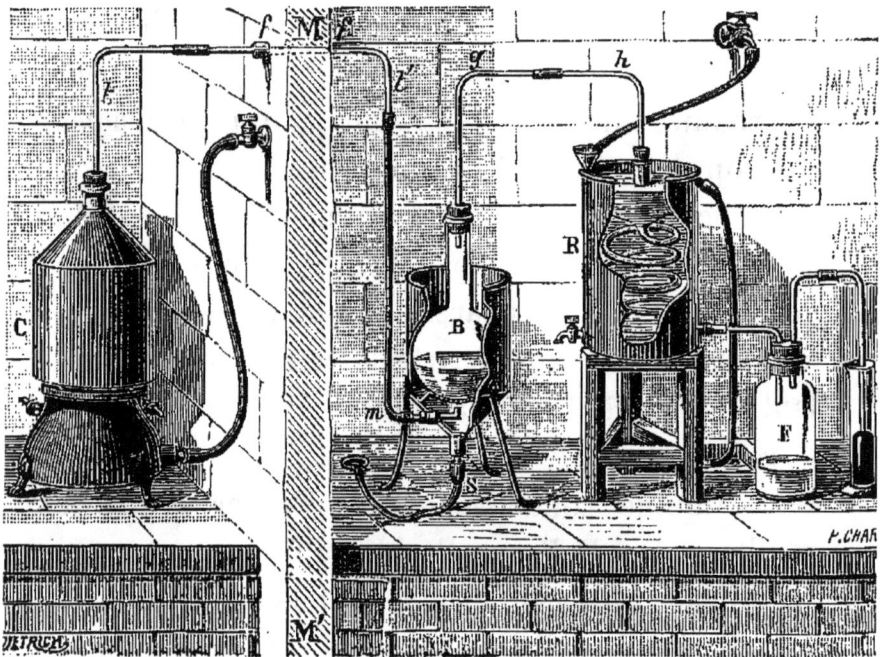

Fig. 26. — Distillation de l'éther par la vapeur d'eau.

une ouverture cylindrique de 15 à 20 millimètres

de diamètre que l'on garnit d'un fourreau cylindrique en laiton *ff*, à travers lequel passe facilement
un tube de verre *tt'*, ou de caoutchouc, d'un diamètre un peu inférieur. D'un côté de la cloison,
dans l'une des pièces, on dispose sur un fourneau
un ballon de verre, ou mieux un vase métallique
C, dans lequel on chauffe de l'eau; la vapeur pro-
duite s'en échappe par un tube *t* auquel se relie la
canalisation qui traverse la cloison. De l'autre
côté de celle-ci, dans la seconde pièce, par conséquent, se trouve l'appareil distillatoire à éther; le
vase à chauffer B est enfoncé dans un vase métallique à fond conique, portant deux orifices à sa
partie la plus basse. L'extrémité du tube de caoutchouc amenant la vapeur s'adapte à l'un des orifices, qui est constitué par l'ajutage *m*; celui-ci
s'ouvre à quelques centimètres du fond, au milieu
d'un triangle en bois supportant le vase B dans lequel se trouve l'éther à distiller. Entouré par le jet
de vapeur, le liquide ne tarde pas à entrer en ébullition. La vapeur va se condenser dans le réfrigérent R; le liquide formé est recueilli en F, dans
un vase muni d'une fermeture à mercure E, empêchant la diffusion des vapeurs dans l'atmosphère.
La distillation continue dès lors sans autre précaution que celle de régulariser en réglant le chauffage
du vase qui fournit la vapeur d'eau. L'eau con-
densée s'écoule à l'égout par un tube fixée en S à
l'orifice le plus bas du bain de vapeur.

Le même arrangement convient pour la distillation de tous les liquides très volatils et combustibles, tels que la benzine, l'éther de pétrole, le
sulfure de carbone, etc.; la pièce où s'effectue la
distillation étant dépourvue de tout foyer, l'opéra-
teur est à l'abri d'accidents trop fréquents avec ces
liquides dangereux, constamment employés en
chimie organique.

Si l'on dispose d'une canalisation fournissant de
la vapeur d'eau, l'opération peut encore être sim-
plifiée (1).

*Préparation industrielle de l'éther.* — L'alcool et
l'acide sulfurique doivent être l'objet d'un examen
préalable. L'alcool doit être rectifié soigneusement de manière à le débarrasser complètement
de l'alcool amylique; celui-ci donne en effet, avec
l'acide sulfurique, des produits doués d'une odeur
désagréable et dont il est difficile de se débarrasser.

L'acide sulfurique employé est l'acide concentré
à 66 Bᵉ. On doit s'assurer qu'il ne contient pas de
trace d'acide azotique.

On fait un mélange composé de 9 parties d'a-
cide sulfurique et 5 parties d'alcool à 90°. Ce mélange est versé dans un appareil à distiller (fig. 27).
Celui-ci consiste en une cornue en plomb de $0^m,80$
de diamètre et de $0^m,60$ de hauteur reposant sur un
briquetage recouvert de sable directement chauffé,

(1) Voyez Jungfleisch : *Manipulations de chimie.*

par-dessous, au moyen d'une plaque de fonte disposée sur un foyer. Le col de la cornue est en communication avec un serpentin refroidi par un courant
d'eau et qui aboutit à un récipient destiné à recueillir
le produit brut; le récipient est lui-même en communication avec un flacon contenant du lait de chaux et

Fig. 27. — Appareil pour la préparation industrielle de l'éther.

qui a pour but d'absorber les gaz non condensables.

La cornue étant remplie au trois quarts, on
chauffe progressivement : l'éthérification commence
dès que la température atteint 140° : on la main-

tient entre 130° et 140°. En dehors de cette limite,
l'éthérification est incomplète ou une partie de
l'alcool est transformée en éthylène.

L'écoulement de l'alcool se fait directement dans
la cornue au moyen d'un tube adducteur relié à
un récipient contenant l'alcool. Le réglage se fait
par un robinet : on admet comme moyen de con-
trôle qu'à 1 litre d'alcool écoulé correspond environ 1 litre d'éther brut condensé.

L'éther brut est formé de deux couches liquides :
la partie supérieure est de l'éther ; la partie inférieure contient surtout de l'eau : il reste également
de l'alcool en dissolution. Après avoir fait subir à
l'éther brut un traitement à la soude, afin de le débarrasser de l'acide sulfureux, on procède à la rectification.

*Purification et rectification.* — L'éther rectifié
doit avoir à 15° un poids spécifique de 0,725. A cet
état, il est apte à la plupart des usages auxquels on
le destine. Lorsque l'on veut obtenir un éther privé
d'eau et d'alcool, on lui fait subir un traitement à
l'eau ayant pour but d'enlever l'alcool. On procède
comme il suit.

Le commerce fournit l'éther à différents degrés
de pureté. L'alcool étant la substance qui se
trouve le plus abondamment mélangée avec lui, et
sa séparation entraînant toujours des pertes assez
considérables, il y a grand avantage à purifier de

l'éther industriel, pris aussi pur que possible. On agite cet éther, dans un récipient bouché, avec 1/5 de son volume d'une solution de chlorure de calcium à 30 0/0 ; celle-ci se charge de tout l'alcool et de la plus grande partie de l'eau que l'éther tenait en dissolution ; elle dissout en même temps moins d'éther que ne le ferait de l'eau pure. On décante, au moyen d'un siphon, la liqueur aqueuse, qui est la plus dense, et on répète une seconde fois l'opération. L'éther étant ensuite séparé, on le met en contact avec 1/20 de son poids de chlorure de calcium desséché et concassé, en ayant soin d'agiter de temps en temps. Après vingt-quatre heures, on décante l'éther dans un ballon, sur du chlorure de calcium bien sec et pulvérulent, puis, le jour suivant, on distille. Une dernière rectification, opérée sur quelques menus fragments de sodium, sépare à l'état d'alcoolate ou d'hydrate d'oxyde, les dernières traces d'alcool ou d'eau qui ont pu échapper.

La rectification s'opère dans un appareil à distiller en cuivre, pouvant être chauffé par un serpentin. Le tube de dégagement, fixé à la partie supérieure de la cornue, se bifurque en deux parties : une branche est reliée avec un cylindre rempli de charbon de bois, l'autre avec un condensateur.

Dans la première partie de la rectification, le thermomètre reste stationnaire à 35° ; les vapeurs sont conduites dans le récipient contenant le charbon de bois qui absorbe les gaz nauséabonds. Peu à peu la température s'élève, les vapeurs d'éther se rendent alors dans le condensateur ; le produit de la distillation consistant en un mélange d'alcool, d'éther et d'eau, est rectifié de nouveau dans les opérations suivantes.

Généralement l'éther brut donne la moitié de

Fig. 28. — Préparation industrielle de l'éther d'après la méthode de Soubeiran.

son poids en éther pur et le rendement, par rapport à l'alcool, atteint 99 0/0.

*Méthode de Soubeiran*. — Soubeiran a décrit un procédé permettant d'obtenir de l'éther purifié en une seule opération. Son appareil (fig. 28) con-

siste en une cornue en cuivre de 0<sup>m</sup>,50 et 0<sup>m</sup>,40 de
large, munie d'un couvercle en plomb et mise successivement en communication avec : 1° un premier
condensateur ; 2° un récipient purificateur ; 3° un
réfrigérant ; 4° un récipient destiné à recueillir
l'éther.

L'alcool est introduit dans la cornue au moyen
de deux tubes adducteurs plongeant jusqu'au fond
de la cornue et communiquant par des robinets à
un réservoir d'alcool placé en dessus de l'appareil.
Pour favoriser le mélange d'alcool et d'acide sulfurique et éviter une ébullition trop vive, on dispose
dans la cornue une sorte de tamis en cuivre (fig. 29)

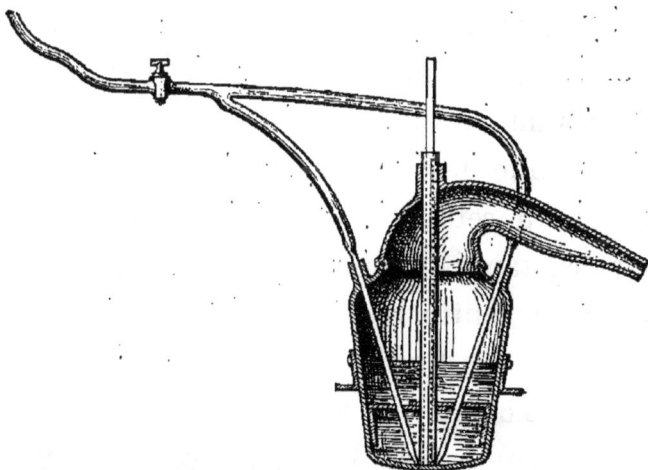

Fig. 29. — Cornue servant à la préparation de l'éther.

au-dessus des orifices des tubes. La cornue est
placée sur une chemise en fer chauffée par un
fourneau disposé dans l'intérieur de cette chemise.

On fait couler dans la cornue un mélange de 15 kilogrammes d'acide sulfurique à 66° Bé avec 10 kilogrammes d'alcool à 85 volumes. On chauffe ensuite de manière à atteindre une température de 130°. A ce moment, on ouvre le robinet du réservoir contenant l'alcool à 92°. On règle le débit de manière à ce que la température se maintienne légèrement en dessus de 130°. Dans l'espace de douze heures, on peut faire couler environ 120 kilogrammes d'alcool dans l'appareil.

Les vapeurs d'éther et d'eau s'échappent par le col de la cornue et arrivent dans le premier condensateur d'une capacité de 100 litres contenant à l'eau tiède ; les vapeurs d'eau ainsi que celles de l'alcool y sont presque complètement condensées. Elles arrivent ensuite dans un récipient rempli de fragments de charbon de bois préalablement trempés dans une lessive de soude et qui arrêtent diverses impuretés. L'eau et l'alcool y sont encore condensés, tandis que les vapeurs d'éther arrivent dans un serpentin constamment refroidi par un courant d'eau. Enfin, l'extrémité du serpentin aboutit dans un dernier récipient destiné à recueillir l'éther condensé. Les gaz non condensables sont dirigés dans un flacon contenant de l'eau.

*Combustibilité.* — Les propriétés de l'éther font de ce produit le corps le plus dangereux à manier de tous les réactifs d'un usage journalier. D'abord il est combustible et s'enflamme à une température relativement peu élevée. Ensuite, sa vapeur qui est plus dense que l'air, s'écoule dans celui-ci, en ne se diffusant qu'avec lenteur, à peu près comme le ferait un liquide; il en résulte que cette vapeur peut, en s'étendant à la surface du sol ou sur la paillasse d'une cheminée, aller gagner à grande distance un foyer allumé qui l'enflamme; la traînée de vapeur transmet aussitôt la combustion à la masse d'éther liquide qui la fournit. En outre, la tension de vapeur de l'éther est assez considérable pour que les faits précédents ne se produisent pas seulement lorsque l'éther est chauffé à l'ébullition; on doit les redouter dès la température ordinaire. Ajoutons enfin que cette tension, à basse température, est suffisante pour que l'air se charge de vapeur d'éther au point de former un mélange gazeux combustible; ce dernier produit, avec un excès d'air, des mélanges détonants.

De toutes ces propriétés, celle dont l'importance est méconnue le plus souvent, est l'écoulement de la vapeur dans l'air; c'est à elle que l'on doit attribuer le plus grand nombre des incendies et des explosions occasionnées par l'éther (Jungfleisch).

*Propriétés.* — L'éther est un liquide neutre, soluble dans 10 parties d'eau miscible en toutes proportions avec l'alcool, le choroforme et l'acétone. Il dissout le brome, l'iode, le chlorure de fer, etc., et un nombre infini de combinaisons organiques. Il

bout à 34° à la pression de 745 mm (Dumas).
Après évaporation, l'éther ne doit laisser aucun
résidu.

La pureté de l'éther est indiquée par sa densité
qui doit être de 0,725. D'après Bolley, on peut
reconnaître la présence de l'eau dans l'éther par
l'addition d'une petite quantité de tanin. Celui-ci
reste pulvérulent lorsque l'éther est absolu : à la
proportion de 1/2 0/0 d'eau, le tanin s'agglomère
et se dissout lorsque la proportion d'eau est supérieure à ce chiffre.

On peut encore reconnaître l'alcool dans l'éther
en introduisant dans un tube gradué, 20 centimètres
cubes d'eau et 20 centimètres cubes d'éther. On
agite fortement et on abandonne à l'état de repos.
On sait que 20 centimètres cubes d'eau dissolvent
2 centimètres cubes d'éther : le disque de séparation des deux colonnes liquides devra donc corres-
pondre à la 22e division.

# CHAPITRE II

Chlorure de méthyle. — Chlorure d'éthyle. — Iodure d'éthyle. — Bromure d'éthyle. — Nitrite d'amyle. — Valérianate d'amyle.

## CHLORURE DE MÉTHYLE

*Syn.* : Ether méthylchlorhydrique

*Form.* : $CH^3Cl$

On obtient le chlorure de méthyle en chauffant avec précaution un mélange composé de deux parties de chlorure de sodium, d'une partie d'alcool méthylique et de trois parties d'acide sulfurique concentré.

Pour de petites quantités, on opère dans un ballon de 500 centimètres cubes : pour obtenir le gaz en abondance, il est préférable d'employer une autre méthode consistant à faire agir l'acide chlorhydrique sec sur l'alcool méthylique en présence de chlorure de zinc. Dans un ballon, on fait une dissolution avec une partie de chlorure de zinc fondu et deux parties d'alcool méthylique concentré ; la température s'élève beaucoup et de l'oxychlorure de zinc insoluble rend le mélange laiteux. Le ballon étant installé sur un fourneau, on le met en communication avec un réfrigérent disposé à reflux et, par un tube de verre plongeant jusqu'au fond du liquide, on fait arriver dans celui-ci chauffé à l'ébullition un courant de gaz chlorhydrique sec. L'oxychlorure se dissout et la liqueur, devenue limpide, absorbe abondamment le gaz. Bientôt du gaz éther méthyl-chlorhydrique se dégage, en proportion correspon-

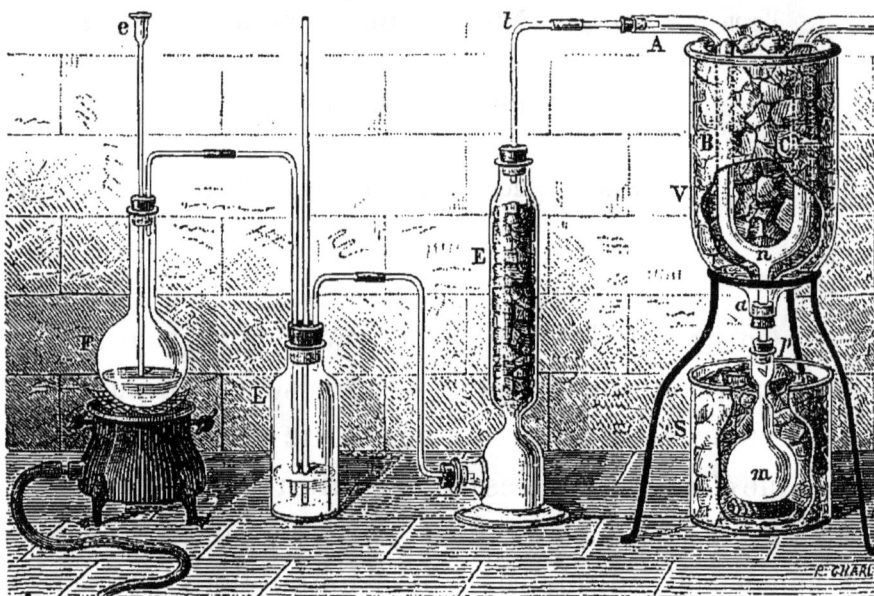

Fig. 30. — Appareil pour liquifier le chlorure de méthyle.

dante à celle du gaz chlorhydrique qui pénètre dans le liquide. L'éther, en traversant le réfrigérent pour s'échapper, abandonne les vapeurs d'alcool qu'il entraîne. On le lave à l'eau, puis on le dessèche sur du chlorure de calcium.

*Liquéfaction.* — Le gaz préparé par les méthodes précédentes se liquéfie lorsqu'on le refroidit à l'aide d'un mélange réfrigérent énergique. Il doit, au préalable, être exactement desséché.

A la suite d'un flacon laveur à potasse L (fig. 30), on dispose une colonne à dessécher E, remplie de chlorure de calcium sec, laquelle est elle-même suivie d'un appareil à condensation, où le gaz traverse un tube ABCD muni d'un ajutage d'écoulement $np$. La réfrigération est obtenue au moyen d'un mélange de glace pilée et de chlorure de calcium cristallisé, que l'on place dans la cloche à douille V.

Le gaz se dessèche dans la colonne, sur le chlorure de calcium, puis se refroidit et se liquéfie dans le tube en U; le liquide produit s'écoule dans le vase $m$, qui est lui-même entouré du même mélange réfrigérent, et dont le col a été préalablement étiré à la lampe. Lorsque ce dernier vase est garni d'une quantité suffisante de produit, on le sépare du tube $np$, et, sans le sortir du mélange réfrigérent, on le scelle à la lampe dans sa partie étranglée. S'il a été choisi suffisamment résistant, le formène monochloré liquide s'y conserve indéfiniment aux températures ordinaires ; les ballons épais, qui servent pour la mesure de la densité des vapeurs, conviennent particulièrement.

*Procédé Vincent.* — Le chlorhydrate de triméthylamine est obtenu par la calcination en vases clos des vinasses de betteraves et l'absorption dans l'acide chlorhydrique des gaz alcalins dégagés.

Par la considération de la formule de la triméthylamine :

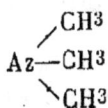

$$Az \begin{cases} CH_3 \\ CH_3 \\ CH_3 \end{cases}$$

on voit qu'elle est susceptible de fournir abondamment le chlorure de méthyle étant donné la facile transformation des groupes CH$^3$ ou CH$^3$Cl.
Pour l'obtenir, M. Vincent fait agir à haute température sur la triméthylamine un courant de gaz
acide chlorhydrique desséché. La déméthylation
s'opère à 300°, elle peut être totale.

Le chlorure de méthyle est un gaz incolore d'une
odeur éthérée et sucrée. Il se liquéfie à une température de —23°. Ce produit est employé comme
anesthésique; il est livré par le commerce dans des
récipients métalliques assez solides pour supporter
une pression considérable.

## CHLORURE D'ÉTHYLE

*Syn.* : Ether éthylchlorhydrique

*Form.* : C$^2$H$^5$Cl

Un ancien procédé pour obtenir le chlorure d'éthyle consistait à distiller un mélange composé de
5 parties d'alcool, 5 parties d'acide sulfurique et
12 parties de sel marin. Ce procédé est avantageusement remplacé par le suivant.

20 kilogrammes d'alcool à 95° et 10 kilogrammes
de chlorure de zinc sec sont refroidis et saturés par
un courant d'acide chlorhydrique soigneusement
desséché.

Le mélange est placé ensuite dans un récipient

muni d'un double fond et d'un réfrigérent ascendant qui est en communication avec deux flacons laveurs. Le premier, destiné à arrêter l'acide chlorhydrique, contient de l'eau ; le second est à moitié rempli d'acide sulfurique concentré ; il a pour but de dessécher le chlorure d'éthyle. On chauffe progressivement par le double fond jusqu'à ce que l'on atteigne l'ébullition : le produit de la réaction, après avoir traversé les deux flacons laveurs est recueilli dans un récipient entouré de glace et de sel marin. On peut aussi le conduire dans de l'alcool à 16° qui a la propriété d'absorber la moitié de son poids de chlorure d'éthyle. La moindre chaleur suffit ensuite pour faire dégager celui-ci.

*Procédé P. Monnet.* — Pour fabriquer le chlorure d'éthyle, M. P. Monnet procède de la manière suivante :

Dans un appareil autoclave en fonte émaillée, d'une capacité de 150 litres, pouvant résister à une pression minimum de 50 atmosphères, muni d'un robinet et d'un manomètre, on introduit un mélange composé de :

95 $k^{os}$ d'acide chlorhydrique à 21° Bé contenant 33 0/0 d'acide chlorhydrique réel et de 34 $k^{ns}$ d'alcool de 93° à 95° centésimaux.

On chauffe ce mélange pendant 28 heures à + 120° centigrades ; la pression monte à 42 atmosphères.

On laisse refroidir l'autoclave jusqu'à + 60° centigrades; on ouvre alors le robinet placé sur l'au-

Fig. 31. — Ampoule pour la conservation du chlorure d'éthyle.

toclave, lequel, au moyen d'un tube, est en communication avec un serpentin réfrigérent en cuivre

entouré d'eau et de glace. Le chlorure d'éthyle distille rapidement, puis il est rectifié de nouveau au bain-marie et renfermé immédiatement dans des récipients bouchés à l'émeri, conservés dans un endroit frais.

Le chlorure d'éthyle ainsi obtenu bout entre + 10° et 11° centigrades.

Le chlorure d'éthyl est un liquide incolore, d'une odeur aromatique. Fortement refroidi, il se solidifie à une température de —29°. Il brûle avec une flamme bleue.

Le commerce le livre dans de petites ampoules (fig. 31), ou dans des tubes terminés par une pointe effilée qu'il suffit de briser pour que, sous l'influence de la chaleur de la main, le gaz s'échappe. Il est principalement employé comme anesthésique.

## IODURE D'ÉTHYLE

*Syn.* : Ether éthyl iodhydrique

*Form.* : $C^2H^5I$

L'iodure d'éthyle résulte de l'action de l'iode sur l'alcool éthylique en présence du phosphore. La réaction peut être exprimée par la formule suivante :

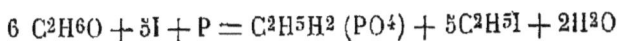

$$6\ C^2H^6O + 5I + P = C^2H^5H^2\ (PO^4) + 5C^2H^5I + 2H^2O$$

L'appareil (fig. 31) se compose d'un ballon en verre, surmonté d'une allonge qui est elle-même reliée à un réfrigérent ascendant. Le ballon étant

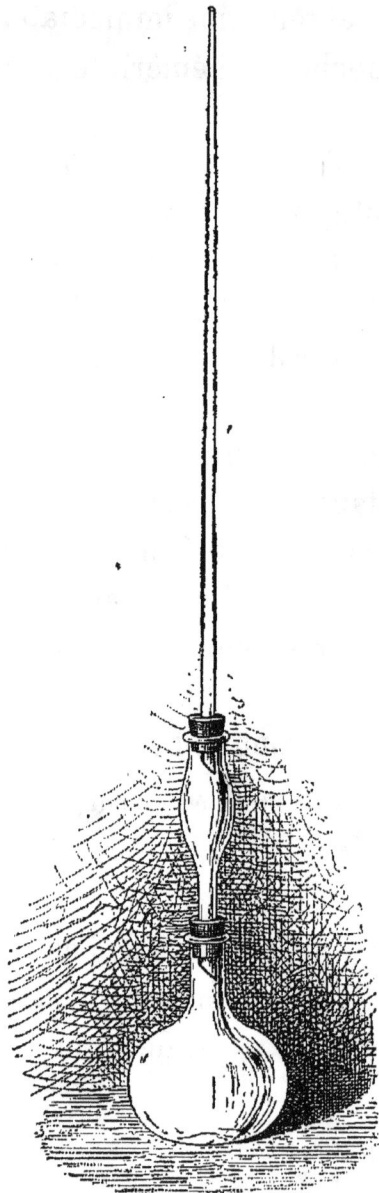

Fig. 32. — Préparation de l'iodure d'éthyle.

à moitié rempli d'alcool concentré, on y introduit

quelques morceaux de phosphore, et on fixe à sa partie supérieure l'allonge qui contient de l'iode en cristaux retenus par des fragments de porcelaine. On chauffe au bain-marie jusqu'à ce que l'alcool commence à entrer en ébullition ; les vapeurs se condensent à la partie supérieure de l'appareil et dissolvent une petite quantité d'iode qui est entraînée dans le ballon et qui, sous l'influence du phosphore, décompose une faible partie d'alcool pour donner l'iodure d'éthyle. Quand tout l'iode est dissout, on étend le liquide de deux volumes d'eau après l'avoir refroidi ; on sépare le phosphore et on distille le liquide à 75°. L'éther phosphorique reste dans la cornue ; l'iodure d'éthyle distillé entraîne un peu d'alcool. On ajoute de nouveau de l'eau au liquide distillé et on décante l'iodure d'éthyle qui est finalement rectifié sur le chlorure de calcium.

Cette méthode permet de préparer en peu de temps des quantités notables d'iodure d'éthyle ; elle a l'avantage de ne laisser réagir l'iode sur le phosphore que très lentement et d'éviter ainsi une ébullition vive présentant quelque danger.

*Procédé de Personne.* — Personne remplace le phosphore ordinaire par le phosphore amorphe. Dans un appareil à distiller, on mélange 10 parties de phosphore rouge, 50 parties d'alcool à 90 volumes. On ajoute par petites portions 100 parties d'iode; après vingt-quatre heures, on distille. Le liquide est purifié comme il a été indiqué plus haut.

Une autre méthode consiste à décomposer l'iodure de potassium et l'alcool par un courant d'acide chlorhydrique. Il se forme d'abord de l'acide iodhydrique qui, avec l'alcool, donne de l'iodure d'éthyle. Cette méthode semble donner de moins bons résultats que les précédentes.

L'iodure d'éthyle est un liquide incolore, d'une odeur éthérée; il bout à 72°,2 et possède un poids spécifique de 1,446.

## BROMURE D'ÉTHYLE

*Syn.* : éther éthylbromhydrique

*Form.* : $C^2H^5Br$

Le bromure d'éthyle se prépare par les mêmes méthodes que l'iodure d'éthyle. On emploie 40 parties de phosphore amorphe, 150 parties d'alcool absolu, et 100 parties de brome.

On peut encore l'obtenir facilement par la décomposition du bromure de sodium. On procède de la manière suivante :

On fait une dissolution de $2^{kg},500$ de soude solide dans 4 parties d'eau. Après refroidissement, on introduit peu à peu 5 kilogrammes de brome par un entonnoir plongeant jusqu'au fond du liquide. Après agitation, on évapore à siccité et on calcine.

Pour transformer en bromure d'éthyle, on fait un mélange composé de 15 kilogrammes d'acide sulfurique ordinaire et 7$^{kg}$,500 d'alcool; quand ce mélange est bien refroidi, on ajoute 4$^{kg}$, 500 d'eau; le liquide est versé dans un double fond sur le bromure cassé en petits morceaux. On distille avec précaution; le bromure d'éthyle recueilli est lavé à l'eau alcalinisée au carbonate de soude.

Le bromure d'éthyle est un liquide incolore lorsqu'il est fraîchement préparé et doué d'une odeur éthérée; il bout à 30°,78, et possède un poids spécifique de 1,468. Il est insoluble dans l'eau et soluble en toute proportion dans l'éther et l'alcool.

## NITRITE D'AMYLE

*Form.* : C$^5$H$^{11}$OAzO

Le nitrite d'amyle se forme par l'action de l'acide nitreux anhydre sur de l'alcool amylique chauffé à 60-70°. D'après Rennard, on chauffe un mélange composé de 30 parties d'alcool amylique, 30 parties d'acide sulfurique et 26 parties de nitrite de potassium dissous dans 15 parties d'eau.

Après la distillation, le liquide éthéré est lavé avec une dissolution de carbonate de soude et ensuite rectifié sur du carbonate de potassium desséché.

*Propriétés et caractère analytique.* — Le nitrite

d'amyle est un liquide légèrement coloré en jaune, bouillant à 99°, d'un poids spécifique de 0,88, soluble dans l'éther et l'alcool. Le nitrite d'amyle pur ne doit pas empêcher la réaction alcaline d'un mélange de 1 partie d'une solution aqueuse d'ammoniaque à 10 0/0 avec 1 partie d'éther. En outre, il ne doit pas se produire de coloration noire, lorsque l'on chauffe légèrement un mélange composé de 1 partie de nitrite d'amyle, 1 partie 1/2 d'alcool absolu et 1 partie 1/2 d'une solution ammoniacale d'argent.

De même que beaucoup de combinaisons éthyliques, le nitrite d'amyle se décompose facilement à la lumière surtout lorsqu'il n'est pas pur. Cette décomposition est retardée par la présence de quelques cristaux de tartrate de potassium.

## VALÉRIANATE D'AMYLE

*Form.* : $C^5H^{11}O.C^5H^9O$

Le valérianate d'amyle se produit par l'oxydation de l'alcool amylique au moyen de l'acide chromique. La réaction peut être exprimée ainsi :

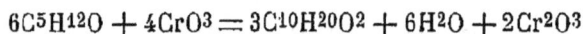

$$6C^5H^{12}O + 4CrO^3 = 3C^{10}H^{20}O^2 + 6H^2O + 2Cr^2O^3$$

La réaction n'est cependant pas si complète; il se forme à côté de l'éther une grande quantité d'acide valérianique qu'il faut transformer en éther valérianique. On fait une dissolution de 5 parties

1/2 de chromate de potasse et de 5 parties d'eau
que l'on porte dans un appareil à distiller ; on ajoute
peu à peu un mélange de 1 partie d'alcool amylique et 5 parties d'acide sulfurique. Le mélange
s'échauffe de lui-même jusqu'à l'ébullition. On continue de chauffer après la réaction et on distille ;
on recueille un liquide formé de deux couches ; la
partie supérieure est un mélange d'acide valérianique et de valérianate d'amyle ; la partie inférieure
est une dissolution aqueuse d'acide valérianique.
Pour les séparer, on ajoute une solution concentrée
de carbonate de sodium ; il se forme une couche
huileuse d'éther ; on décante celui-ci et le valérianate de sodium, après concentration, est traité à
froid par la quantité nécessaire d'acide sulfurique
pour saturer la soude. L'acide valérianique est
ainsi mis en liberté. Pour le transformer en éther
amylique, on mélange 1 partie 1/4 d'acide valérianique, 3/4 de partie d'alcool amylique et 1 partie
d'acide sulfurique ; on chauffe à 100°. Par addition
d'eau, l'éther amylique de l'acide valérianique se
sépare ; il est lavé à l'eau rendue alcaline par le
carbonate de soude.

Le valérianate d'amyle est un liquide qui bout
à 189° ; son poids spécifique est de 0,879 ; dilué
dans l'alcool, il communique à celui-ci une odeur
de fruit très prononcée.

# CHAPITRE III

Iodoforme. — Chloroforme.

## IODOFORME

*Syn.* : iodure de méthyle biiodé

*Form.* : $CHI^3$

L'iodoforme peut être obtenu par l'un des procédés suivants :

*Premier procédé.* — On traite une solution alcoolique d'iodure de potassium chauffée à 40° par
l'hypochlorite de chaux que l'on ajoute peu à peu.

On agite vivement la liqueur qui prend une
couleur rouge à chaque addition d'hypochlorite,
et l'on continue ainsi jusqu'à ce que la solution
iodurée cesse de se colorer. Par refroidissement,
il se dépose une masse cristalline formée par un
mélange d'iodoforme et d'iodate de calcium.

*Deuxième procédé.* — On fait dissoudre 2 parties
de carbonate de soude dans de l'eau ; on ajoute
2 parties d'alcool, on chauffe, puis on projette
1 partie d'iode par petites quantités. Après refroidissement, l'iodoforme se dépose, la liqueur
filtrée est de nouveau chauffée vers 60° à 80° ; on
ajoute une nouvelle proportion de carbonate de
soude et d'alcool, puis on fait passer rapidement
un courant de chlore en agitant continuellement ;

par le refroidissement une nouvelle quantité d'iodoforme se sépare. Cette opération est répétée jusqu'à ce qu'il ne s'en dépose plus. On peut retirer par ce procédé 40 à 50 0/0 d'iodoforme (1).

Ce procédé peut encore être modifié de la manière suivante :

On fait dissoudre 300 grammes de carbonate de soude dans environ 1 litre 1/2 d'eau ; cette dissolution est versée dans un récipient de 4 à 5 litres chauffé au bain-marie à une température de 70°. On verse dans la solution 300 grammes d'alcool ordinaire et on projette par petites quantités 70 grammes d'iode. La teinte de la liqueur devient de plus en plus jaune clair ; la coloration finit par disparaître. Après refroidissement, une partie de l'iodoforme formée se dépose peu à peu ; les eaux sont décantées, l'iodoforme déposé représente approximativement le quart de l'iode employé.

Pour retirer l'iodoforme contenu dans les eaux-mères, on porte celles-ci à une température de 80°, on étend légèrement à l'eau et on y fait dissoudre 500 grammes de carbonate de soude. Après avoir additionné la liqueur de 300 centimètres cubes d'alcool, on fait passer un courant de chlore. Par refroidissement le mélange laisse déposer une nouvelle quantité d'iodoforme, celle-ci est réunie à la première et purifiée de la manière suivante.

(1) *Journal de Pharmacie*, t. VII, p. 267.

*Purification.* — Pour purifier l'iodoforme, il suffit de le faire dissoudre dans une petite quantité d'alcool que l'eau porte à une température d'environ 75°. Après filtration, l'iodoforme se dépose de la solution alcoolique en cristaux d'autant plus gros que le refroidissement est plus lent.

*Troisième procédé.* — On prépare une dissolution renfermant 50 parties d'iodure de potassium, 6 parties d'acétone et 2 parties d'hydrate de sodium dissous dans 1 litre d'eau froide. On y verse goutte à goutte, en agitant, de l'hypochlorite de soude en solution étendue ; l'iodoforme se produit immédiatement, s'agglomère et se précipite. De nouvelles additions d'hypochlorite de soude font naître de nouveau un précipité d'iodoforme jusqu'à ce que tout l'acétone ou tout l'iodure ait disparu. La réaction de l'iode sur l'acétone en liqueur alcaline peut être exprimée par la formule suivante :

$$(CH^3)^2CO + 6I + 4KOH = CHI^3 + 2CH^3CO^2K + 2KI + H^2O$$

La précipitation entière de l'iode n'est pas entravée par la présence, dans les dissolutions iodurées, des sels alcalins neutres. Ce fait a permis M. Suillot d'appliquer la méthode au traitement des soudes de varech dans le but de la préparation industrielle de l'iodoforme (1).

*Propriétés.* — L'iodoforme cristallise en paillettes nacrées, onctueuses au toucher, jaunes et possédant

(1) *Bulletin de la Société chimique de Paris*, 1892, p. 224.

une forte odeur. L'iodoforme est insoluble dans l'eau, les acides et les alcalis; il est soluble dans l'alcool et l'éther ; sa densité est 2 ; son point de fusion est de 115-120°.

On a cherché à désodorer l'iodoforme; on a proposé dans ce but le thymol, la naphtaline, la créoline, etc. Le menthol, d'après certains auteurs, rendrait l'iodoforme tout à fait inodore.

## CHLOROFORME.

*Syn.* : Chlorure de méthyle bichloré.

$$CHCl^3$$

Le chloroforme fut découvert en 1831 par Soubeiran et Liebig; il fut ensuite étudié par Dumas. Ce ne fut qu'en 1848 que le D$^r$ Simplon, à Édimbourg, fit connaître ses propriétés physiologiques. A cette époque, il commença à être préparé industriellement.

Les procédés de préparation du chloroforme peuvent se résumer en cinq principaux :

1° Par l'action du chlorure de chaux sur l'alcool éthylique.

2° Par la décomposition des acétones.

3° Au moyen de l'hydrate de chloral.

4° Procédé au chlorure de méthyle.

5° Par l'électrolyse.

1° *Par l'action du chlorure de chaux sur l'alcool*

7.

*éthylique*. — Cette méthode consiste à distiller un mélange de chlorure de chaux et d'alcool étendu.

La réaction qui donne lieu à la formation du chloroforme est assez compliquée; il se forme, en outre du chloroforme, beaucoup de sous-produits. Aussi, est-on loin d'obtenir le rendement théorique en chloroforme.

La formule suivante peut expliquer la formation du chloroforme préparé par l'alcool éthylique et le chlorure de chaux :

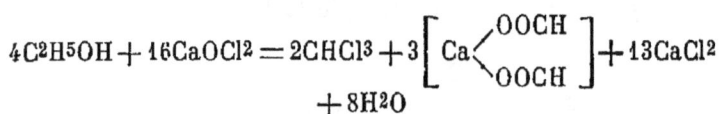

$$4C^2H^5OH + 16CaOCl^2 = 2CHCl^3 + 3\left[ Ca \begin{matrix} OOCH \\ OOCH \end{matrix} \right] + 13CaCl^2 + 8H^2O$$

Il est très important d'opérer avec de l'alcool complètement débarrassé d'alcool amylique. Celui-ci donne en effet des composés secondaires qui restent mélangés au chloroforme.

On se sert pour la fabrication du chloroforme de plusieurs cylindres en fer de $1^m,40$ de haut sur 2 mètres de large et reposant sur un briquetage. Ils sont munis d'agitateurs, d'un tube d'adduction pour l'eau et la vapeur, d'un trou d'homme et d'une soupape de sûreté. Ces récipients peuvent être mis en communication avec un réfrigérent. Il faut quatre appareils de ce genre pour une production journalière de 125 kilogrammes de chloroforme.

On ajoute dans chaque cylindre 300 kilogrammes d'alcool à 96°; on fait ensuite couler de l'eau de manière à avoir environ 1600 litres ; on met l'agitateur en mouvement et on introduit 400 kilogrammes de chlorure de chaux à 33 0/0 de chlore actif. On chauffe à la vapeur jusqu'à ce que le liquide ait atteint une température de 40°.

A ce moment, la réaction se poursuit d'elle-même sans chauffer. L'agitateur est arrêté à 45°; on chauffe de nouveau si cela est nécessaire en ayant soin de ne pas dépasser 60°; en cas d'échauffement fortuit on refroidit l'appareil par un jet d'eau froide.

On procède ensuite à la distillation : en même temps que du chloroforme, il passe divers produits chlorés, de l'alcool, de l'eau, etc. Le chloroforme brut est lavé plusieurs fois avec de l'eau additionné de carbonate de sodium; il est enfin rectifié deux fois au bain-marie sur de l'acide sulfurique.

Autre procédé.

100 kilogrammes de chlorure de chaux à 28 0/0 sont délayés dans 400 litres d'eau; on y ajoute $12^{kg},500$ d'alcool à 90 0/0 et le mélange est coulé dans le récipient d'un appareil à distiller (fig. 33).

On l'abandonne pendant douze heures; on chauffe ensuite avec précaution; il se produit une réaction tumultueuse; à ce moment on arrête le chauffage. La distillation continue d'elle-même. Quand il ne passe plus rien, on porte encore le liquide à l'ébullition; l'opération est entièrement terminée après cinq heures. Elle fournit 7 kilogrammes de chloroforme brut. Celui-ci est recueilli dans un ballon disposé à la suite du réfrigérent représenté dans la figure.

Enfin dans un autre procédé, on se sert d'une cornue spacieuse dans laquelle on introduit une bouillie formée par 130 kilogrammes de chlorure de chaux

Fig. 33. — Préparation du chloroforme.

et 7 kilogrammes de chaux éteinte. On ajoute ensuite 25 kilogrammes d'alcool rectifié et on procède à la distillation.

2° *Par la décomposition des acétones*. — En distillant de l'acétate de chaux brut, il se forme, entre 300 et 500°, en même temps que l'acétone et ses dérivés, une série d'autres produits tels que le diméthylacétale, l'éthyl-méthylacétal, etc.

Par la distillation de 45 kilogrammes d'acétate de calcium brut, à une température de 300 à 500°, on obtient 13 à 14 kilogrammes d'un liquide qui se sépare en deux couches. La portion aqueuse renferme la plus forte proportion destinée à fournir le chloroforme; on sépare les deux couches et on soumet la partie huileuse à une distillation fractionnée pour en retirer la partie utile que l'on réunit à la partie aqueuse. 4 kilogrammes de ce liquide sont mélangés avec 18 kilogrammes de chlorure de chaux et 15 litres d'eau; on soumet le mélange à la distillation comme il a été indiqué ci-dessus.

3° *Par la transformation du chloral.* — Le chloroforme obtenu par le chlorure de chaux et l'alcool contient souvent des matières étrangères. On peut obtenir du chloroforme à l'état pur en décomposant le chloral au moyen d'un hydrate alcalin. 100 parties de chloral déshydraté sont peu à peu mélangées avec 300 parties d'une lessive de soude d'un poids spécifique de 1,1; on laisse digérer quelque temps et on soumet le produit à la distillation.

On peut encore employer l'alcoolate de chloral obtenu dans la chloruration de l'alcool en ayant soin de l'agiter avec un excès d'acide sulfurique et d'abandonner le mélange pendant quelques jours. Il se dépose du métachloral blanc et insoluble qui est lavé et décomposé par la soude.

4° *Par le chlorure de méthyle.* — On obtient du

chloroforme en introduisant du chlorure de méthyle et du chlore dans un récipient chauffé à 250°-300° et rempli de charbon animal; il se forme aussi du chlorure de méthylène, du chloroforme, du tétra-chlorure de méthane et de l'acide chlorhydrique.

On sépare ensuite par divers procédés.

Cette méthode ne paraît pas avoir reçu d'application industrielle.

5° *Procédé par l'électrolyse.* — Le procédé à l'é-lectrolyse consiste à décomposer une solution de chlorure de potassium en présence de l'alcool au moyen de l'électrolyse.

Dans un appareil à distiller, on introduit une dissolution de 23 kilogrammes de chlorure de potassium dans 300 kilogrammes d'eau puis 30 kilogrammes d'alcool à 96°. Ce mélange est soumis un courant électrique : le chlore à l'état naissant agit sur l'alcool et le transforme en chloroforme.

*Procédé Pictet pour purifier le chloroforme.* — On soumet le chloroforme préparé par n'importe quel procédé industriel à une température de — 80 à — 82° en le plaçant dans un récipient autour duquel circule des produits très volatils entre le réservoir et une enveloppe métallique distante de 2 millimètres du réservoir. On filtre la masse liquide refroidie, puis on fait cristalliser le chloroforme et on élimine les parties non cristallisées. Enfin on distille le chloroforme ainsi obtenu à une basse température en ayant soin de ne recueillir que les produits du milieux.

Le chloroforme ainsi obtenu semble avoir les mêmes inconvénients que les autres chloroformes. Exposé aux rayons solaires, il se décompose après quelques heures en dégageant de l'oxychlorure de carbone.

*Propriétés.* — Le chloroforme est un liquide mobile, doué d'une odeur particulière, d'une saveur douce et qui se solidifie à — 70° ; son poids spécifique à 0°, d'après Thorpe, est de 1,526 ; il est peu soluble dans l'eau, et soluble en toutes proportions dans l'alcool et l'éther. Il dissout facilement l'iode, le brome, le camphre et la plupart des résines et des alcaloïdes. Le chloroforme n'est pas inflammable. La lumière décompose le chloroforme en formant de l'acide chlorhydrique ; cette décomposition est favorisée par la présence d'humidité ; le chloroforme doit donc être conservé dans des flacons secs, la plus petite trace d'eau étant capable de provo‑ quer la décomposition. Une petite quantité d'alcool la retarde au contraire. Le mauvais goût du chloroforme provient d'une rectification ou d'un lavage imparfait ou encore d'un alcool impur.

*Caractère analytique.* — Le chloroforme doit avoir un poids spécifique de 1,485. Une densité inférieure à 1,489 est l'indice d'un chloroforme contenant de l'alcool ou des matières étrangères.

Son odeur doit être franche et non acide. Agité avec de l'eau, il ne doit donner aucun trouble par le nitrate d'argent; il ne doit pas avoir de réaction acide ni donner la réaction de l'iode par l'addition de l'iodure de potassium.

Un mélange de 3 volumes d'acide sulfurique concentré et de 5 volumes de chloroforme ne doit pas brunir après agitation dans l'espace d'une heure.

La présence d'une petite quantité d'alcool peut être décelée par la réduction de l'acide chromique. On met dans ce but quelques milligrammes de bichromate de potasse dans un tube à essais; on ajoute 4 gouttes d'acide sulfurique concentré et on chauffe doucement jusqu'à ce que la couleur rouge jaune du sel soit devenue rouge vif; on dissout dans l'eau l'acide chromique formé. On ajoute dans le tube le chloroforme à essayer, de manière à avoir une couche de 4 à 5 centimètres de hauteur. Lorsque le chloroforme contient 5 0/0 d'alcool, la couche d'eau se colore après quelque temps en vert sombre, tandis que le chloroforme n'est pas sensiblement coloré. L'éther donne la même réaction.

On peut encore reconnaître le mélange d'alcool par la coloration brune que prend le chloroforme lorsqu'on l'agite avec le nitrosulfuryle de fer.

Hardy recommande l'emploi du sodium métallique qui doit rester intact dans le chloroforme pur. D'après Braun, on laisse tomber un petit cristal de fuschine dans 2 à 3 centigrammes de chloroforme;

à l'état pur, celui-ci est à peine coloré en rose pâle, tandis que la coloration est très prononcée en présence de l'alcool.

Pour rechercher le chloroforme, on introduit les matières suspectes dans un ballon chauffé à 40° et on dirige un courant d'air sec à l'aide d'un soufflet (fig. 34).

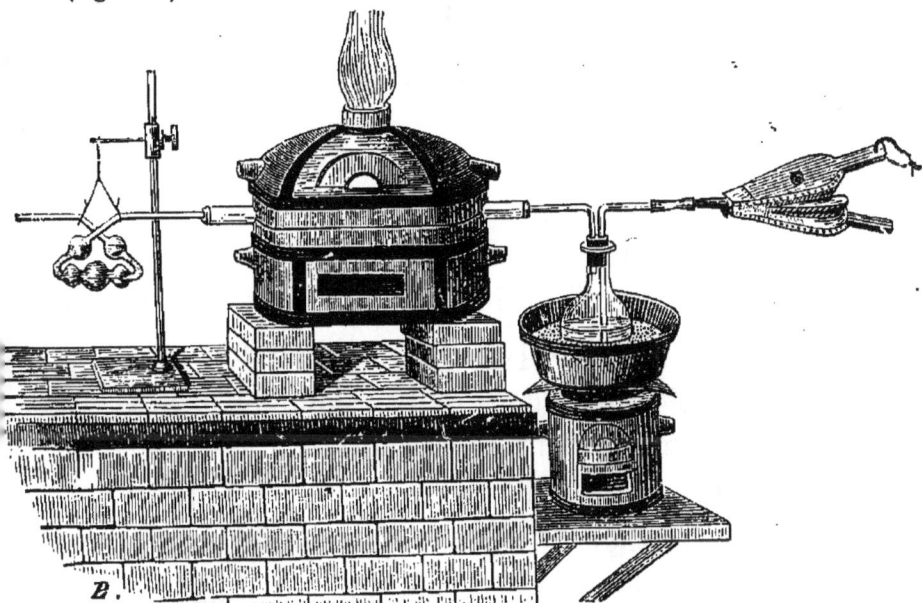

Fig. 34. — Recherche du chloroforme.

La vapeur du chloroforme est entraînée et traverse un tube de porcelaine que l'on porte au rouge. Ce tube se continue par un appareil à boules de Liebig contenant une solution d'azotate d'argent. Le chloroforme se décompose en traversant le tube et l'acide chlorhydrique formé précipite l'azotate d'argent en blanc sous forme de chlorure facile à caractériser.

# CHAPITRE IV

Formol. — Méthylal. — Aldéhyde acétique. — Aldéhydate d'ammoniaque. — Paraldéhyde. — Acétal. — Sulfoparaldéhyde. — Thialdine.
— Carbothyaldine.

## FORMOL

*Syn.* : aldéhyde formique, formaldéhyde, méthanal

*Form.* : H-COH

Le formol est le premier terme des aldéhydes de
la série grasse. C'est le premier terme d'oxydation
de l'alcool méthylique. L'oxydation des vapeurs
d'alcool méthylique à haute température a été
observée par plusieurs savants, notamment par
M. A. Gautier (1). Isolé en petites quantités par
Lœw et Fischer, il est actuellement fabriqué industriellement par le procédé suivant, dû à M. Trillat (2).

Dans un récipient en cuivre d'une capacité de
200 litres et chauffé par un double fond, on verse
50 kilogrammes d'alcool méthylique. Le dôme du récipient est muni d'un tube en cuivre courbé à angle
droit et terminé par une petite pomme d'arrosoir;

(1) *Comptes rendus de l'Académie des Sciences*, 1892, 1er mai;
*Moniteur scientifique*, juin 1892.
(2) M. Arm. Gautier, *Cours de Chimie*, 1887.

celle-ci s'engage librement dans un autre tube en cuivre d'un diamètre beaucoup plus large et qui contient des fragments de coke que l'on peut porter au rouge sombre au moyen d'un fourneau placé sous le tube. L'extrémité de ce tube est mise en communication avec une machine à faire le vide : l'introduction de l'air destiné à l'oxydation se fait par l'espace annulaire des deux tubes. En chauffant par le double fond, l'alcool s'échappe en pluie fine par les orifices du jet, se mélange à l'air et s'oxyde en aldéhyde par le passage sur le coke ardent. Les produits sont ensuite rapidement soustraits à une oxydation plus avancée par l'entraînement dû à la trompe.

Le formol, mélangé avec de l'eau et de l'alcool, se dépose dans les récipients refroidis. Il ne se forme que de très petites quantités d'acides formique et acétique.

*Préparation du formol en petites quantités.* — On peut se procurer de petites quantités de formol et assez rapidement en employant la méthode suivante.

Dans un ballon *a* (fig. 35) d'environ 1 litre, et reposant sur un bain-marie, on verse 200 centimètres cubes d'alcool méthylique. Le goulot du col est fermé par un bouchon traversé par un tube de verre *b* d'environ 1 centimètre de diamètre sur 15 centimètres de longueur et librement ouvert à ses deux extrémités. La partie supérieure du tube s'engage librement dans un tube en cuivre rouge coudé contenant en $d$ quelques fragments de coke et dont une extrémité peut être refroidie par un serpentin en

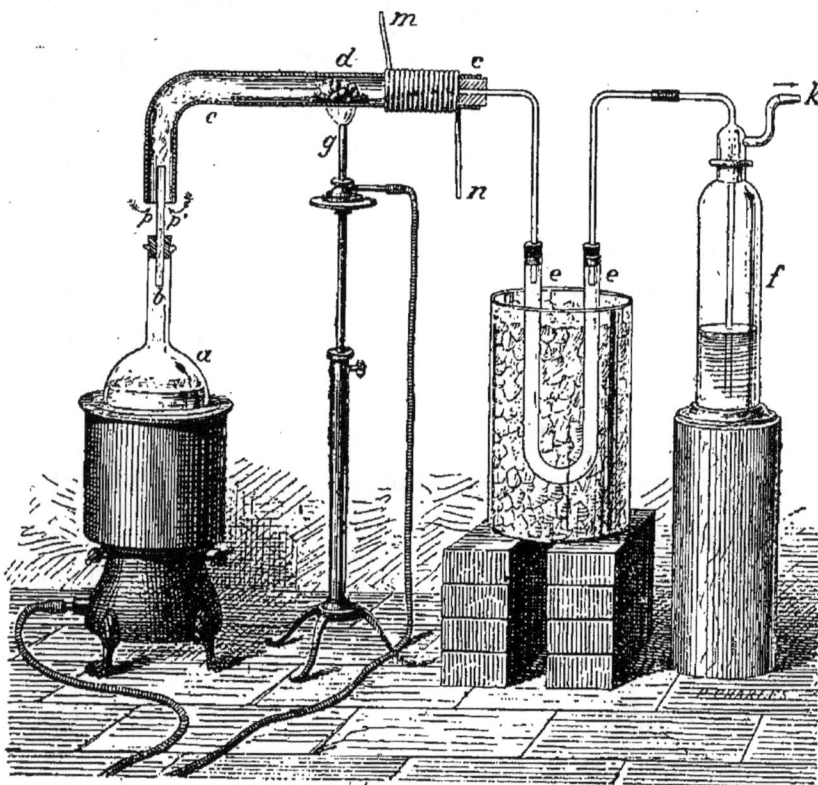

Fig. 35. — Appareil de M. Trillat pour la production de petites quantités d'aldéhyde formique.

$a$, Ballon reposant sur un bain-marie. — $b$, Tube de verre ouvert à ses deux extrémités. — $cc$, Tube en cuivre. — $d$, Fragment de coke. — $e$, Tube en U refroidi à la glace. — $f$, Flacon laveur contenant de l'eau. — $k$, Aspiration. — $mn$, Tube en plomb servant à refroidir. — $pp'$, Espace annulaire par lequel se fait la rentrée d'air.

plomb dans lequel on fait circuler un courant d'eau froide $mn$. Le tube en cuivre est relié en $e$ avec un tube en U refroidi à la glace et avec un ou deux récipients *f* contenant de l'eau. Le dernier récipient est en communication avec une trompe à eau.

Pour faire fonctionner l'appareil, on allume un bec de gaz *g* sous la partie du tube de cuivre contenant le coke et on chauffe l'alcool à une température voisine de l'ébullition. Si à ce moment on fait le vide en *k*, dans l'appareil, les vapeurs d'alcool seront vivement entraînées sur le coke et condensées en grande partie dans les récipients. L'introduction de l'air nécessaire à l'oxydation se fait automatiquement par l'espace annulaire *pp'* existant entre le tube de verre et le tube de cuivre. Le coke ne doit pas être porté à l'incandescence sinon l'oxydation est dépassée : il se forme alors de l'acide carbonique.

Le tube en U refroidi contient une solution très concentrée de formol dans de l'alcool méthylique dans le récipient la solution est très étendue.

Le formol est généralement livré à l'état de dissolution alcoolique. Concentré à plus de 50 0/0, il commence à se polymériser pour donner du trioxyméthylène. La solution étendue de formol possède une faible odeur rappelant la souris ; à l'état concentré, elle devient très piquante et provoque le larmoiement. Avec une dissolution aqueuse très étendue d'aniline, le formol, même à faible dose, donne un trouble blanc nuageux très caractéristique d'anhydroformaldéhydaniline.

Le formol a des propriétés antiseptiques extrêmement remarquables ; ce pouvoir antiseptique,
dans certains cas, est supérieur à celui du sublimé.
Il est employé comme agent conservateur et désinfectant.

Le trioxyméthylène résultant de la polymérisation du formol, et le trithioformol ont les mêmes
propriétés.

## MÉTHYLAL

*Syn.* : diméthylate de méthylène

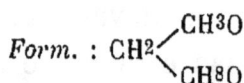

$$Form. : CH^2 \begin{cases} CH^3O \\ CH^3O \end{cases}$$

Le méthylal est obtenu par la distillation d'un
mélange d'alcool méthylique, d'acide sulfurique et
de peroxyde de maganèse. Dans cette méthode, on
opère dans les mêmes conditions que pour la préparation de l'acétale (page 126). Il passe un liquide
huileux, éthéré, en partie miscible à l'eau et qui est
un mélange de formiate de méthyle et de méthylal.
On isole ce dernier en agitant le produit brut avec
de la potasse caustique qui détruit le formiate de
méthyle sans attaquer le méthylal.

Un autre procédé consiste à chauffer pendant
quelques heures dans un ballon muni d'un réfrigérent, de la formaldéhyde et de l'alcool méthylique
dans la proportion d'une molécule de formaldéhyde

pour deux d'alcool. La condensation se fait en présence de l'acide sulfurique ;

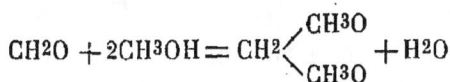

$$CH^2O + 2CH^3OH = CH^2 \underset{CH^3O}{\overset{CH^3O}{<}} + H^2O$$

On maintient la température à 50° et on distille
au bain-marie. Le méthylal est ensuite purifié
comme précédemment.

C'est un liquide limpide d'une odeur aromatique
et piquante ; il se dissout dans trois fois son volume
d'eau ; la potasse le sépare de cette solution. Il se
dissout dans l'alcool et dans l'éther. Il bout à 42°.

Le méthylal en présence d'un acide régénère le
formol ; outre ses remarquables propriétés hypnotiques, il peut être aussi considéré comme un bon
antiseptique.

### ALDÉHYDE ACÉTIQUE

*Syn.* : aldéhyde, hydrure d'acétyle

*Form.* : $CH^3COH$

La préparation de l'aldéhyde acétique peut être
effectuée d'après le procédé indiqué par M. Trillat
pour l'aldéhyde formique.

On peut encore l'obtenir par l'oxydation de l'alcool éthylique au moyen du bichromate de potasse
en se conformant aux prescriptions suivantes.

2 kilos de bichromate de potasse grossière-

ment pulvérisé sont placés avec 6 litres d'eau dans un récipient en verre d'une contenance d'environ 20 litres muni d'un réfrigérent refroidi à l'eau glacée et qui est en communication avec un autre récipient entouré de glace. On fait couler dans le gros récipient contenant la dissolution de bichromate de potasse un mélange de 2 kilogrammes d'alcool et de $2^{kg},700$ d'acide sulfurique concentré ; cette addition doit se faire goutte à goutte et avec précaution. La masse liquide ne tarde pas à s'échauffer d'elle-même ; elle se colore en vert et l'aldéhyde commence à distiller, mélangée avec de l'alcool et de l'eau. On chauffe très légèrement pour terminer la réaction.

La partie distillée est alors rectifiée dans un ballon muni d'un réfrigérant (fig. 36) incliné à 45° et dans lequel circule un courant d'eau à 25°. A la suite du réfrigérant se trouve un récipient contenant de l'éther desséché ; le ballon étant légèrement chauffé au bain-marie, les vapeurs d'aldéhyde sont facilement absorbées par l'éther, tandis que les vapeurs d'alcool sont condensées et retombent dans le ballon. La solution éthérée d'aldéhyde est ensuite traitée par un courant de gaz ammoniac sec ; l'aldéhydate d'ammoniaque se précipite ; on filtre et on lave le précipité à l'éther, puis on le traite dans un ballon avec de l'acide sulfurique étendu. Par distillation, on obtient l'aldéhyde acétique à l'état pur que l'on recueille dans un réci-

pient fortement refroidi. On dessèche ensuite le
liquide avec du chlorure de calcium et on le rectifie au moyen d'un appareil à boules.

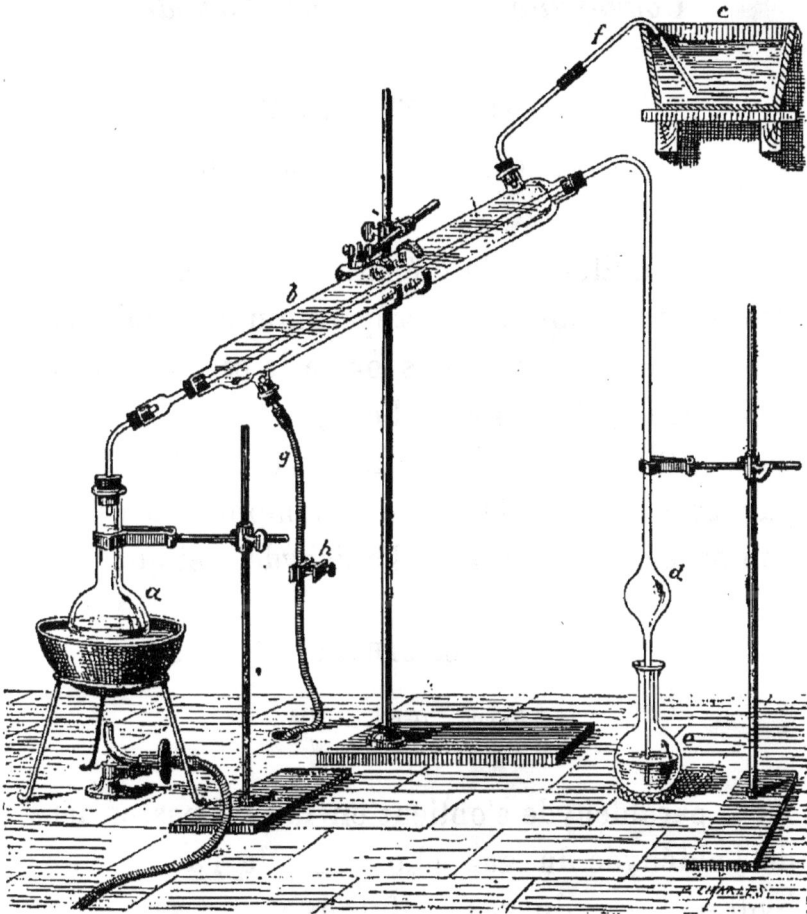

Fig. 36. — Appareil pour la préparation de l'aldéhyde acétique.

*a*, Ballon sur un bain-marie. — *b*, Réfrigérant. — *c*, Baquet d'eau. — *d*, Ampoule.
— *e*, Flacon contenant l'éther. — *f, g*, Entrée et sortie de l'eau. — *h*, Pince de
réglage.

*Propriétés*. — L'aldéhyde acétique est un liquide
bouillant à 21°, doué d'une odeur éthérée et suffo-

cante ; il possède des propriétés antiseptiques remarquables.

## *Combinaisons dérivées de l'aldéhyde.*

### ALDÉHYDATE D'AMMONIAQUE

*Form.* : $C^2H^4OAzH^3$ *ou* $C^2H^4(OH)AzH^2$

Ce produit, dont la préparation est indiquée ci-
dessus à propos de la préparation de l'aldéhyde
acétique, se présente sous forme de cristaux blancs
facilement solubles dans l'eau, presque insolubles
dans l'éther ; son point de fusion est de 70°. Traité
par les acides, l'aldéhydate d'ammoniaque est décomposé et il se forme de l'aldéhyde acétique.

### PARALDÉHYDE

*Form.* : $(CH^3-COH)^3$

Le paraldéhyde s'obtient en faisant passer dans
de l'aldéhyde du gaz phosgène, de l'acide chlorhydrique ou du gaz sulfureux ; elle se produit
encore en saturant l'aldéhyde avec du cyanogène
et en abandonnant le liquide pendant quelques
jours à une température froide.

La paraldéhyde obtenue est cristallisée à basse
température : on comprime fortement les cristaux
dans du papier sans colle.

La paraldéhyde fond à 10° ; elle est alors fluide, limpide, d'une odeur aromatique et d'une saveur âcre, soluble dans l'alcool et l'éther, insoluble dans l'eau ; elle bout à 124°.

## ACÉTAL

*Syn.* : diéthyl-acétale

$$Form. : C^2H^4 \diagdown_{\displaystyle OC^2H^5}^{\displaystyle OC^2H^5}$$

L'acétal est obtenu facilement par une des méthodes suivantes :

1° On peut préparer l'acétal en traitant l'alcool éthylique par un courant de chlore. On fait passer ce gaz dans de l'alcool à 80 centièmes et refroidi à 10°, jusqu'à ce que l'eau y détermine un trouble. On distille le premier quart, on neutralise et on distille de nouveau un quart du liquide ; puis, par un traitement au chlorure de calcium et à la potasse comme il va être indiqué dans la méthode suivante, on obtient le produit à l'état pur.

2° On oxyde l'alcool avec le peroxyde de manganèse et l'acide sulfurique dans les proportions indiquées plus haut pour la préparation de l'aldéhyde. On recueille à part les portions bouillant de 60 à 90°. En ajoutant à ce liquide une solution concentrée de chlorure de calcium, on sépare une huile légère qui, rectifiée, puis traitée de nouveau par le chlorure de calcium, ne renferme plus que peu d'aldéhyde et d'éther acétique. Par un traitement à la potasse caustique à 100°, on détruit ces deux produits et l'on n'a plus qu'à rectifier pour obtenir l'acétale pur.

3° Enfin, un bon procédé consiste à faire agir directement de l'aldéhyde sur de l'alcool éthylique dans les proportions d'une molécule d'aldéhyde acétique pour deux molécules d'alcool. La condensation peut être effectuée sous pression ou à l'air libre en présence d'acide sulfurique.

La réaction peut être exprimée ainsi :

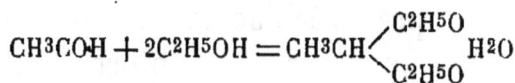

$$CH^3COH + 2C^2H^5OH = CH^3CH\begin{matrix} C^2H^5O \\ C^2H^5O \end{matrix} \ H^2O$$

L'acétal est un liquide éthéré, incolore, d'une odeur suave, bouillant à 104°, peu soluble dans l'eau, très soluble dans l'éther et l'alcool.

## SULFOPARALDÉHYDE

*Syn.* : trithialdéhyde

*Form.* : $(C^4H^4S^2)^3$

La sulfoparaldéhyde se forme par la polymérisation de la sulfaldéhyde. On prépare d'abord le sulfaldéhyde en faisant passer un courant de gaz sulfhydrique dans un mélange d'eau et d'aldéhyde :

on obtient une huile à odeur d'œuf pourri cristalli-
sant à — 2°. Traitée par les acides, la sulfaldéhyde
se polymérise en donnant naissance à la sulfoparaldéhyde. C'est un corps solide, fusible à 101°,
insoluble dans l'eau, soluble dans l'alcool.

## THIALDINE

*Form. :* $C^6H^{13}AzS^2$

La thialdine représente le corps précédent dans
lequel un atome de soufre est remplacé par AzH.

Pour le préparer, on dissout de l'aldéhydate
d'ammoniaque purifié, dans 12 à 16 parties d'eau,
on y ajoute 10 à 15 gouttes d'ammoniaque par
30 grammes de solution, et l'on dirige dans le mélange un lent courant de gaz sulfhydrique. Au
bout d'une demi-heure, le mélange devient laiteux
et commence à déposer de gros cristaux, de l'apparence du camphre ; il s'éclaircit après 4 ou
5 heures ; l'opération est alors terminée. Les cristaux lavés à l'eau froide et desséchés sont purifiés par cristallisation dans l'éther étendu d'un
tiers de son poids d'alcool ; ils se séparent de cette
solution en grandes tables rhombes.

La réaction qui donne naissance à la thialdine
est la suivante :

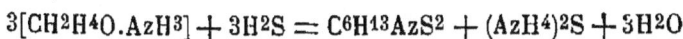

$$3[CH^2H^4O.AzH^3] + 3H^2S = C^6H^{13}AzS^2 + (AzH^4)^2S + 3H^2O$$

8.

Quelquefois, dans cette réaction, on obtient, au lieu de cristaux, une huile fétide. Pour en extraire la thialdine qu'elle renferme en grande quantité, on l'agite avec la moitié de son volume d'éther, et on y ajoute de l'acide chlorhydrique. Il se forme aussitôt une bouillie cristalline de chlorhydrate de thialdine qu'il faut laver avec de l'éther. Puis on dessèche le chlorhydrate, on l'humecte d'ammoniaque, et on reprend la thialdine par l'éther.

La thialdine cristallise en gros cristaux incolores, doués d'une odeur aromatique désagréable, fondant à 43°, solubles dans l'alcool, l'éther et les acides.

## CARBOTHIALDINE.

*Form.* : $C^5H^{16}Az^2S^2$

La carbothialdine est obtenue par l'action combinée de l'ammoniaque et du sulfure de carbone sur l'aldéhyde. On dissout de l'aldéhydate d'ammoniaque dans de l'alcool, on ajoute du sulfure de carbone ; le mélange s'échauffe légèrement, et il se sépare au bout de quelques minutes des cristaux incolores qui, lavés avec un peu d'alcool, sont de la carbothialdine pure.

La carbothialdine est, en petits cristaux, insolubles dans l'eau et l'éther, légèrement solubles dans l'alcool froid. Elle est décomposée par l'eau bouillante.

# CHAPITRE V

## CHLORAL ET SES DÉRIVÉS

Chloral. — Métachloral. — Chloralamide. — Chloraluréthane. — Somnal. — Chloral crotonique. — Chloral antipyrine. — Chloralose.

### CHLORAL ET HYDRATE DE CHLORAL.

*Syn.* : aldéhyde acétique trichloré.

*Form.* : $CCl^3COH$  et  $CCl^3CH\begin{subarray}{l} OH \\ OH \end{subarray}$

En 1832, Liebig, en faisant agir le chlore sur de l'alcool absolu et en traitant le produit de la réaction par de l'acide sulfurique concentré, obtint un corps qu'il appela *chloral*. Dumas étudia ce corps et en donna la composition. Ce ne fut qu'en 1869 que Liebreich reconnut qu'il était doué de propriétés anesthésiques extrèmement remarquables et qu'il était un hypnotique de premier ordre.

Cette dernière propriété éveilla l'attention publique et plusieurs fabriques allemandes commencèrent à préparer le chloral ou son dérivé hydraté. Depuis que les avantages du chloral ont été reconnus, sa fabrication n'a fait qu'augmenter ; sa vente qui atteignait à peine quelques milliers de kilogrammes il y a vingt ans, dépasse aujourd'hui plusieurs centaines de mille kilogrammes.

*Constitution.* — Le chloral répond à la formule :

$$CCl^3.COH$$

et l'hydrate de chloral à la formule :

$$CCl^3.CH(OH)^2$$

Le développement de ces formules correspond aux schemas suivants :

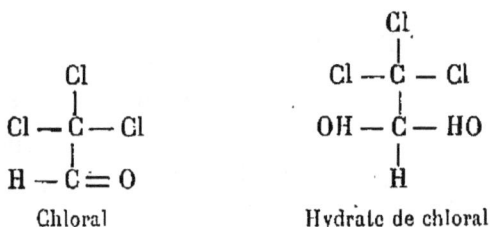

$$
\begin{array}{cc}
& \overset{\displaystyle Cl}{\underset{\displaystyle |}{\phantom{x}}} \\
\overset{\displaystyle Cl}{\underset{\displaystyle |}{\phantom{x}}} & Cl - C - Cl \\
Cl - C - Cl & \overset{\displaystyle |}{\phantom{x}} \\
\overset{\displaystyle |}{\phantom{x}} & OH - C - HO \\
H - C = O & H \\
\text{Chloral} & \text{Hydrate de chloral}
\end{array}
$$

On voit, d'après ces formules, que le chloral peut être envisagé comme de l'aldéhyde acétique trichlorée et que l'hydrate de chloral se forme par l'addition d'une molécule d'eau.

*Mode de formation du chloral.* — L'action du chlore sur l'alcool a été diversement interprétée par les chimistes. On peut cependant admettre que la réaction du chlore sur l'alcool se passe en plusieurs phases différentes :

1° L'alcool est transformé par le chlore en aldéhyde ;

2° L'aldéhyde se combine avec l'alcool pour former l'acétal ;

3° L'acétal est successivement transformé en acétal monochloré, bichloré et trichloré ;

4° L'acétal trichloré sous l'influence de l'acide chlorhydrique se décompose en alcoolate de chloral et en chlorure d'éthyle ;

5° Les groupes éthyliques sont enlevés par addition d'acide sulfurique ;

6° Le chloral s'unit à une molécule d'eau pour donner l'hydrate de chloral. Ces transformations peuvent être expliquées par les réactions suivantes :

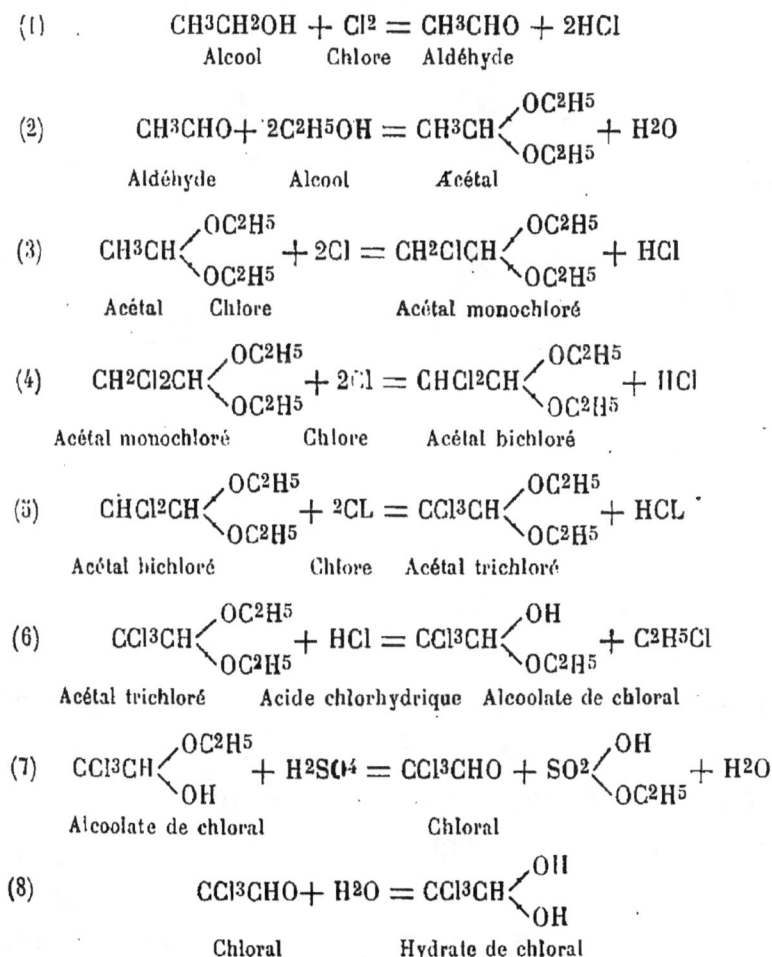

(1)    $CH^3CH^2OH + Cl^2 = CH^3CHO + 2HCl$
       Alcool       Chlore      Aldéhyde

(2)    $CH^3CHO + 2C^2H^5OH = CH^3CH\begin{cases} OC^2H^5 \\ OC^2H^5 \end{cases} + H^2O$
       Aldéhyde      Alcool        Acétal

(3)    $CH^3CH\begin{cases} OC^2H^5 \\ OC^2H^5 \end{cases} + 2Cl = CH^2ClCH\begin{cases} OC^2H^5 \\ OC^2H^5 \end{cases} + HCl$
       Acétal      Chlore           Acétal monochloré

(4)    $CH^2Cl2CH\begin{cases} OC^2H^5 \\ OC^2H^5 \end{cases} + 2Cl = CHCl^2CH\begin{cases} OC^2H^5 \\ OC^2H^5 \end{cases} + HCl$
       Acétal monochloré      Chlore      Acétal bichloré

(5)    $CHCl^2CH\begin{cases} OC^2H^5 \\ OC^2H^5 \end{cases} + 2CL = CCl^3CH\begin{cases} OC^2H^5 \\ OC^2H^5 \end{cases} + HCL$
       Acétal bichloré      Chlore      Acétal trichloré

(6)    $CCl^3CH\begin{cases} OC^2H^5 \\ OC^2H^5 \end{cases} + HCl = CCl^3CH\begin{cases} OH \\ OC^2H^5 \end{cases} + C^2H^5Cl$
       Acétal trichloré      Acide chlorhydrique      Alcoolate de chloral

(7)    $CCl^3CH\begin{cases} OC^2H^5 \\ OH \end{cases} + H^2SO^4 = CCl^3CHO + SO^2\begin{cases} OH \\ OC^2H^5 \end{cases} + H^2O$
       Alcoolate de chloral            Chloral

(8)    $CCl^3CHO + H^2O = CCl^3CH\begin{cases} OH \\ OH \end{cases}$
       Chloral          Hydrate de chloral

A côté de ces réactions, il se passe encore d'autres réactions secondaires.

*Préparation du chloral dans le laboratoire.* — L'appareil dans lequel on opère se compose (fig. 37)

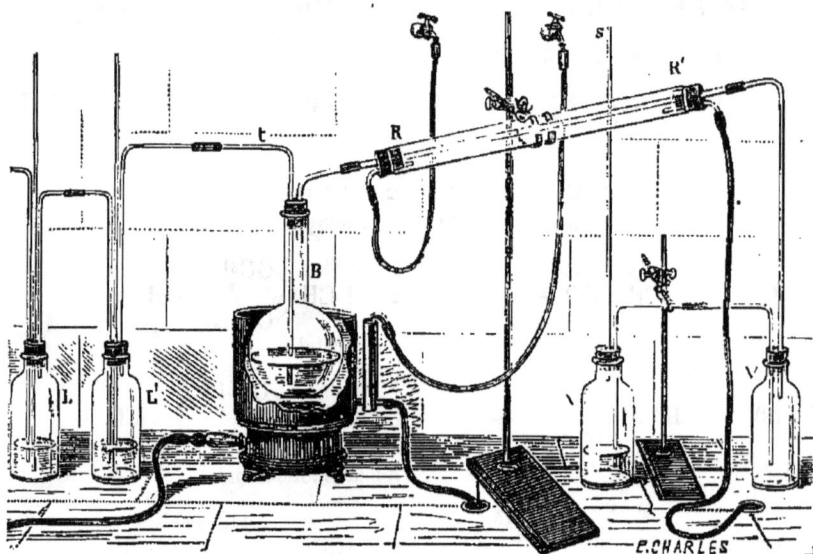

Fig. 37. — Préparation en petit du chloral.

d'un vase producteur de chlore C, suivi de deux flacons laveurs L et L', garnis tous deux d'acide sulfurique concentré, destinés à dessécher le gaz. Le chlore sec est dirigé par un tube coudé *t* au fond d'un ballon B, disposé dans un bain-marie et contenant de l'alcool à 96 centièmes. Les gaz sortant de ce ballon traversent un réfrigérent RR' disposé à reflux, qui ramènera dans le ballon les produits condensables entraînés sous forme de vapeur; ils se rendent ensuite dans un flacon laveur N, con-

tenant de l'eau à laquelle ils cèdent l'acide chlorhydrique dont ils sont chargés. Pour éviter que, par
absorption, le liquide du flacon N ne remonte par
le réfrigérent dans le ballon, on interpose un autre
flacon V, du même volume que N et susceptible,
par conséquent, d'arrêter tout le contenu de celui-
ci. Les gaz sortant de l'appareil entraînent un peu
de chlore ; ils sont dirigés par un tube s dans une
cheminée à fort tirage ; il ne faut pas oublier cependant qu'ils ne doivent rencontrer aucune
flamme, parce qu'ils sont rendus combustibles,
pendant la plus grande partie de l'opération, par
des volumes considérables de vapeur d'éther chlorhydrique. Ce dernier corps peut d'ailleurs être condensé et recueilli.

On fait d'abord passer le chlore dans l'alcool
froid, et on pousse le courant gazeux aussi rapidement que s'opère la dissolution du gaz dans le liquide. Quand l'absorption se ralentit, on élève un
peu la température tout en poursuivant l'action
du gaz. Le poids de un litre de chlore étant
3 grammes environ, les formules précédentes
montrent que le dégagement gazeux doit être prolongé pendant fort longtemps, pour que le résultat
soit atteint. A mesure que l'absorption diminue de
rapidité, on chauffe davantage et on finit par porter le bain-marie à l'ébullition. Parfois, lors des
interruptions, la liqueur refroidie abandonne de
beaux cristaux incolores d'alcoolate de chloral ; ce

composé peut être isolé et utilisé directement pour obtenir le chloral, mais en le liquéfiant par la chaleur et en continuant à faire passer le courant gazeux, on transforme en chloral l'alcool qui entre dans sa composition.

L'action du chlore terminée, on verse peu à peu et en agitant, dans le produit liquide, un volume double d'acide sulfurique concentré. Ce réactif détruit ou dissout tous les composés autres que le chloral, les acétals chlorés principalement, qui existent dans le mélange. On distille la masse obtenue. Le chloral passe au voisinage de 100°; en se condensant, il dissout abondamment le gaz chlorhydrique qui s'échappe en même temps que ses vapeurs. On distille une seconde fois le produit sur l'acide sulfurique concentré (2 fois son volume), puis on le rectifie sur de la chaux vive, afin de fixer l'acide chlorhydrique qui le souille. On termine par une distillation fractionnée, en recueillant le liquide bouillant vers 99°.

La préparation industrielle du chloral exige une bonne installation permettant d'obtenir le chlore sous une légère pression. On se sert généralement de la méthode de Liebig plus ou moins modifiée.

Il est à supposer que cette industrie sera une des premières à profiter des progrès réalisés pour la préparation du chlore liquide. Celui-ci est emprisonné dans des cylindres de capacités différentes facilement transportables (fig. 38).

Au moyen d'un robinet spécial, on peut régler à volonté le courant du gaz.

Fig. 38. — Cylindre contenant du chlore à l'état liquide.

*Préparation industrielle du chloral*. — La préparation industrielle du chloral comprend trois phases bien distinctes :

1° Préparation de l'alcoolate de chloral;

2° Transformation de l'alcoolate de chloral en chloral ;

3° Transformation du chloral en hydrate de chloral.

1) *Préparation du chloral.* — L'alcool employé doit être autant que possible déshydraté : l'alcool absolu

donne les meilleurs résultats. On verse 60 kilogrammes d'alcool dans un grand ballon de verre à
parois suffisamment épaisses et on y dirige un courant de chlore préparé par l'un des procédés industriels connus et soigneusement desséché. Le
ballon dans lequel se trouve l'alcool est relié par
un tube avec un ou plusieurs récipients d'eau froide
destinés à absorber l'acide chlorhydrique à l'état
de gaz (1). L'introduction du chlore dans l'alcool
doit être faite avec beaucoup de soin, sinon il peut
y avoir une élévation de température brusque qui
donne lieu à une inflammation de l'alcool. En
tous cas, lorsque la température initiale de la réaction est mal dirigée, le rendement se trouve considérablement diminué par suite de la formation
de réactions secondaires. L'introduction du chlore
dans l'alcool doit durer assez longtemps ; dans certaines fabriques, on compte dix à quatorze jours. Au
début on refroidit le ballon pour éviter l'échauffement ; peu à peu la réaction devient moins vive.
On chauffe alors graduellement à 60° et enfin à 100°.
Il arrive un moment où le liquide est entièrement
soluble dans l'eau, on interrompt alors le courant de
chlore et on laisse refroidir le produit de la réaction, jusqu'à ce qu'il se prenne en une masse blanche
d'alcoolate de chloral.

La réaction du chlore est singulièrement régu-

---

(1) Cet acide chlorhydrique peut être utilisé de nouveau pour
la fabrication du chlore.

larisée par la présence de certains corps qui agissent comme porteurs de chlore : Springmühl recommande l'emploi d'une partie d'iode pour 100 parties d'alcool. L'iodure d'éthyle qui se forme peut être facilement récupéré.

Page emploie le chlorure de fer cristallisé ; dans ce cas, la marche de la réaction n'est pas tout à fait la même.

2) *Transformation de l'alcoolate de chloral en chloral.* — Dans le procédé ordinaire, on n'attend pas que l'alcoolate de chloral soit déposé et on procède immédiatement à la transformation en chloral. Dans ce but, le liquide chloré est déposé dans un récipient émaillé d'une contenance de 150 à 200 kilogrammes et on ajoute par petites portions un égal volume d'acide sulfurique concentré ; on porte ensuite le mélange à la température d'ébullition.

Le sommet du récipient est en communication avec un réfrigérant, de manière à ce que les vapeurs condensées retombent dans le récipient. Pendant l'ébullition, il se dégage encore de l'acide chlorhydrique qui restait en solution dans le liquide.

Le dégagement d'acide chlorhydrique sert de point d'observation pour la marche de la décomposition de l'alcoolate de chloral : on admet que cette décomposition se produit lorsqu'il ne se dégage plus d'acide chlorhydrique.

La décomposition étant terminée, on procède à la distillation avec un bon thermomètre à fractionner. On interrompt la distillation aussitôt que le thermomètre a dépassé 100°; le chloral passe en effet à une température de 97°. La partie distillée est soumise à une deuxième rectification pour éloigner les dernières traces d'acide chlorhydrique. On recueille séparément les différentes parties de cette distillation ; la partie qui distille au-dessus de 94° est constituée par du chloral pur.

3) *Transformation en hydrate de chloral.* — Il s'agit maintenant de transformer le chloral en hydrate de chloral.

Cette transformation se fait en ajoutant au chloral exactement la quantité d'eau théorique correspondante. Pour 147 parties 5 de chloral, il faut 18 parties d'eau, ou pour 100 parties de chloral 12,2 0/0 d'eau. On agite le mélange ; la combinaison se fait avec dégagement de chaleur : on coule ensuite le produit de la réaction sur une surface bien unie sur laquelle il se solidifie. En cet état, l'hydrate de chloral peut déjà être livré au commerce.

Pour obtenir l'hydrate de chloral en cristaux, on mélange la masse encore chaude avec environ 1/3 de son volume de chloroforme et on le laisse refroidir dans des récipients complètement fermés. La cristallisation est terminée après environ une semaine : on décante les eaux-mères qui peuvent encore servir à une nouvelle cristallisation.

Les cristaux sont essorés et séchés à la température ordinaire.

Au lieu de cristalliser dans le chloroforme, on peut encore employer le sulfure de carbone ; on obtient par cette méthode de beaux cristaux prismatiques. Flackinges recommande la cristallisation à chaud dans le sulfure de carbone afin d'éloigner les dernières impuretés non entraînées par la distillation.

Martius emploie la benzine. La solution saturée avec l'hydrate de chloral se solidifie par refroidissement en une masse formée de cristaux en aiguilles ; après quelques jours, ceux-ci se transforment en cristaux de forme hexagonale. Il serait à désirer qu'il n'y ait dans le commerce que du chloral cristallisé, le chloral en plaque retenant des impuretés.

D'autres méthodes ont été décrites par Müller, Paul, Roussin, etc. Elles se distinguent des précé_dentes en ce que la masse chlorée, après solidification et pressage, est sublimée ou rectifiée par le chlorure de calcium.

Ces méthodes peuvent servir à la préparation de l'alcoolate de chloral.

*Propriétés de l'alcoolate de chloral.* — La combinaison du chloral et de l'alcool pur qui se forme dans l'action du chlore sur l'alcool est souvent confondue avec l'hydrate de chloral. Elle se présente sous forme de cristaux fondant à 46° et moins solubles dans l'eau que l'hydrate. Traité par les alcalis en solution aqueuse l'alcoolate de chloral donne un formiate et le chloroforme. Nous avons vu plus haut que cette réaction est utilisée pour obtenir le chloroforme à l'état pur.

*Propriétés de l'hydrate de chloral.* — Le chloral du commerce se présente soit sous la forme de plaques, soit sous la forme de cristaux plus ou moins bien définis. Son point de fusion est de 57°; il se volatilise complètement à 97°,5: ses vapeurs ne sont pas inflammables. La solution aqueuse du chloral n'a pas de réaction acide et ne donne pas de précipité avec le chlorure d'argent. Il est attaqué à froid par l'acide nitrique.

Il existe une modification isomère du chloral hydraté obtenue en dissolvant le chloral dans de l'acide acétique glacial et en concentrant rapidement la solution en présence de l'acide sulfurique.

L'hydrate de chloral est un hypnotique inoffensif provoquant un sommeil tranquille sans malaise. Son emploi comme antiseptique est très restreint ; il passe dans les urines à l'état d'acide chloralurique :

$$C^8H^{11}Cl^3O^7$$

*Caractères analytiques du chloral.* — L'hydrate

de chloral doit être exempt d'alcoolate de chloral qui n'a pas les mêmes propriétés physiologiques.

En chauffant une partie d'hydrate de chloral avec la double quantité d'eau la solution doit être claire, exempte de goutelettes huileuses et ne donner aucun précipité par le nitrate d'argent.

En chauffant avec précaution de l'hydrate de chloral dans une cuiller, la volatilisation doit être complète et les vapeurs ne doivent pas s'enflammer.

Par l'addition de trois parties d'acide sulfurique concentré, la solution de chloral chauffée à douce température doit rester claire.

L'hydrate de chloral chauffé doucement avec une solution de potasse donne un trouble causé par la formation du chloroforme. On décante la partie claire et on y ajoute une solution d'iode dans de l'iodure de potassium. Lorsque le liquide commence à jaunir, on refroidit : la présence de l'hydrate de chloral est décelée par un précipité d'iodoforme.

L'analyse quantitative du chloral peut être faite en calculant la quantité de soude nécessaire pour le transformer en chloroforme.


## MÉTACHLORAL.


On obtient le métachloral ou chloral insoluble en chauffant le chloral anhydre sous pression, ou encore en traitant le chloral anhydre liquide par des corps avides d'eau.

Le métachloral se présente en poudre douée d'une odeur éthérée piquante, insoluble dans l'eau, le chloroforme, l'éther et l'alcool. Chauffé à 180°, le chloral anhydre liquide est régénéré.

## CHLORALAMIDE.

*Syn.* : Chloral formamide.

*Form.* : $C^3H^4Cl^3OAz$

Le chloral comme les aldéhydes a la propriété de pouvoir se combiner à un grand nombre de corps. On a cherché à transformer le chloral en un produit dont la solution fut moins décomposable et doué d'un pouvoir antiseptique plus grand. Dans ce but, on a combiné le chloral avec la formamide :

$$CHOAzH^2$$

Ce nouveau produit de combinaison se conserve assez bien en solution et le corps acquiert un pouvoir antiseptique notable. La combinaison du chloral et de la formamide se fait en proportion de leur poids moléculaire. Le mélange s'échauffe et il se forme peu à peu une masse cristalline de chloralformamide :

$$C^3H^4Cl^3OAz$$

On dissout le produit dans l'eau ou dans un dissolvant approprié et l'on fait cristalliser de nouveau.

On peut encore obtenir le chloralamide en traitant la combinaison ammoniacale du chloral avec un éther de l'acide formique. Le chloralamide fond à 115-116°. Il est soluble dans l'eau et l'alcool ; par distillation, il se dédouble en chloral et en formamide.

### CHLORALURÉTHANE.

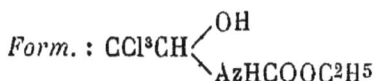

$$Form. : CCl^3CH \Big\langle {}^{OH}_{AzHCOOC^2H^5}$$

La chloraluréthane qui ne doit pas être confondue avec l'éthylchloraluréthane est obtenue par l'action de l'acide chlorhydrique concentré sur un mélange de chloral et d'uréthane. Cette réaction se fait à la température ordinaire.

La chloraluréthane est insoluble dans l'eau froide : elle est facilement décomposable par la chaleur.

### SOMNAL.

*Syn.* : Éthylchloraluréthane.

*Form.* : $C^7H^{12}Cl^3O^3Az$

On obtient le somnal en faisant réagir le chloral en solution alcoolique sur l'uréthane.

On fait un mélange à parties égales d'hydrate de chloral d'uréthane et d'alcool à 96°. On chauffe

à 100° dans le vide. Il se forme après quelques instants une solution incolore qui laisse déposer des
cristaux fins répondant à la formule :

$$C^7H^{12}Cl^3O^3Az$$

L'éthylchloraluréthane fond à 42°, et bout dans le
vide à une température de 145°. On purifie le produit par cristallisation.

Le somnal est facilement soluble dans l'eau et
l'alcool. Il se présente sous forme de cristaux très
hygrométriques et le fabricant donne cette raison
pour justifier l'envoi en solution alcoolique (1 d'alcool pour 3 de somnal).

### CHLORAL BUTYLIQUE.

*Syn.* : Chloral crotonique.

*Form.* : $C^4H^5Cl^3O$

On fait passer un courant lent de chlore dans de
l'aldéhyde maintenue dans un mélange réfrigérant.
On laisse peu à peu le liquide s'échauffer et l'on
finit par le porter à 100° dans un ballon muni d'un
réfrigérant ascendant. Lorsque le courant de chlore
a duré vingt quatre heures, l'aldéhyde est transformée en un liquide épais, brun, recouvert d'eau
chargée d'acide chlorhydrique. Ce liquide, soumis
à la distillation, passe de 90 à 200°; la majeure
partie entre 160 et 180°. Il reste dans la cornue un
résidu très volumineux. Pour purifier le liquide

distillé, on l'agite avec de l'acide sulfurique et l'on distille la couche supérieure qui passe de 163 à 165°.

On obtient ainsi un liquide öléagineux, incolore, qui présente la constitution suivante :

$$C^4H^5Cl^3O$$

Le chloral butylique attire fortement l'humidité.

## HYPNAL.

*Syn.* : Monochloralantipyrine.

*Form.* : $C^{13}H^{15}Az^2Cl^3O^3$

L'hydrate de chloral se combine avec la phényl-diméthylpyrazolone en donnant deux combinaisons (1) :

1° Un composé renfermant une molécule d'hydrate de chloral et une molécule de phényldimé-thylpyrazolone. Ce corps constitue l'hypnal ou monochlorantipyrine ;

2° Une combinaison renfermant deux molécules d'hydrate de chloral pour une molécule d'antipy-rine et qui constitue la bichloralantipyrine.

Pour préparer la monochloralantipyrine, on dissout $4^{gr},70$ de chloral dans 5 grammes d'eau et $5^{gr},30$ d'antipyrine dans la même quantité de dissolvant. On facilite la dissolution en chauffant légè-

(1) Béhal et Choay, *Journal de Pharmacie et de Chimie*, p. 539, t. XXI.

rement. Par le mélange des deux liquides, il se forme une couche huileuse qui se précipite et finit par cristalliser après quelques heures.

L'analyse démontre que ce composé est constitué par une molécule d'antipyrine et une molécule de chloral :

$$C^{13}H^{15}Az^2Cl^3O^3 = CCl^3CH \Big\langle {}^{OH}_{OH} + C^{11}H^{12}OAz^2$$

L'hypnal fond à 67-68° ; avec le perchlorure de fer il donne la coloration rouge de l'antipyrine. Il réduit à chaud la liqueur de Fehling.

## CHLORALOSE.

*Syn.* : Anhydroglucochloral.

*Form.* : $C^8H^{11}Cl^3O^6$

Le produit de la combinaison du chloral et du glucose a été signalé par M. Hefter (1). La constitution de la chloralose et sa préparation ont été déterminées par M. Hanriot qui a indiqué la méthode suivante permettant d'obtenir l'anhydroglucochloral ou le chloralose à l'état de pureté absolue.

On mélange dans un matras des quantités égales de chloral anhydre et de glucose sec et on chauffe à 100° pendant une heure. Le tout se prend par refroidissement en une masse épaisse qu'on traite par un peu d'eau, puis par de l'éther bouillant. En

---

(1) *Berichte der deutschen chemischen Gesellschaft*, 1889, p. 1050.

reprenant les parties solubles dans l'éther, puis en les additionnant d'eau et en les distillant cinq à six fois avec de l'eau jusqu'à ce que tout le chloral ait été chassé, on obtient finalement un résidu dont on peut séparer par des cristallisations successives deux corps différents, l'un peu soluble dans l'eau froide assez soluble dans l'eau chaude et dans l'alcool, l'autre difficilement soluble même dans l'eau chaude. Le corps soluble répond à la formule :

$$C^8H^{11}Cl^3O^6$$

Il constitue la chloralose. La chloralose cristallise en fines aiguilles qui fondent à 184°-186° ; il se volatilise sans décomposition.

Pour rechercher la chloralose, on chauffe avec du chlorure de benzoyle et de la soude ; en présence de la chloralose il se forme une huile qui cristallise à froid et qui est constituée par la combinaison tétrabenzoylée.

# CHAPITRE VI

## SULFONAL ET DÉRIVÉS

Sulfonal. — Trional. — Tétronal.

### SULFONAL.

*Syn.* : Diéthylsulfone-diméthylméthane.

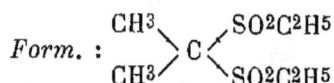

$$Form. : \quad \begin{matrix} CH^3 \\ \\ CH^3 \end{matrix} \!\!>\!\! C \!\!<\!\! \begin{matrix} SO^2C^2H^5 \\ \\ SO^2C^2H^5 \end{matrix}$$

En combinant les sulfhydrates alcoylés (mercaptanes) avec les acétones, on obtient une série de composés que Baumann a décrit sous le nom de *mercaptols* (1). Ils se forment d'après l'équation :

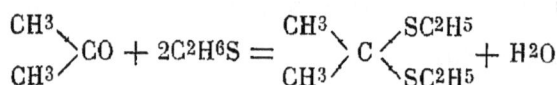

$$\begin{matrix} CH^3 \\ \\ CH^3 \end{matrix} \!\!>\!\! CO + 2C^2H^6S = \begin{matrix} CH^3 \\ \\ CH^3 \end{matrix} \!\!>\!\! C \!\!<\!\! \begin{matrix} SC^2H^5 \\ \\ SC^2H^5 \end{matrix} + H^2O$$

Par oxydation, ces mercaptols sont transformés en produits disulfonés qui sont doués de propriétés hypnotiques extrêmement remarquables. Les trois principaux dérivés de cette série sont :

(1) Les mercaptanes ou éthers sulfhydriques se combinent aux aldéhydes avec élimination d'eau. Par analogie avec la formation des acétals, Baumann a désigné ces combinaisons sous le nom de *mercaptals*. Elles se forment d'après l'équation :

$$R.CHO + 2RSH = RCH(RS)^2 + H^2O$$

Le sulfonal :

$$CH_3 \diagdown \!\!\!\! \underset{CH_3 \diagup}{C} \!\!\!\! \diagup^{SO_2C_2H_5}_{\diagdown SO_2C_2H_5}$$

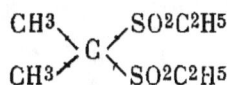

Diéthylsulfone-diméthylméthane

Le trional :

$$CH_3 \diagdown \!\!\!\! \underset{C_2H_5 \diagup}{C} \!\!\!\! \diagup^{SO_2C_2H_5}_{\diagdown SO_2C_2H_5}$$

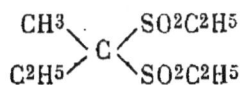

Diéthylsulfone-méthyléthylméthane

Et le tétronal :

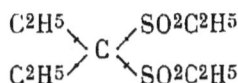

$$C_2H_5 \diagdown \!\!\!\! \underset{C_2H_5 \diagup}{C} \!\!\!\! \diagup^{SO_2C_2H_5}_{\diagdown SO_2C_2H_5}$$

Diéthylsulfone-diéthylméthane

Dans la série des homologues du sulfonal on a remarqué que les propriétés hypnotiques augmentaient avec le nombre de groupes éthyliques. Nous avons mentionné plus haut les relations qui existent entre la constitution chimique de ces composés et la propriété hypnotique.

D'après ce qui précède, on voit que la préparation du sulfonal comporte deux phases :

1° Préparation du mercaptol ;

2° Oxydation du mercaptol.

*Préparation du mercaptol.* — Pour obtenir le mercaptol :

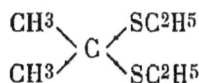

$$CH_3 \diagdown \!\!\!\! \underset{CH_3 \diagup}{C} \!\!\!\! \diagup^{SC_2H_5}_{\diagdown SC_2H_5}$$

on fait passer un courant de gaz chlorhydrique desséché dans un mélange composé de 1 partie d'acétone et 2 parties d'éthyl-mercaptane. Le liquide s'échauffe et se trouble par suite de la formation d'eau : on le lave à l'eau et on le dessèche sur le chlorure de calcium. On obtient ainsi un liquide peu odorant et très mobile ; il bout à 80°, mais le point de distillation n'est pas fixe, le thermomètre monte jusqu'à 192°.

Les acétones donnant sous l'influence de l'acide chlorhydrique sec des produits de condensation non susceptibles de se combiner avec le mercaptane, le mercaptol formé est accompagné de ces produits secondaires ; on atténue leur formation en ajoutant peu à peu l'acétone dans l'excès de mercaptane que l'on a soin de refroidir.

*Oxydation du mercaptol.* — Pour oxyder le mercaptol obtenu de manière à le transformer en sulfonal :

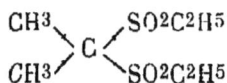

$$CH^3 > C < \begin{matrix} SO^2C^2H^5 \\ SO^2C^2H^5 \end{matrix}$$

on l'agite avec une solution à 5 0/0 de permanganate de potasse et on ajoute de temps en temps quelques gouttes d'acide sulfurique jusqu'à ce qu'il n'y ait plus de coloration. Il se forme des cristaux qui viennent surnager à la surface du liquide ; on chauffe la masse au bain-marie et on filtre. Après avoir concentré le liquide de moitié, la plus grande partie du produit oxydé se met à cristalliser (1). Les

(1) Pendant l'oxydation avec le permanganate, il se forme

cristaux sont purifiés par plusieurs dissolutions dans l'eau ou l'alcool. Le rendement en sulfonal est assez bon : $6^{gr},5$ de mercaptol donnent $4^{gr},8$ de sulfonal pur. Les eaux-mères contiennent encore 1/2 gramme de sulfonal.

*Propriétés et caractères analytiques.* — Le sulfonal cristallise en prismes épais difficilement solubles dans l'eau et même dans l'alcool à froid, mais solubles à chaud. Il fond 130-134° et bout à 300°. Il est inattaquable par les acides comme par les alcalis les plus énergiques ; il n'a ni saveur ni odeur.

Chauffé avec de la limaille de fer dans un tube à essais, le sulfonal se décompose et dégage une odeur d'ail. Si, après refroidissement, on ajoute de l'acide chlorhydrique étendu, il se dégage de l'hydrogène sulfuré reconnaissable par un papier imbibé d'une solution d'acétate de plomb.

D'après Vulpius, le sulfonal chauffé avec le cyanure de potassium dégage du mercaptane. La masse fondue, reprise par l'eau donne avec les persels de fer une coloration rouge due à la formation d'un sulfocyanate alcalin.

*Procédés divers.* — A la place de l'acide chlorhydrique employé par Baumann, Riedel a essayé d'effectuer la condensation en présence de l'acide sulfurique plus ou moins étendu. Mais ce procédé,

probablement une petite quantité d'acide sulfurique qui est transformé en acide sulfoéthylique.

ainsi que le fait remarquer M. Friedlaender (1), n'est pas pratique, attendu que l'acide sulfurique décompose le mercaptane.

D'autre part, Bayer a fait breveter un procédé dans lequel le dégagement de l'odeur très désagréable du mercaptane devait être supprimé. Dans ce but on fait agir l'acide chlorhydrique sur un hyposulfite alcoylé en présence de l'acétone : le mercaptane qui se forme serait, d'après l'auteur, immédiatement condensé.

Les expériences n'ont pas confirmé ce résultat (2).

## TRIONAL.

*Syn.* : Diéthylsulfone-méthyléthylméthane.

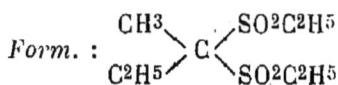

$$Form. : \quad \begin{matrix} CH^3 \\ C^2H^5 \end{matrix} \!\!\! > C < \!\!\! \begin{matrix} SO^2C^2H^5 \\ SO^2C^2H^5 \end{matrix}$$

Le trional peut être préparé par plusieurs méthodes.

On peut condenser la méthyléthylacétone avec le sulfhydrate d'éthyle et oxyder le mercaptol formé, ou bien on peut préparer d'abord le diéthylsulfonméthylméthane et oxyder. Les produits sulfonés sont ensuite éthylés ou méthylés.

On mélange à poids moléculaire égal de l'acé-

---

(1) *Fortschritte der Theerfarbenfabrikation.*

(2) La préparation du sulfonal ayant été prématurément publiée, la fabrication ne put être brevetée qu'en Amérique (Brev. amér. n° 391.815).

taldéhyde et du sulfhydrate d'éthyle et on introduit dans le mélange un courant de gaz chlorhydrique. Le produit de la réaction une fois isolé bout à 186-188°. On le transforme ensuite facilement en produit sulfoné.

Comme agent d'oxydation, on emploie une solution étendue de permanganate de potasse légèrement acidulée : on en ajoute jusqu'à ce qu'il n'y ait plus de décoloration. On chauffe ensuite et on filtre. Le produit sulfoné obtenu cristallise en prismes fondant à 75°,5, insolubles dans l'eau.

Pour transformer le diéthylsulfoneméthylméthane en diéthylsulfoneméthyléthylméthane, on dissout 7 parties du produit sulfoné dans 20 parties d'eau ; on ajoute 2 parties 5 de soude solide et on décompose la solution avec 5 parties d'iodure d'éthyle. Pour terminer la réaction, on chauffe environ une heure au réfrigérant. Par refroidissement, le produit cristallise ; on le purifie par cristallisations successives.

## TÉTRONAL.

*Syn.* : Diéthylsulfone-diéthylméthane.

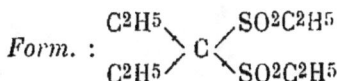

$$\textit{Form.} : \quad \begin{matrix} C^2H^5 \\ C^2H^5 \end{matrix} \diagdown C \diagup \begin{matrix} SO^2C^2H^5 \\ SO^2C^2H^5 \end{matrix}$$

Pour préparer le tétronal, on introduit un courant d'acide chlorhydrique sec dans un mélange de 14 kilogrammes de sulfhydrate d'éthyle et de 10 kilogrammes de diéthylacétone, jusqu'à ce qu'il y ait saturation.

La condensation de l'acétone avec le mercaptane est achevée après quelques heures.

L'huile qui surnage est d'abord décantée puis lavée plusieurs fois avec une lessive de soude ; elle est enfin desséchée sur du chlorure de calcium et purifiée dans le vide. On obtient ainsi un liquide bouillant à une température de 225-230° et doué d'un goût éthéré très désagréable.

On le traite par une dissolution de permanganate de potasse jusqu'à ce qu'il n'y ait plus décoloration ; le liquide est ensuite porté à l'ébullition. Après l'avoir concentré, la nouvelle combinaison se dépose sous forme de paillettes argentées fondant à 89°.

Le tétronal n'a ni goût ni odeur ; il est peu soluble dans l'eau froide, mais soluble dans l'eau chaude ainsi que dans l'alcool.

# CHAPITRE VII

## DÉRIVÉS DIVERS

Pental. — Acide formique. — Trinitrine. — Uréthane. — Acide trichloracétique. — Iodol.

### PENTAL.

*Syn.* : Triméthyléthylène.

*Form.* : $(CH^3)^2C^2HCH^3$

On prépare le triméthyléthylène en distillant l'alcool amylique de fermentation en présence de chlorure de zinc fondu. On n'obtient pas ainsi du triméthyléthylène pur, mais un mélange composé surtout de ce carbure (environ 50 0/0) et de pentane, $C^5H^{12}$. Ce mélange est l'amylène brut. On le refroidit à — 20° et on l'agite avec de l'acide sulfurique étendu de 1/2 volume d'eau également refroidi à — 20°. En opérant à cette basse température, on évite la polymérisation de l'amylène qui se forme toujours à la température ordinaire.

Le triméthyléthylène se dissout en donnant avec l'acide une combinaison que l'on sépare et que l'on distille après l'avoir étendue d'eau. Le produit qui distille est un mélange de triméthyléthylène et d'alcool amylique tertiaire. Ce dernier corps entrant en ébullition vers 100°, tandis que le triméthyléthylène bout à 36-38°, on les sépare aisément par distillation fractionnée.

Le pental est un liquide mobile, incolore, neutre, facilement inflammable, brûlant avec une flamme très éclairante, doué d'une odeur éthérée particulière et d'une saveur douceâtre. Son poids spécifique est, d'après Schiff, de 0,678 à 0°.

## ACIDE FORMIQUE.

*Form.* : $H-CO^2H$

Pour préparer l'acide formique (fig. 39), on introduit 500 grammes de glycérine dans une cornue

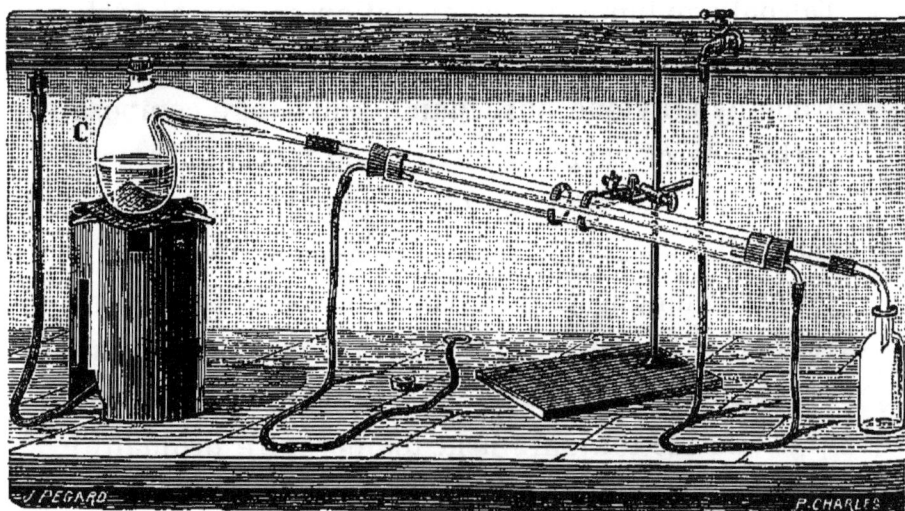

Fig. 39. — Préparation de l'acide formique.

d'une contenance de 5 et 6 litres. Après avoir ajouté 500 grammes d'acide oxalique cristallisé, et 100 grammes d'eau, la cornue est chauffée pendant deux heures à une douce chaleur. Il se dégage de l'acide carbonique; on ajoute 500 grammes d'eau et on distille à feu nu, de manière à recueillir 600 centimètres cubes de liqueur. Celle-ci est rectifiée et transformée en formiate de plomb dont on peut facilement régénérer l'acide formique.

D'après M. Lorin, on peut obtenir un produit plus concentré par le procédé suivant.

On mélange, dans une cornue relativement grande, parties égales de glycérine et d'acide oxalique pulvérisé. On chauffe l'appareil muni d'un thermomètre dont le réservoir plonge dans le mélange en réaction, et on a soin de ne pas dépasser 100°. Le dégagement gazeux se produit lentement et, en même temps, il distille peu à peu de l'acide formique à la concentration indiquée. L'opération doit être conduite avec lenteur; mais si, par des additions d'acide oxalique cristallisé et pulvérisé, faites périodiquement, on maintient le niveau à peu près constant dans la cornue, la production d'acide se continue avec régularité. L'eau est fournie par l'acide cristallisé qui en contient deux molécules (1).

### TRINITRINE.

*Syn.* : Nitroglycérine, azotate de glycéryle.

*Form.* : $C^3H^5(AzO^3)^3$

On mélange à la température de 30° la glycérine

---

(1) Jungfleisch, *Manipulations de chimie.*

à trois fois son poids d'acide sulfurique à 1.84. En même temps, on prépare un mélange à poids égaux d'acides sulfurique et azotique purs et monohydratés. Les liquides étant refroidis, on prend 4 parties en poids du premier mélange et 6 parties du second ; on les mélange peu à peu ; la température s'élève de 10 à 15° au plus. La réaction ainsi conduite est très lente et demande au moins vingt-quatre heures pour être complète. Le nitroglycérine vient alors surnager à la surface ; on la sépare et on la lave soigneusement à l'eau distillée, puis on la sèche dans le vide ou à une température maximum de 40° (1).

La trinitrine est liquide, jaunâtre, très peu soluble dans l'eau, peu soluble dans l'alcool éthylique froid, très soluble dans l'alcool méthylique et dans l'éther. La saveur est brûlante, faiblement aromatique et sucrée tout à la fois ; sa densité est de 1.60 ; elle cristallise à — 2°. Chauffée doucement, elle s'enflamme bientôt et brûle en dégageant des vapeurs nitreuses. Mais une élévation subite de température ou des vibrations mêmes modérées provoquent immédiatement une décomposition instantanée, accompagnée d'une explosion violente. Les acides la décomposent facilement à froid et plus rapidement à chaud.

(1) Andouard, *Nouveaux éléments de pharmacie*, p. 467.

## URÉTHANE.

*Syn.* : Carbamate d'éthyle ; éthyluréthane.

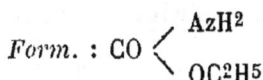

$$Form. : CO \left\langle \begin{array}{l} AzH^2 \\ OC^2H^5 \end{array} \right.$$

On peut préparer ce corps : 1° en faisant agir l'ammoniaque sur le chlorocarbonate d'éthyle ; 2° par l'action de l'ammoniaque anhydre sur le carbonate d'éthyle (éther carbonique) ; 3° par l'action de l'alcool sur le chlorure de cyanogène.

D'après ce dernier procédé, on l'obtient en chauffant pendant quelques heures au bain-marie en vase clos, de l'alcool ordinaire saturé de chlorure de cyanogène. On ouvre le récipient, on sépare les cristaux de sel ammoniac et l'on distille le liquide. Il passe, en premier lieu, du chlorure d'éthyle provenant de l'action secondaire de l'alcool sur l'acide chlorhydrique formé d'abord, ensuite de l'alcool et de l'éther carbonique, enfin de l'uréthane qui cristallise en se refroidissant.

Pour la préparer au moyen du carbonate d'éthyle, on abandonne cet éther avec son volume d'ammoniaque, dans un flacon bouché jusqu'à ce qu'il ait complètement disparu. Le liquide alcalin évaporé dans le vide au-dessus de l'acide sulfurique, laisse l'uréthane comme résidu.

L'uréthane se présente en cristaux incolores, fusibles à 80°, très solubles dans l'eau et dans l'alcool. Elle est employée comme hypnotique.

## ACIDE TRICHLORACÉTIQUE.

*Form.* : $CCl^3CO^2H$

Le chloral fournit par oxydation l'acide trichloracétique

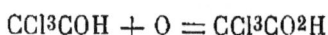

$$CCl^3COH + O = CCl^3CO^2H$$

On opère de la manière suivante :

Dans un ballon de 375 centimètres cubes, on introduit 100 grammes d'hydrate de chloral cristallisé, que l'on liquéfie en chauffant très doucement; au produit liquide, mais non surchauffé, on ajoute 40 grammes d'acide azotique fumant, et on chauffe doucement jusqu'à ce que des vapeurs rutilantes, en se dégageant, indiquent le commencement de l'oxydation. On supprime aussitôt le chauffage et on abandonne le mélange à lui-même dans un endroit où les vapeurs rutilantes qu'il dégage ne sont pas susceptibles de gêner. La réaction se continue spontanément : elle est achevée lorsque les vapeurs nitreuses cessent de se dégager.

On soumet alors le produit à la distillation dans un appareil muni d'un thermomètre. Jusque vers 125°, il passe surtout de l'acide azotique; au delà, on recueille un mélange de cet acide et d'acide trichloracétique. Ce dernier passe presque seul à

partir de 190° ; on le recueille à part et il se solidifie dans le récipient.

Le mélange recueilli entre 125° et 190°, chauffé
avec l'acide azotique, s'oxyde et fournit ensuite à
la distillation une nouvelle quantité de produit.

On obtient ainsi environ 60 grammes d'acide
trichloracétique. Le rendement est un peu plus
élevé quand, au lieu de provoquer par la chaleur
l'oxydation rapide du chloral hydraté, on laisse
réagir peu à peu, pendant plusieurs jours, à une
douce température, un mélange d'une partie d'hydrate de chloral et de trois parties d'acide azotique
fumant. On isole l'acide trichloracétique par distillation, ainsi qu'il vient d'être dit (1).

L'acide trichloracétique cristallise en rhom-
boèdres fondant à 52°. Il bout à 195°. Il possède
des propriétés antiseptiques.

### IODOL.

*Syn.* : Tétraiodure de pyrrol.

*Form.* : $C^4I^4AzH$

Le pyrrol est un produit retiré des huiles provenant de la distillation de la houille ou des os. Il
n'appartient par sa constitution ni à la série aromatique, ni à la série pyridique. Sa formule répond
à la constitution :

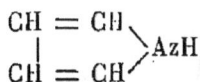

$$\begin{matrix} CH = CH \\ | \quad\quad | \\ CH = CH \end{matrix} \Big\rangle AzH$$

(1) Jungfleisch, *Manipulations de chimie*, p. 762.

L'iodol se produit lorsqu'on fait agir l'iode sur le pyrrol en présence d'un dissolvant indifférent et de substances qui empêchent la formation de l'acide iodhydrique à l'état libre.

Pour obtenir l'iodol, on dissout 1 partie de pyrrol dans 200 parties d'eau et on ajoute 3 parties de potasse ou de soude caustique. On verse lentement dans ce mélange une solution d'iode dissous dans un iodure alcalin ; pour 1 molécule de pyrrol on emploie 8 molécules d'iode. Après chaque addition d'iode, on a soin d'agiter le produit de la réaction. Lorsqu'on emploie du pyrrol pur, le liquide qui surnage au-dessus du précipité formé se colore en brun ; cette coloration indique la fin de la réaction. On décante, le précipité est ensuite dissous dans l'alcool chaud, en présence du noir animal et de nouveau précipité par addition d'eau.

On peut encore préparer l'iodol en ajoutant une solution alcoolique d'iode en présence d'un oxyde métallique, tel que l'oxyde de mercure.

L'iodol se forme d'après les réactions suivantes :

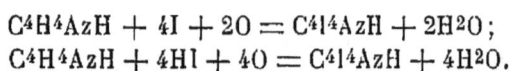

$$C^4H^4AzH + 4I + 2O = C^4I^4AzH + 2H^2O ;$$
$$C^4H^4AzH + 4HI + 4O = C^4I^4AzH + 4H^2O.$$

L'iodol est donc le tétraiodure du pyrrol. Il est employé comme antiseptique pour l'usage externe ; son emploi est relativement restreint.

Il en est de même pour les dérivés chlorés et bromés du pyrrol.

# TROISIÈME PARTIE

## PRODUITS MÉDICINAUX DÉRIVÉS DE LA SÉRIE AROMATIQUE.

———

## CHAPITRE PREMIER

### GÉNÉRALITÉS SUR L'INDUSTRIE DES GOUDRONS.

Goudron de bois. — Formation des divers produits qui composent le goudron de bois. — Distillation du bois. — Composition du goudron de bois. — Appareil distillatoire.

Goudron de houille. — Sa composition. — Appareils distillatoires pour la rectification du goudron de houille. — Marche de la rectification. Traitement des parties constituantes du goudron de houille.

### GOUDRON DE BOIS

#### Formation des divers produits qui composent le goudron de bois.

Suivant que la distillation du bois a pour but principal, soit l'obtention de gaz permanents combustibles (tel est le cas de la fabrication du gaz d'éclairage), soit au contraire celle de vapeur liqué-fiables pour en extraire l'esprit de bois et l'acide

pyroligneux, on doit opérer dans des conditions de
température et de rapidité absolument différentes,
ainsi que nous allons le démontrer.

Lorsqu'on carbonise du bois, la chaleur gagne
peu à peu les couches ligneuses internes, et, à
partir de 140°, en décompose les principes immédiats qui, tout d'abord, se résolvent en produits
volatils de composition complexe et peu stables.
Ceux-ci, se dégageant, arrivent à la surface du
bois, où règne une température notablement plus
élevée que celle qui leur a donné naissance.

Sous l'action de cet excès de chaleur, ces produits se dissocient à leur tour en donnant des corps
de composition de moins en moins complexe et,
par suite, de plus en plus stable à mesure que la
température qu'ils subissent est plus élevée. A
cette première cause de décomposition vient, en
outre, se joindre l'action réductrice du charbon de
de la couche ligneuse superficielle, déjà plus ou
moins complètement carbonisée.

De cette double action, il résulte que les corps
volatils, susceptibles de condensation, au lieu de
se dégager, subissent partiellement, tout au moins,
une série de décompositions et de recompositions
chimiques, qui tendent à les résoudre, aux dépens
du carbone du charbon, en carbures d'hydrogène
et en oxyde de carbone, corps combustibles propres
au chauffage ou à la fabrication du gaz d'éclairage,
mais absolument improductifs en gaz liquéfiables.

On comprend, dès lors, que, si la carbonisation du bois s'opère lentement, à l'aide d'une chaleur augmentée peu à peu, on obtiendra le maximum de produits liquéfiables, parce qu'ils auront le temps de se dégager et, par suite, d'être recueillis, avant que la température ne soit assez élevée et l'action du charbon assez puissante pour les dissocier en gaz permanents.

Les procédés et appareils de distillation de bois donneront donc des rendements en produits liquéfiables d'autant plus grands que la carbonisation du tissu ligneux pourra s'y effectuer plus graduellement et à l'aide d'une chaleur dont le maximum ne devra être atteint qu'à la fin de l'opération, pour achever la carbonisation du bois, dont le rendement en charbon sera lui-même d'autant plus considérable que la température aura été moins élevée et l'opération conduite plus lentement.

Nous voyons donc, en résumé : qu'une distillation lente, effectuée à une température graduée, donne à la fois plus de charbon et de produits liquéfiables et, par suite, moins de gaz permanents ; que le résultat inverse est obtenu lorsqu'on opère rapidement la carbonisation du bois à l'aide d'une haute température initiale.

### Distillation du bois et composition du goudron de bois.

Lorsqu'on carbonise le bois, soit par combustion

partielle, soit par distillation en vase clos, on obtient toujours, dès que la température a dépassé 140°, un mélange de gaz permanents, inflammables et de vapeurs condensables et un résidu solide.

Les corps volatils comprennent :

1° Des gaz permanents inflammables, qu'on peut utiliser pour le chauffage ou l'éclairage, et qui sont constitués par des mélanges, à proportions variables suivant le degré de la température qui les engendre, d'hydrogène, d'oxyde de carbone, d'acide carbonique, de divers carbures d'hydrogène et d'un peu d'azote provenant surtout de l'air ambiant;

2° Des vapeurs condensables, dont les produits liquéfiés se présentent, d'après leurs densités respectives, dans l'ordre suivant :

*a*) Une couche supérieure, de couleur brunâtre, composée d'huiles goudronneuses légères, renfermant divers carbures d'hydrogène, tels que : le benzol, le toluène, la naphtaline, la paraffine, etc..., associés à quelque peu de phénols et de résines pyrogénées (créosotes), ainsi qu'à de l'acide pyroligneux en quantité variable;

*b*) Un liquide aqueux, mélange très complexe de divers acides de la série grasse, tels que : acides formique, acétique, propionique, butyrique, etc., avec de l'acétone, de l'acétate de méthyle, de l'alcool méthylique et des matières groudronneuses en dissolution;

*c*) Une couche inférieure composée d'huiles

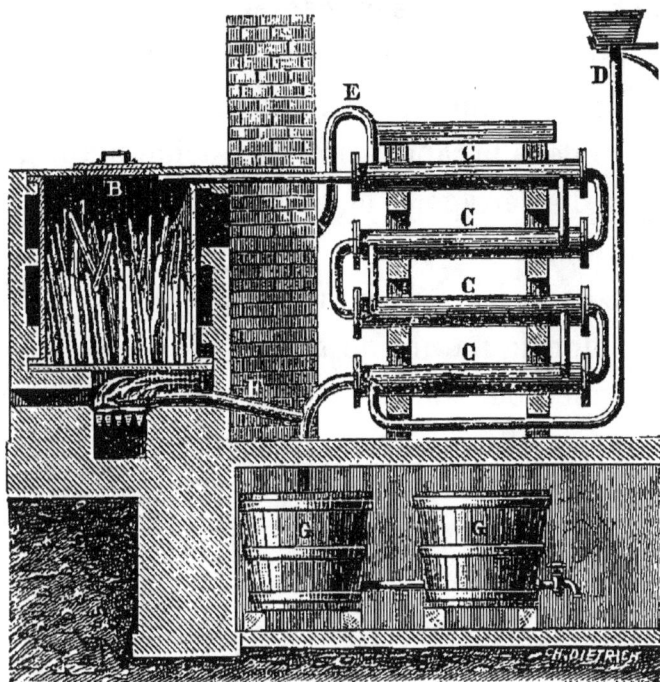

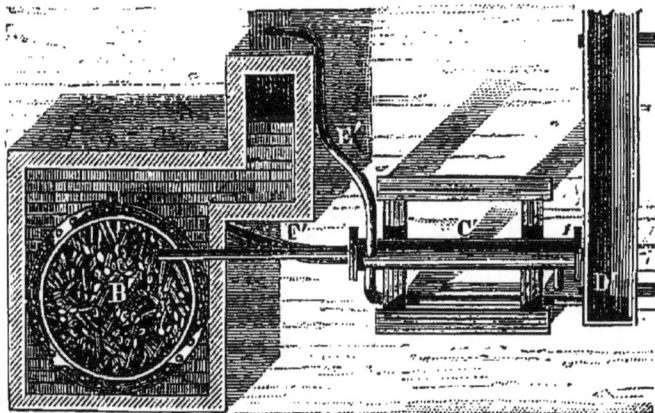

Fig. 40 et 41. — Appareil pour la distillation du bois.

BB′ chaudières à distillation. — CC′ tuyaux de condensation. — GG′ baquets collecteurs. — PP′ tuyaux conduisant au foyer les gaz non condensés. — DD′ tuyaux amenant l'eau froide qui s'écoule par EE′.

lourdes goudronneuses, plus ou moins chargées

d'acide pyroligneux et de faibles quantités de phénols et de substances créosotées.

Le goudron de bois est obtenu principalement
dans deux circonstances, soit comme produit ac-
cessoire dans la fabrication de l'acide pyroligneux
des gaz d'éclairage et de charbon de bois, soit dans
la distillation des pins et des sapins.

La composition du goudron de bois varie beaucoup selon la nature du bois employé et aussi selon la méthode suivie. On peut toutefois prendre
comme moyenne les nombres suivants :

| | |
|---|---|
| Charbon . . . . . . . . . . . . . . . | 28 à 30 0/0 |
| Eau acide . . . . . . . . . . . . . . | 28 à 30 0/0 |
| Goudron . . . . . . . . . . . . . . | 7 à 10 0/0 |
| Gaz divers . . . . . . . . . . . . . | 30 à 37 0/0 |

#### Appareil distillatoire

Le bois coupé (fig. 40 et 41) depuis un an est introduit dans de grands cylindres en tôle qu'on ferme
ensuite par un couvert luté à l'argile auquel pend
un tuyau d'échappement qui communique avec un
collecteur en cuivre refroidi par un courant d'eau,
puis avec un réfrigérant également en cuivre et
refroidi. Le cylindre étant chauffé, le bois se décompose et donne naissance à un grand nombre de
produits volatils plus ou moins condensables.

Au début de l'opération, il ne distille d'abord
que de l'eau : on établit la communication du cylindre avec le collecteur seulement lorsque la dé-

composition commence. Les produits condensables se déposent dans le collecteur, dans le réfrigérant et enfin dans un condenseur placé à la suite du réfrigérant ; de là ils se réunissent dans une cuve unique. Les gaz qui échappent à la condensation se rendent dans des fours où ils sont brûlés.

La distillation est généralement terminée après huit heures.

Le charbon obtenu comme résidu représente à peu près 25 0/0 du poids du bois de chêne ou hêtre soumis à l'opération.

Les produits de condensation résultant de la distillation du bois renferment principalement de l'acide acétique, de l'acétate d'ammoniaque, des carbures, des substances ternaires, des goudrons légers et lourds, de l'alcool méthylique, de l'acétone et des acides gras. Lorsqu'on abandonne ce liquide complexe à lui-même, il se sépare en trois couches :

1° une couche inférieure formée par les huiles lourdes créosotées ;

2° une couche moyenne constituée par l'acide pyroligneux dont nous ne nous occuperons pas ;

3° une couche supérieure dans laquelle se trouvent des huiles légères goudronneuses.

Quand on distille le bois dans le but d'obtenir le goudron comme produit principal, on dirige l'opération plus lentement. Le rendement en charbon est plus faible, mais la proportion de goudron obtenu est plus importante et peut atteindre 18 0/0.

La composition de goudrons de deux sortes de provenances a donné à l'analyse les résutats suivants :

|  | I | II |
|---|---|---|
| Eau acide | 7 | 20 |
| Huiles légères | 11 | 10 |
| Huiles lourdes | 20 | 15 |
| Brai | 60 | 45 |
| Pertes | 2 | 10 |

L'huile légère bout de 70 à 250° ; elle a une densité variant de 0,841 à 0,877 ; elle renferme un grand nombre d'hydrocarbures et aussi les phénols.

L'huile lourde renferme surtout de la créosote.

Nous verrons plus loin la composition de la créosote.

### Traitement du goudron de bois.

Le traitement du goudron en vue de l'obtention de la créosote, du crésylol, etc., sera traité plus loin dans les articles correspondants à chacun de ces corps.

## GOUDRON DE HOUILLE

### Composition du goudron de houille.

Les composés qui peuvent être fournis par les goudrons de houille, soit par la rectification de ceux-ci, soit par l'action des acides et des bases sur eux, peuvent être divisés en trois groupes :

1° Corps neutres ou indifférents;

2° Corps possédant des propriétés acides;

3° Corps possédant des propriétés basiques.

Voici le tableau de ces corps :

### CORPS NEUTRES

Hydrogène. . . . . . . . .   H

#### Série $C^n H^{2n+2}$

| | | | |
|---|---|---|---|
| Gaz des marais . . . . . . . | $CH^4$ | | |
| Hydrure de caproïle. . . . | $C^6H^{14}$ | Point d'ébullition | 68° |
| Hydrure de capryle . . . . | $C^8H^{18}$ | — | 116-118° |
| Hydrure de pelargyle. . . | $C^9H^{20}$ | — | 136-138° |
| Hydrure de rutyle. . . . . | $C^{10}H^{22}$ | — | 158-162° |

#### Série $C^n H^{2n}$

| | | | |
|---|---|---|---|
| Gaz oléfiant . . . . . . . . . | $C^2H^4$ | | |
| Propylène . . . . . . . . . . | $C^3H^6$ | | |
| Caproylène . . . . . . . . | $C^6H^{12}$ | | |
| Oenanthylène . . . . . . . | $C^7H^{14}$ | — | 95° |
| Paraffine. . . . . . . . . . . | $C^nH^{2n}$ | — | 33-65° |

#### Série $C^n H^{2n-6}$

| | | | |
|---|---|---|---|
| Benzine . . . . . . . . . . . | $C^6H^6$ | — | 80-81° |
| Toluène. . . . . . . . . . . . | $C^7H^8$ | — | 111° |
| Xylène. . . . . . . . . . . . . | $C^8H^{10}$ | — | 139° |
| Cumène. . . . . . . . . . . | $C^9H^{12}$ | — | 166° |
| Cymène. . . . . . . . . . . . | $C^{10}H^{14}$ | — | 175° |

#### Hydrocarbures de différentes séries.

| | | | | | |
|---|---|---|---|---|---|
| Naphtaline. . | $C^{10}H^8$ | Point de fus. | 79° | Point d'ébullit. | 212° |
| Anthracène. . | $C^{14}H^{10}$ | — | 180° | — | 300° |
| Fluorène . . . | ? | — | 113° | — | 305° |
| Acénaphtène. | $C^{12}H^{10}$ | — | 93-100° | — | 285° |
| Phénanthrène | $C^{14}H^{10}$ | — | 105° | — | 340° |
| Chrysène . . . | $C^{18}H^{12}$ | — | 245-248° | en dessus de | 360° |
| Pyrène. . . . . | $C^{16}H^{10}$ | — | 170-180° | — | 380° |

## CORPS AVEC PROPRIÉTÉS ACIDES

| | | | |
|---|---|---|---|
| Acide carbonique. . . . . . | $CO^2$ | | |
| Acide sulfureux. . . . . . . | $SO^2$ | | |
| Acide sulfhydrique . . . . | $H^2S$ | | |
| Acide acétique . . . . . . . | $CH^3.CO^2H$ | | $119^o$ |

### Phénols.

| | | | |
|---|---|---|---|
| Acide phénique. . . . . . . | $C^6H^6O$ | Point d'ébullition | $183\text{-}184^o$ |
| Acide crésylique ou cré-sol . . . . . . . . . . . . . | $C^7H^8O$ | — | $203^o$ |
| Acide phlorylique ou phlorol. . . . . . . . . . . | $C^8H^{10}O$ | — | $220^o$ |
| Acide rosolique. . . . . . | $C^{20}H^{14}O^3$ | — | |
| Acide cyanhydrique. . . . | $CAzH$ | — | $26^o,5$ |

## PRINCIPAUX CORPS A FONCTIONS BASIQUES

| | | | |
|---|---|---|---|
| Ammoniaque. . . . . . . . | $AzH^3$ | — | |
| Aniline ou Phénylamine. | $C^6H^5AzH^2$ | — | $182^o$ |
| Toluidine . . . . . . . . . . | $C^7H^9Az$ | — | $198^o$ |
| Pseudo-toluidine. . . . . . | $C^7H^9Az$ | — | $198^o$ |
| Xylidine. . . . . . . . . . . | $C^8H^{11}Az$ | — | $214\text{-}215^o$ |

### Homologues de la pyridine.

| | | | |
|---|---|---|---|
| Pyridine. . . . . . . . . . . | $C^5H^5Az$ | — | $118^o,5$ |
| Picoline . . . . . . . . . . . | $C^6H^7Az$ | — | $135^o$ |
| Lutidine. . . . . . . . . . . | $C^7H^9Az$ | — | $154^o$ |
| Collidine. . . . . . . . . . . | $C^8H^{11}Az$ | — | $179^o$ |
| Parvoline . . . . . . . . . . | $C^9H^{13}Az$ | — | $188^o$ |
| Coridine. . . . . . . . . . . | $C^{10}H^{15}Az$ | — | $211^o$ |
| Rubidine. . . . . . . . . . . | $C^{11}H^{17}Az$ | — | $230^o$ |
| Viridine. . . . . . . . . . . | $C^{12}H^{19}Az$ | — | $251^o$ |

### Homologues de la quinoléine.

| | | | |
|---|---|---|---|
| Quinoléine. . . . . . . . . | $C^9H^7Az$ | — | $238^o$ |
| Lépidine. . . . . . . . . . . | $C^{10}H^9Az$ | — | ? |
| Cryptidine . . . . . . . . . | $C^{11}H^{11}Az$ | — | $274^o$ |
| Pyrrol . . . . . . . . . . . . | $C^4H^5Az$ | — | $133^o$ |

Forme et nature des chaudières servant à la distillation du
goudron de houille.

Les types de chaudières (1) que l'on emploie
pour la distillation de la houille présentent généralement peu de ressemblance entre elles ; ces types
peuvent cependant se ramener aux formes suivantes :

1o *Chaudières plates, en fer battu.*

La hauteur est sensiblement plus petite que le
diamètre ; elles présentent certaine analogie avec les
petites chaudières que l'on emploie dans la fabrication de l'alcool.

2o *Chaudières dites à ventre, se rapprochant de
la forme sphérique.*

3o *Chaudières verticales.*

4o *Chaudières horizontales à section cylindrique.*

Quel que soit le type adopté, toutes ces chaudières sont pourvues d'un chapiteau destiné au dégagement des vapeurs produites dans la chaudière.

Les récipients à goudron en tôle rivée présentent
des avantages sensibles sur les cornues en fonte :
1o on peut leur donner de grandes dimensions tandis qu'avec la fonte, on ne peut pas dépasser facilement une certaine grandeur ; 2o on peut les fabriquer avec une faible épaisseur de paroi et, par

(1) Nous empruntons la description des appareils de distillation des goudrons à l'ouvrage de MM. Bolley et Kopp : *Traité
des matières colorantes artificielles derivées du goudron de
houille,* 1876.

conséquent, un poids plus faible que les chaudières coulées, circonstance qui offre une grande importance relativement au prix de revient et au point de vue de la conductibilité pour la chaleur ; 3° elles ne sont pas exposées à se briser comme cela peut avoir lieu pour les chaudières de fonte ; 4° lorsqu'elles sont percées par le feu, on peut facilement les réparer avec de la tôle neuve, ce qui ne peut avoir lieu avec les chaudières de fonte.

Les chaudières en fonte présentent cependant certains avantages résultant de ce qu'elles ne se percent pas aussi facilement que les chaudières de fer battu dans les parties qui sont en contact immédiat avec les dards produits par la flamme. Elles sont parfaitement étanches, contrairement à ce qui a lieu pour les chaudières neuves en fer battu mal rivées, et l'enlèvement à l'aide du ciseau des résidus de la distillation, dans le but de nettoyer la chaudière, ne détériore pas les parois de celle-ci.

Il est cependant facile d'empêcher les chaudières de tôle forte de brûler ; il suffit pour cela d'employer un four voûté, qui s'oppose au contact direct de la flamme sur le fond de la chaudière. En outre, les joints ne tardent pas à se boucher eux-mêmes, par suite du dépôt entre les lames de tôle superposées de particules de goudron carbonisées : l'étanchéité devient alors parfaite.

Relativement à la crainte que l'on peut avoir

d'endommager la chaudière avec le ciseau, on n'a pas à s'en préoccuper si, comme on le fait généralement aujourd'hui, on conduit la distillation de manière à obtenir un résidu fluide à une haute température et non une masse carbonisée.

D'après ce qui précède, l'avantage semble être du côté des chaudières de fer battu.

La capacité des chaudières dépend tout d'abord de l'importance de la fabrique. D'après l'opinion générale des fabricants, il serait plus avantageux de se servir de grandes chaudières, parce que, les rendements en produit distillé étant égaux, la consommation du combustible serait moindre. Les plus petites chaudières peuvent être disposées pour contenir 200 kilogrammes de goudron, mais les plus grandes en renferment 20 à 25000 kilogrammes.

Relativement à la disposition des chaudières dans le fourneau, il faut faire attention à ce que l'action du feu soit aussi uniforme que possible, c'est-à-dire à ce que certaines parties du fond ou des parois ne soient pas touchées trop fortement par la flamme. Le feu doit être utilisé aussi complètement que possible, ce à quoi l'on arrive en offrant au contact de celui-ci une très grande portion des parois de la chaudière.

Autour de la chaudière, on ménage toujours des galeries dans la maçonnerie du foyer. Les principes dont on a ici à tenir compte sont, en géné ral, les mêmes que pour la construction du foyer des machines à vapeur.

Les réfrigérents peuvent offrir les dispositions les plus diverses. Ils ne faut pas oublier qu'ils doivent pouvoir être nettoyés avec facilité, dans le cas où ils viendraient à se boucher par suite de la solidification du produit de la distillation ou du boursouflement du contenu de la chaudière.

La température doit pouvoir être abaissée ou élevée à volonté à l'aide du liquide employé pour la réfrigération. Ce dernier point est négligé dans la plupart des distillations.

Comme, en outre des vapeurs condensables, il se dégage aussi des gaz de goudron, il faut songer à leur élimination et à la neutralisation de leur effet nuisible. On se sert ordinairement dans ce but d'un tuyau dirigé en arrière et en dehors du bâtiment.

Nous croyons utile de donner la description de quelques appareils distillatoires.

### Description de quelques appareils distillatoires.

Les plus petites chaudières sont d'une contenance d'environ 200 kilogrammes de goudron; elles ont une hauteur variant entre 30 et 80 centimètres et un diamètre de 80 centimètres à 1 mètre; le couvercle en fonte repose, par l'intermédiaire d'un bord annulaire, sur le bord de la chaudière recourbé extérieurement deux fois à angle droit.

La fermeture hermétique est obtenue avec un lut d'argile. Le chapiteau est disposé au milieu du couvercle; il est d'un diamètre de 15 à 20 centimètres. Sur le couvercle se trouve une petite ouverture destinée à l'introduction du goudron; pendant la distillation, elle est fermée avec un bouchon de fonte.

A Weissenfels, où l'industrie du goudron de lignite offre un grand développement, on emploie de préférence des chaudières à ventre; celles-ci ont

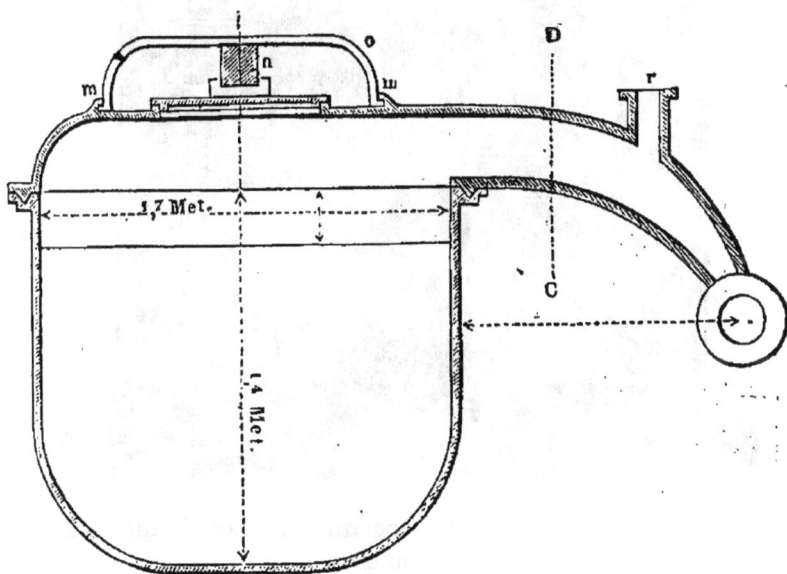

Fig. 42. — Chaudière à ventre pour la distillation du goudron.

une hauteur de 1$^m$,40 sur un diamètre de 1$^m$,70; le chapiteau forme une seule pièce avec le couvercle et il a une section transversale elliptique dont le grand diamètre est égal en CD à 0$^m$,468 et le plus petit de 0$^m$,195 (fig. 42).

On emploie maintenant plus souvent des chau·
dières de tôle horizontales qui ont une section
comme celle représentée dans la figure (fig. 43)
qui en donne une coupe perpendiculaire.

Fig. 43. — Chaudière en tôle horizontale pour la distillation du
goudron.

On dispose ₍a chaudière A dans la maçonnerie
de manière à ce qu'elle ne soit pas directement
touchée par les flammes du foyer; autour de la
chaudière se trouvent les carneaux S. Dans la
voûte de la chaudière, également recouverte par
la maçonnerie, sont disposés un trou d'homme et

un tube adducteur **P** pour les gaz et les vapeurs.

Enfin, dans les fabriques anglaises, on emploie la chaudière verticale. Celle-ci, généralement en fer battu, consiste en un cylindre dont la partie supérieure présente une convexité et dont le fond forme une concavité d'un rayon égal. Le chapiteau en fonte s'adapte sur une ouverture circulaire du couvercle en forme de dôme par l'intermédiaire d'un collet. Le remplissage de l'appareil s'effectue par un tuyau en communication avec le réservoir à goudron.

Le condensateur qui accompagne l'appareil distillatoire consiste en un tuyau de fonte disposé en zigzags (fig. 44). Ce tuyau se compose de plusieurs

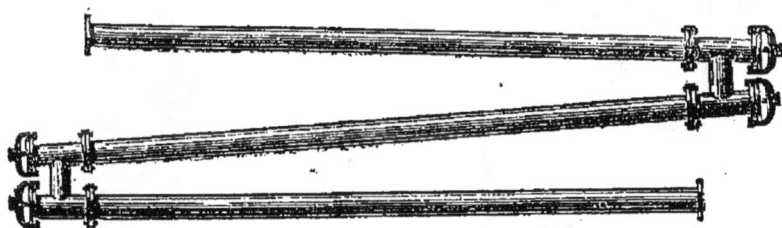

Fig. 44. — Condensateur.

pièces tubulaires d'égale longueur, dont les extrémités sont munies de collets. Les pièces supérieures les plus rapprochées de la chaudière, sont un peu plus larges que celles qui se trouvent près de l'orifice d'écoulement du tuyau de fonte ; le diamètre intérieur des premières est égal à 9 centimètres, celui des secondes à 4 centimètres 1/2 seulement.

Ces tubes sont assemblés au moyen de ⊨ , c'est-
à-dire de têtes comme celles que l'on emploie fréquemment pour les tuyaux de conduite dans les
fabriques de gaz et qui sont disposés de telle sorte
qu'après l'enlèvement d'un étrier à vis, on peut facilement nettoyer à l'aide d'un chiffon chacune des
pièces de l'appareil.

Celles-ci sont un peu inclinées comme l'indique
le dessin représentant trois de ces pièces; elles

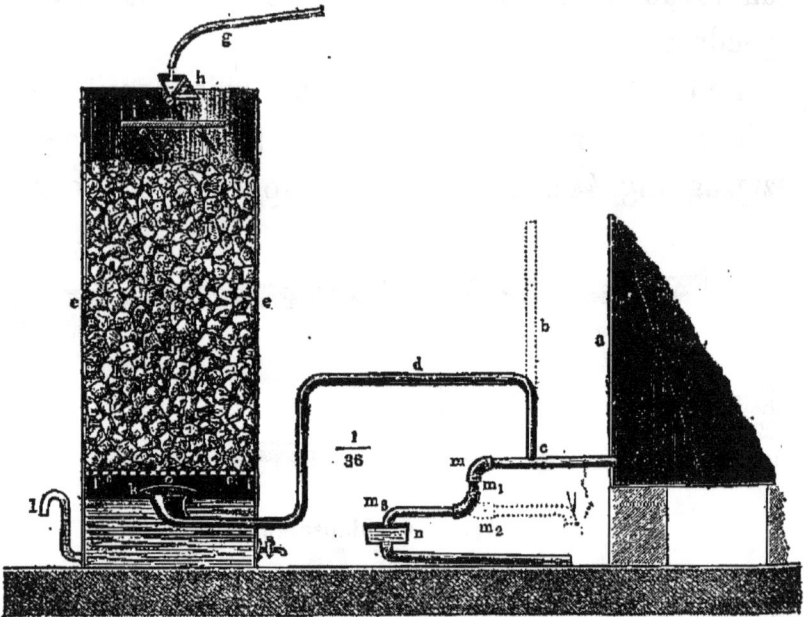

Fig. 45. — Laveur.

sont placées les unes au-dessus des autres dans un
réfrigérent qui leur est commun.

Dans ces sortes de condensateurs, les extrémités
des tubes sont ordinairement disposées dans un

réfrigérent ovale ou quadrangulaire, de manière à ce que les têtes en H se trouvent à l'extérieur.

Le laveur est un appareil semblable à celui que l'on emploie dans les usines à gaz pour retenir les substances condensables.

Il se compose (fig. 45) d'un cylindre de tôle sur le quel se trouve une couche de coke. L'eau amenée par le tuyau *g* passant par la trémie à bascule *h* tombe continuellement sur le coke après s'être divisée sur la plaque *i*.

Par ce moyen, les vapeurs qui s'élèvent de *a* sont condensées et retombent à l'état liquide vers *k*, d'où l'eau s'écoule par le col de cygne I.

La même figure montre la disposition au moyen de laquelle le produit de la distillation est dirigé dans les récipients. Comme ce produit doit être recueilli par fraction, on place plusieurs vases sous l'orifice d'écoulement du condensateur (1).

### Rectification du goudron.

La rectification du goudron comprend la deshydratation du goudron et ensuite la rectification proprement dite.

*Deshydratation du goudron.* — La déshydratation du goudron s'effectue ordinairement en ver-

---

(1) Voyez, *Traité des matières colorantes*, par Bolley et Kopp, page 19.

sant celui-ci dans de grands réservoirs en maçonnerie, où on l'abandonne à un long repos. L'eau
se rassemble au fond de ces citernes, et d'autant
plus facilement et complètement que le goudron
est plus fluide et qu'il est spécifiquement plus léger.

Les goudrons qui sont assez riches en créosote
de houille c'est-à-dire qui renferment beaucoup
de phénol et de ses homologues, sont en général
les plus lourds. Le poids spécifique du goudron de
houille varie entre 0,85 et 0,94, suivant les char-
bons desquels il a été extrait et suivant la température à laquelle il a été produit.

Tandis que le goudron léger est déjà déshydraté
au bout d'un court séjour dans les citernes et qu'il
peut être soumis immédiatement à la distillation,
l'eau qui reste opiniâtrement dans le goudron lourd
peut avoir l'inconvénient de faire écumer et mon-
ter la masse pendant la distillation.

*Rectification du goudron.* — Le goudron, préalablement bien débarrassé des eaux ammoniacales,
est introduit dans l'alambic. On commence alors la
distillation fractionnée. Quand on veut pousser la
distillation aussi loin que possible, on opère de la
manière suivante.

Au début on chauffe doucement, pour éviter une
ébullition vive et le boursouflement de la matière.
Dès que les premières vapeurs arrivent dans le
réfrigérent, on modère encore le feu; l'eau qui

entoure le refrigérant doit être maintenue aussi froide que possible, car les premières substances sont difficilement condensables.

Les produits qui passent depuis le début de la distillation jusqu'à 200° constituent les *huiles légères*; elles contiennent de l'eau ammoniacale, de l'essence de naphte .et diverses huiles volatiles. Les huiles légères constituent de 2 à 6 0/0 du poids du goudron. Elles sont souvent subdivisées en *essences légères* passant jusqu'à 150° et ayant une densité voisine de 0,80, et *huiles moyennes* dont la densité est voisine de 0,86,et qui passent entre 150 et 200°.

Au-dessus de 200°, on recueille les *huiles lourdes*. A ce moment, il ne faut plus refroidir aussi énergiquement le réfrigérant de peur que la naphtaline ne se condense dans les serpentins et n'arrive à les obstruer. La distillation des huiles lourdes est poussée plus ou moins loin. Quand on veut en obtenir une quantité aussi grande que possible, on va jusqu'à 400°; à ce moment on obtient des huiles plus lourdes que l'eau. On peut retirer ainsi jusqu'à 45 0/0 du poids du goudron en huiles lourdes.

Les huiles lourdes se divisent comme les huiles légères en deux fractions. Quand une goutte du produit qui distille, versée sur une soucoupe froide, se prend en une masse butyreuse verdâtre, on recueille à part les dernières huiles dites *anthracéniques*.

La distillation terminée, on fait écouler le brai par le tuyau de vidange, en le conduisant dans une chambre en maçonnerie voûtée. Par refroidissement le brai se solidifie.

Enfin on peut, en faisant passer ce brai dans des fours spéciaux, le décomposer lui-même par une température plus élevée, de manière à obtenir une nouvelle proportion d'huiles anthracéniques, avec un dégagement de gaz, et un résidu de coke dans le four.

### Traitement des essences légères et des huiles moyennes.

Des huiles légères et des huiles moyennes on sépare les benzines du commerce (ou benzols, naphtes), mélanges complexes de divers carbures et dont nous n'avons pas à nous occuper ici.

Les résidus des huiles légères et moyennes qui restent dans l'appareil après l'extraction de la benzine sont relativement peu volatils; on les ajoute aux huiles lourdes.

### Traitement des huiles lourdes.

On peut les traiter pour en retirer l'acide phénique et la naphtaline (voyez les articles correspondants). Les huiles plus lourdes qui restent après la distillation qui enlève la naphtaline, sont employées principalement comme huiles de graissage.

### Traitement des huiles à anthracène.

Les huiles anthracéniques, auxquelles on peut joindre les résidus provenant de la distillation des huiles lourdes peuvent être aussi traitées en vue de l'obtention de la naphtaline (voyez naphtaline).

# CHAPITRE II

## COMBINAISONS NON DÉFINIES RETIRÉES DES GOUDRONS ET HUILES MINÉRALES

Créoline. — Thioles. — Lysols. — Ichtyol. — Thrane. — Tuménol.

### CRÉOLINES

On distingue deux sortes de créolines : la créoline anglaise (*créoline Pearson*) et la créoline désignée généralement sous le nom de *créoline d'Artmann, créoline anglaise*. La créoline anglaise est le produit obtenu par la saponification d'un mélange de phénols supérieurs et d'huile de goudron contenant une petite quantité de bases pyridiques. Cette créoline donne facilement une émulsion avec de l'eau.

On sait que le phénol est doué de propriétés toxiques : on a reproché à cette créoline de ne pouvoir être utilisée dans certains cas, précisément par rapport à la présence des phénols.

Une série de recherches furent faites pour savoir si l'huile de goudron débarrassée complètement de ses phénols aurait encore des propriétés antiseptiques ; les résultats ont prouvé qu'il en était ainsi et on a été conduit à la fabrication de la créoline suivante.

*Créoline d'Artmann*. — Dans la préparation de cette créoline, on emploie les hydrocarbures retirés du goudron de houille et complètement débarrassés de leurs phénols (1).

Ces goudrons peuvent être de natures différentes ; ainsi on peut utiliser les goudrons retirés de la tourbe, du charbon de terre, du pétrole, etc. Voici la description du procédé pour la préparation industrielle.

On recueille la partie des huiles de goudron qui distille entre 180 et 220° et on la traite à la température ordinaire avec une petite quantité d'acide sulfurique concentré, environ 4 0/0 du poids du goudron employé. Après avoir agité le mélange, on remplace l'acide sulfurique par une nouvelle quantité d'acide. On continue ainsi jusqu'à ce qu'une tâte agitée avec de l'eau donne un liquide laiteux.

L'huile de goudron ainsi transformée en partie en produits sulfonés est agitée avec de l'eau ou tout autre liquide qui ne dissolve pas les huiles neutres. Il en résulte un liquide laiteux qui contient les carbures sulfonés de l'huile de goudron. Après l'avoir laissé à l'état de repos, il se forme deux couches : la couche supérieure qui contient les huiles non transformées et la couche inférieure qui est formée par le liquide laiteux.

---

(1) Brevet allemand, n° 51.515.

Celui-ci est mis à part : on y ajoute soit de l'acide chlorhydrique, soit du sel marin; les huiles combinées à l'acide sulfurique viennent surnager à la partie supérieure. On décante et on neutralise s'il est nécessaire, avec le carbonate de sodium.

Après cette opération, on traite la masse avec de l'alcool ou tout autre liquide similaire et on soumet cette dissolution à la distillation. Le résidu est ensuite mélangé avec une huile neutre dérivée du goudron.

La créoline de Pearson a donné la composition suivante pour deux échantillons :

|  | I | II |
|---|---|---|
| Hydrocarbures indifférents | 56,9 | 66,0 |
| Phénols | 22,6 | 27,4 |
| Acides | 0,4 | » |
| Sodium | 2,4 | » |
| Bases pyridiques | » | 2,2 |
| Cendres (carbonates alcalins) | » | 4,4 |

Il est à remarquer cependant que les phénols entrant dans la composition de cette créoline ne renferment que peu ou pas de phénol proprement dit.

Ce produit, traité par l'eau, se sépare en donnant une émulsion aqueuse et laisse précipiter la presque totalité des huiles de houille qui en font partie.

La créoline d'Artmann est un mélange d'une

composition analogue, moins riche en phénols (1,5 0/0 seulement), mais plus riche en hydrocarbures neutres ou indifférents (84,9 0/0). Elle se comporte vis-à-vis de l'eau comme celle de Pearson.

Enfin, dans cette même catégorie rentrent les produits connus sous le nom de *krésoline*, de *sapocarbol* de Schenkel, de *soluble phényle* de Little, etc.

Toutes ces variétés commerciales, délayées dans l'eau, fournissent une émulsion d'où se séparent plus ou moins rapidement, suivant la richesse en savon, les hydrocarbures aromatiques qui y sont incorporés.

*Solution des huiles hydrocarbonées et des phénols bruts dans les savons.* — Récemment, M. Engler a été amené à étudier cette nouvelle catégorie de mélanges, dont le principal avantage, au point de vue des applications thérapeutiques, consistait à faire entrer les huiles lourdes de houille en dissolution aqueuse et à obtenir un liquide neutre. *A priori*, ces préparations devaient être plus efficaces que les simples émulsions dont il a été question plus haut.

Les savons employés étaient obtenus en partant d'huiles végétales, d'huiles de poissons et même de résines ; les huiles de houille employées dans ces essais contenaient de 13 à 82 0/0 de phénols (principalement des crésols et xylénols).

Les proportions étaient généralement les suivantes :

| | |
|---|---|
| Huile grasse . . . . . . . . . . . . . . . . | 30,8 |
| Lessive de potasse à 33 0/0 . . . . . . . . | 18,4 |
| Alcool. . . . . . . . . . . . . . . . . . . . | 20 |
| Huile de houille . . . . . . . . . . . . . . . . . | 30,8 |

Toutes les solutions ainsi obtenues sont limpides et ne se troublent pas par addition d'eau ; leur couleur varie du jaune brunâtre au brun foncé.

Il était important, ce premier résultat obtenu, de savoir si les huiles de houille, et plus particulièrement les phénols qu'elles renferment, se trouvaient dans le mélange à l'état de combinaison chimique, ou simplement à l'état de mélange.

Cette deuxième hypothèse est la plus probable, dès l'abord, en raison même des proportions relatives des huiles grasses et de la lessive de potasse, cette dernière n'étant employée qu'en quantité strictement nécessaire pour saponifier le corps gras. En second lieu, si l'on soumet à la distillation dans un courant de vapeur d'eau un quelconque de ces mélanges, on en retire presque intégralement toute l'huile de houille qui y est contenue.

Enfin, si l'on traite par de l'acide oléique des solutions potassiques de phénol ou de crésol froides, on constate une élévation notable de température, tandis qu'au contraire l'addition de phénol à un oléate alcalin ne produit aucune action chimique se manifestant de la même manière.

## THIOLES

La paraffine ainsi que les huiles minérales se comportent d'une manière toute différente avec le soufre à haute température, selon qu'elles contiennent des produits saturés ou non.

Avec les hydrocarbures saturés de la série $C^nH^{2n+2}$, le soufre reste sans action : ainsi la paraffine retirée des résidus de pétrole n'est pas attaquée par le soufre.

Tel n'est pas le cas lorsque l'on opère avec des produits d'une série non saturée, par exemple avec la paraffine retirée des goudrons ; il se forme de véritables combinaisons chimiques en même temps qu'il se dégage de l'hydrogène sulfuré. Les produits soufrés de la réaction peuvent être extraits par l'alcool ; ils sont désignés sous le nom de *Thioles*.

On peut préparer industriellement le thiole en traitant 100 kilogrammes d'huile de paraffine retirée du goudron connue en Allemagne sous le nom de « Gasœl » et ayant un poids spécifique de 0,87 (1). On chauffe cette huile à une température de 215° dans un bain d'huile et on ajoute peu à peu et par petites portions 10 kilogrammes de fleurs de soufre.

Après chaque addition de soufre, on a soin d'at-

(1) Brevet allemand, n° 38.416.

tendre que le dégagement d'hydrogène sulfuré soit terminé.

La quantité de soufre à introduire se règle d'après le degré de sulfuration à atteindre. L'extraction se fait ensuite à l'alcool que l'on récupère par distillation.

Selon la nature des matières premières employées, les thioles ainsi obtenus sont liquides ou solides et généralement colorés en jaune. Insolubles dans l'eau, ils se dissolvent facilement dans l'alcool, l'éther, le benzol, la ligroïne, etc. Par une forte chaleur ou sous l'influence de l'acide azotique fumant, le soufre est séparé de sa combinaison.

Lorsque l'on distille les thioles, ils subissent une dissociation partielle et dégagent de l'hydrogène sulfuré. L'acide sulfurique à froid donne un dégagement d'acide sulfureux.

On peut aussi préparer des thioles sulfonés. Pour cela, il est préférable d'employer l'acide chlorosulfurique; on évite ainsi la formation de l'acide sulfureux. Dans ce cas, l'extraction du produit par l'alcool n'est pas nécessaire. Lorsque le thiole se présente à l'état liquide, on ajoute simplement l'acide; lorsqu'il est solide, on le dissout préalablement dans la ligroïne. On verse ensuite le produit de la réaction dans l'eau et par l'addition de sel marin ou de sulfate de soude, on précipite le produit sulfoné qui vient surnager à la surface du liquide et que l'on sépare de la couche inférieure.

Il est ensuite purifié par une nouvelle dissolution dans l'eau et par une nouvelle précipitation au sel marin.

Selon que la neutralisation est faite par la soude, la potasse ou l'ammoniaque, etc., on obtient ces sels des bases correspondantes.

Enfin, il est possible de combiner les halogènes avec les thioles sulfonés; ainsi, pour obtenir le dérivé bromé, il suffit d'ajouter de l'eau de brome à une dissolution de sel sodique du thiole.

*Thioles neutres. Purification par la dialyse.* — Les thioles préparés comme il vient d'être indiqué

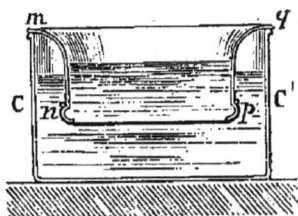

Fig. 46. — Petit appareil dialyseur; *cc'* vase extérieur; *mnpq* vase intérieur garni d'une membrane.

présentent l'inconvénient de ne pas être bien purifiés: ils retiennent beaucoup d'impuretés dont la présence est nuisible dans leur emploi.

M. Jacobsen est parvenu à préparer un produit purifié au moyen de la dialyse (fig. 46). Par la dialyse non seulement les impuretés provenant des saturations sont éliminées, mais aussi une foule d'autres corps étrangers contenus dans les goudrons tels que les produits à bases pyridiques, des dérivés du mercaptan, etc.

Le goudron qui doit contenir environ 40 0/0 d'hydrocarbures non saturés est d'abord traité au soufre comme précédemment. On fait agir 1 partie d'acide sulfurique d'un poids spécifique de 1,84 sur 1 partie du produit résultant; le produit de la réaction est ensuite coulé dans l'eau. Il se dépose une masse résineuse qu'on lave avec peu d'eau pour enlever la plus grande partie de l'excès d'acide et les huiles minérales non transformées.

On fait dissoudre la masse dans l'eau; on neutralise et, par un liquide approprié, par exemple au moyen de la ligroïne, on achève d'enlever les huiles minérales non transformées. Après avoir ajouté du sel marin ou du sulfate de soude on fait dissoudre le thiole obtenu dans une petite quantité d'eau que l'on porte dans un appareil à dialyser. Le thiole ainsi purifié est évaporé à une douce température: on obtient un produit de couleur brune et soluble à l'eau: les thioles qui ne sont pas soumis à la dialyse ne donnent qu'une masse hygroscopique et d'un emploi difficile.

## LYSOLS

On sait que les différentes huiles de goudrons sont insolubles ou fort peu solubles dans l'eau. Ces huiles contiennent une série de produits tels que les phénols et ses homologues qui sont doués d'un pouvoir antiseptique considérable : c'est pour cela que le goudron est employé en grand pour la désinfection, pour la conservation des bois, etc. Cet emploi cependant est assez restreint par suite de l'insolubilité du goudron et de sa mauvaise odeur.

Quand on fait couler de l'huile de goudron dans l'eau, on la voit tomber au fond sous forme de grosses gouttes, ou bien elle forme une couche huileuse selon son poids spécifique. On a essayé d'augmenter la division de l'huile de goudron dans l'eau, c'est-à-dire de la présenter sous une forme telle qu'elle puisse donner une émulsion. C'était un progrès, mais le but ne pouvait être atteint que par une dissolution complète dans l'eau.

Le procédé Dammann résout d'après l'inventeur, cette difficulté.

Ce procédé consiste essentiellement à mélanger dans des proportions déterminées de l'huile de goudron avec une huile grasse quelconque, avec addition d'une base de manière à obtenir une saponification complète (1).

(1) Brevet allemand, n° 52,129.

L'opération se fait en présence d'une certaine quantité d'alcool : celui-ci n'a pas seulement pour but d'activer la saponification, il agit d'une manière considérable sur la solubilité du résultat final. Il est possible que pendant la marche de l'opération la présence de l'alcool favorise le mélange intime des produits rentrant en combinaison. Cet alcool, qui a encore pour but de donner au produit la consistance désirée, peut être récupéré par la distillation.

Les huiles grasses telles que l'huile de lin, l'huile de navettes, etc., sont plus propices que les huiles consistantes. Au lieu d'un corps gras, on peut employer une résine.

Voici, d'après le brevet, la méthode employée pour la fabrication des lysols : 100 kilogrammes d'huile de lin sont mélangés avec 100 kilogrammes d'huile de goudron, puis décomposés par 75 kilogrammes d'une dissolution aqueuse de potasse (1 partie de potasse caustique dans 2 parties d'eau).

On ajoute 65 kilogrammes d'alcool : le mélange est chauffé dans un appareil muni d'un réfrigérent ascendant jusqu'à complète saponification.

Lorsque l'on opère avec une résine, les proportions sont modifiées ainsi qu'il suit :

100 kilogrammes de colophane sont mélangés avec 40 kilogrammes d'huile de goudron et décomposés par 70 kilogrammes d'une dissolution de potasse de la même teneur que celle ci-dessus.

On ajoute 70 kilogrammes d'alcool et on chauffe comme précédemment jusqu'à ce que la masse ait pris une teinte homogène.

Les lysols préparés d'après ces méthodes se présentent sous la forme de liquides huileux, brunâtres et transparents. Leur dissolution dans l'eau donne un liquide clair avec une teinte variant du brun au jaune, selon la concentration.

.TABLEAU DONNANT LA COMPOSITION DE DIVERS LYSOLS

| | CENDRES (K²CO³) | ALCALINITÉ en KOH | HUILES BRUTES DISTILLÉES A LA vapeur | PHÉNOLS | HYDRO-CARBURES NEUTRES (par différence) |
|---|---|---|---|---|---|
| Lysol I........ | 5.91 | 4.8 | 46 8 | 44 1 | 2.7 |
| Lysol II..... . | 6.29 | 5.1 | 50.8 | 46.2 | 4.6 |
| Lysol pur..... | 6.52 | 5 3 | 51.0 | 47.4 | 3.6 |

*Lysols chlorés, iodés*, etc. — On peut transformer les lysols en dérivés halogénés. Il suffit de soumettre le produit à l'action de ces halogènes, mais il est préférable, dans ce cas, de faire usage d'une huile qui contienne des acides gras non saturés, lesquels peuvent directement s'unir aux halogènes.

Ainsi pour obtenir un lysol chloré, on introduit un courant de chlore en excès dans un mélange de 100 kilogrammes d'huile lourde de goudron et de

100 kilogrammes d'huile de lin. L'excès de chlore est enlevé par un violent courant d'air et on décompose le liquide par une solution aqueuse de potasse ; on ajoute 65 kilogrammes d'alcool et on chauffe dans l'appareil muni du refrigérent ascendant jusqu'à ce que le liquide ait pris une teinte uniforme.

Au lieu du chlore, on peut prendre le brome ou l'iode en employant une méthode analogue. On peut même obtenir des dérivés sulfurés ou phosphorés.

Les lysols sont employés comme antiseptiques : leur solubilité dans l'eau les rendent précieux comme agents désinfectants.

## ICHTYOL

L'huile minérale qui sert à la préparation de l'ichtyol provient généralement de la distillation d'une roche bitumineuse des environs de Seefeld (1) et appelée « Stinkstein ».

On mélange une partie de cette huile avec deux parties d'acide sulfurique concentré. Il se produit une forte élévation de température et un abondant dégagement d'acide sulfureux : la plus grande partie de l'huile se combine avec l'acide sulfurique.

---

(1) D'après Fritsch, cette roche serait formée par le résidu de matières animales décomposées provenant particulièrement de poissons.

Après avoir refroidi la combinaison, on ajoute une grande quantité d'eau et on chauffe à une douce température pour chasser l'acide sulfureux (1).

Il se forme trois couches : la première est formée par l'huile non attaquée ; la seconde, d'aspect brunâtre, est l'ichtyol et enfin la troisième, la couche inférieure, provient de l'acide sulfurique et de diverses impuretés.

Après avoir enlevé avec précaution les deux couches extrêmes, on dissout l'ichtyol dans une grande quantité d'eau et on ajoute du chlorure de sodium jusqu'à ce qu'il ne se dégage plus d'acide sulfureux et que l'ichtyol soit complètement précipité sous forme de flocons.

L'ichtyol possède la composition suivante :

$$C^{28}H^{36}S\,(SO^3H)^2$$

Il est livré au commerce sous forme de différents sels ; il est employé comme antiseptique ; la médecine s'en sert spécialement dans les maladies de la peau, pour lesquelles les préparations soufrées sont indiquées.

### THRANE MÉDICAL

Les propriétés ainsi que la fabrication du *thrane*

(1) Les huiles minérales ordinaires seraient brûlées par un semblable traitement à l'acide sulfurique : il est nécessaire d'opérer avec une huile qui contienne environ 10 0/0 de soufre en combinaison chimique.

*médical* présentent assez d'analogie avec les produits précédents pour que nous en parlions dans ce chapitre.

Le thrane médical est préparé en mélangeant une huile de poisson désignée en Allemagne sous le nom de *thrane*, avec 12 0/0 de fleur de soufre et en chauffant le lait ainsi obtenu à une température de 120°. Il se produit subitement une clarification. On élève graduellement la température de quelques degrés, puis on décante le liquide dans un autre récipient que l'on chauffe à 240°. Lorsque le liquide brunit et commence à mousser, la sulfuration est terminée. Pour rendre le produit soluble on le saponifie par la soude ou la potasse.

Le thrane médical est employé comme les créolines, le lysol, etc.

### TUMÉNOL

On désigne sous ce nom plusieurs produits médicamenteux présentant beaucoup d'analogie avec l'ichtyol.

Tous ces composés dérivent des huiles minérales obtenues par la distillation sèche des schistes bitumineux qui sont des huiles très riches en hydrocarbures non saturés.

*Tuménol commun.* — C'est le tuménol bon marché ; on l'obtient en traitant par l'acide sulfurique

concentré les huiles minérales préalablement dé-
barrassées d'une part de la créosote et des acides à
l'aide de la soude et, d'autre part, des bases et des
corps pyrroliques par le moyen de l'acide sulfurique à 70 0/0.

Ce produit se présente sous la forme d'une masse
peu odorante de consistance presque solide.

Il constitue un mélange de tuménolsulfone et
d'acide sulfotuménolique.

*Tuménol sulfone, huile de tuménol.* — On l'obtient à l'aide du produit précédent que l'on traite
d'abord par la lessive de soude.

On transforme ainsi l'acide sulfotuménolique en
sel de soude et l'on enlève le tuménolsulfone avec
de l'éther.

Le tuménol sulfone forme un liquide épais,
jaune foncé; il est insoluble dans l'eau, mais se dissout facilement dans l'éther, la ligroïne et le
benzol.

La formule serait :

$$(C^{41}H^{67}O)^2SO^2$$

*Acide sulfotuménolique, poudre de tuménol.* —
Pour obtenir l'acide sulfotuménolique, on traite le
sel de soude par l'acide chlorhydrique et on dessèche le précipité formé. C'est une poudre jaune
foncée, soluble dans l'eau et possédant une saveur
légèrement amère.

Sa formule brute peut être exprimée ainsi :

$$C^{41}H^{51}O^2SO^3H$$

L'emploi des tuménols ne repose pas, comme celui de l'ichthyole, sur leur contenu en soufre, mais sur leurs propriétés réductrices qu'ils doivent au caractère de composés non saturés que possèdent à un haut degré les produits tuménoliques (1).

(1) *Journal de Pharmacie et de Chimie,* 1892, p. 60 ; *Pharmaceutische Zeitung,* XXXVI, 1891, p. 787.

# CHAPITRE III

## NAPHTALINE

*Form.* : C$^{10}$H$^8$

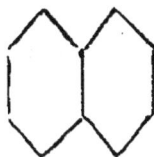

Historique. — Préparation de la naphtaline. — Procédé de Vohl.
— Purification de la naphtaline.

*Historique.* — La naphtaline a été découverte en
1820 par Garden dans le goudron de houille ; Fa-
raday l'a analysée en 1826 et Laurent a étudié ses
propriétés et ses dérivés peu de temps après.

La naphtaline se forme fréquemment dans la
distillation sèche d'un grand nombre de corps organiques, lorsqu'on fait passer les vapeurs de ceux-
ci dans des tubes chauffés au rouge.

Elle se trouve spécialement dans les produits de
distillation de la houille ; c'est pour cette raison
que l'on en rencontre quelquefois dans les conduites de gaz.

Berthelot a indiqué les conditions nécessaires
pour la formation de la naphtaline ; ces conditions
expliquent pourquoi on rencontre si facilement ce
corps. Il a démontré que toutes les fois que la

benzine, l'éthylène ou l'acétylène se trouvaient en contact à une température élevée, ils réagissaient l'un sur l'autre pour former la naphtaline.

### Préparation de la naphtaline.

Dans la distillation du goudron de houille, on peut facilement obtenir comme produit secondaire de grandes quantités de naphtaline (v. page 218).

Elle est surtout facile à séparer lors du traitement des huiles légères brutes pour naphte brut.

On distille ces huiles tant qu'il passe un produit du poids spécifique de 0,932; c'est ce produit qui constitue le naphte brut. L'huile restant dans la cornue, très riche en phénol et en naphtaline, est, après un refroidissement convenable, amenée à l'aide d'une pompe dans le réservoir à acide carbolique, où elle est saturée avec des lessives caustiques. L'huile dépouillée d'acide phénique est ensuite versée dans la cornue aux huiles légères et distillée avec précaution. Dès que les les huiles légères sont passées et que le poids spécifique du produit distillé est à peu près égal à celui de l'eau, le contenu de la cornue est presque exclusivement composé de naphtaline.

Si maintenant on change le récipient et si l'on continue la distillation en ayant soin de mettre de l'eau très chaude dans le réfrigérent (afin d'empêcher la naphtaline d'obstruer le tube réfrigérent en se solidifiant), le produit distillé se solidifie pres-

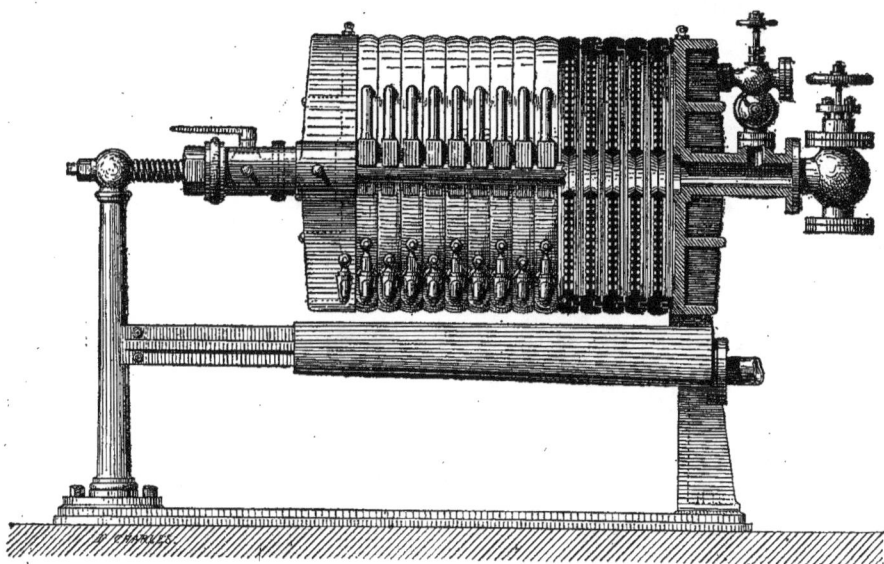

Fig. 47.   Filtre-presse.

que complètement en une masse cristalline tout à
fait blanche constituée reste nephtaline. La masse

PRÉPARATION DE LA NAPHTALINE

239

ainsi obtenue est malaxée, puis comprimée très fortement, afin d'en éliminer l'huile encore adhérente.

La naphtaline assez pure résultant de ce traitement peut être obtenue tout à fait pure. Dans ce but, on la lave avec'un peu d'alcool ou de ligroïne, on la comprime de nouveau, on la dessèche et on la soumet à une nouvelle distillation, ou on la sublime.

Nous donnons le dessin du filtre-presse qui est souvent employé dans l'industrie chimique (fig. 47). On verra les détails d'un compartiment du filtre-presse et d'un plateau dans les figures 48 et 49.

*Procédé de Vohl.* — Vohl a fait connaître la méthode suivante pour la préparation en grand de la naphtaline :

Dans un lieu froid, on laisse reposer pendant plusieurs jours les huiles contenant de la naphtaline, afin que celle-ci s'en sépare aussi complètement que possible sous forme cristalline. Les cristaux déposés sont séparés du liquide par filtration, puis turbinés et comprimés.

Cette naphtaline brute est ensuite fondue avec une petite quantité de lessive de soude, et, après avoir bien mélangé, on fait ensuite écouler les lessives et on lave la naphtaline avec de l'eau bouillante. La naphtaline liquide est traitée de la même manière avec un peu d'acide sulfurique faible

(45° Bé), puis on la fait bouillir dans des vases couverts avec une lessive de soude. Enfin on la lave avec de l'eau bouillante.

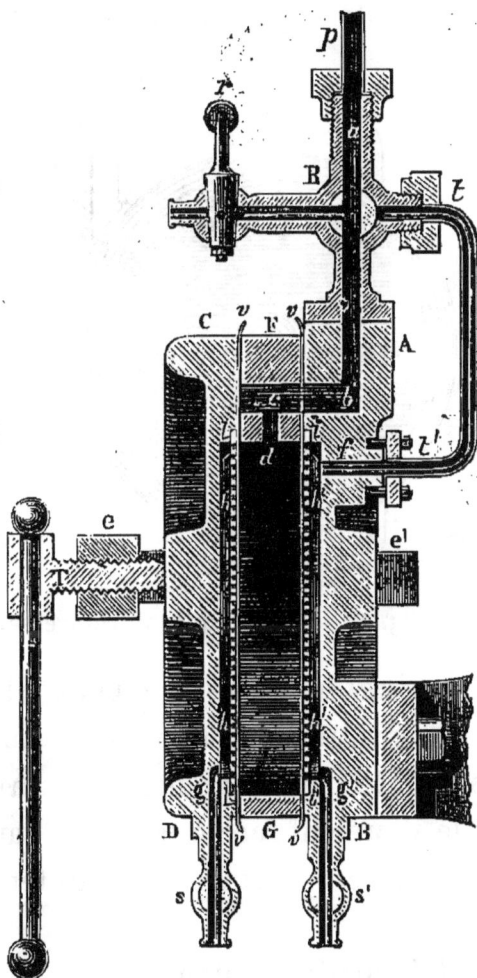

Fig. 48. — Détail d'un compartiment du filtre-presse.
AB, CD plateaux métalliques. — FG cadre. — $hh'h'h'$ canelures verticales. — $ii$ $ll'$ plaques métalliques perforées. — $gg'$ canaux d'écoulement. — $vv$, tissus de coton ou de laine. — $d$ orifice. — $ss'$ robinets. — $tt'$ vis à étriers

La masse de naphtaline ainsi traitée est maintenant distillée à feu nu dans des cornues de fonte d'une capacité de 1000 à 1250 kilogrammes. Il passe d'abord de petites quantités d'eau mélangée avec de la naphtaline ; mais à 210° la naphtaline distille sans interruption, et avec un courant si

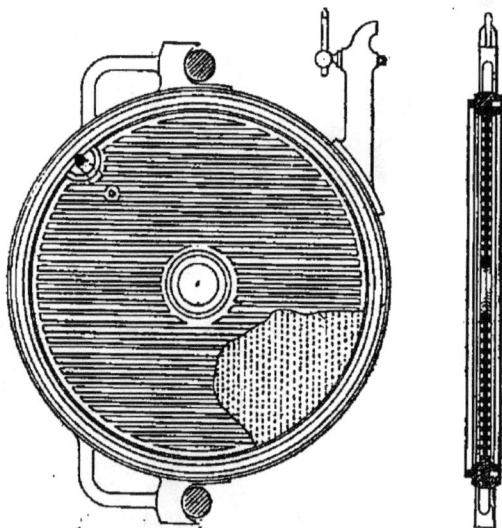

Fig. 49. — Plateau de filtre-presse.

fort qu'en vingt minutes on peut obtenir aisément 50 kilogrammes de naphtaline pure. Les vapeurs de naphtaline sont condensées avec de l'eau à 80°, et le récipient fermé est placé dans un bain-marie, dont la température est maintenue à 80° au moins.

Le produit distillé obtenu de cette manière à l'état liquide est versé dans des vases un peu coniques en verre, en métal ou en bois mouillé, où il ne tarde pas à se solidifier et des parois desquelles il se détache facilement, par suite du retrait considérable qu'il éprouve en se refroidissant. Au sortir de ces moules, la naphtaline a la même forme que le soufre en canons, et c'est dans cet état qu'elle est livrée au commerce. La distillation de la naphtaline purifiée, comme il vient d'être dit, ne peut pas être poussée jusqu'à siccité, car, dès que la température de la cornue s'est élevée à 230 ou 235°, il se forme un produit jaune et visqueux contenant beaucoup de particules huileuses. A ce moment, on change de récipient, on distille à sec, et l'on mélange ce qui passe maintenant avec la naphtaline brute provenant d'une nouvelle opération. On peut de cette manière purifier facilement en 24 heures, le pressage compris, de 1000 à 1250 kilogrammes de naphtaline.

### Sublimation de la naphtaline.

Pour obtenir la naphtaline cristallisée, on la sublime. L'appareil qui donne la sublimation la plus rapide est le suivant (fig. 50).

Dans une chaudière en fonte *add,* on met la naphtaline et on la chauffe à feu nu par le foyer *cb.* Au-dessus de l'ouverture de la chaudière est un tonneau en bois *f,* dont le fond est largement ouvert, tandis que la partie supérieure possède seule une petite ouverture pour le dégagement des vapeurs non condensées et des gaz.

On sublime doucement, de manière que les parois du tonneau ne s'échauffent pas jusqu'à la température de fusion de la naphtaline. Des chaînes manœuvrées par une poulie permettent de changer le tonneau quand il est suffisamment garni.

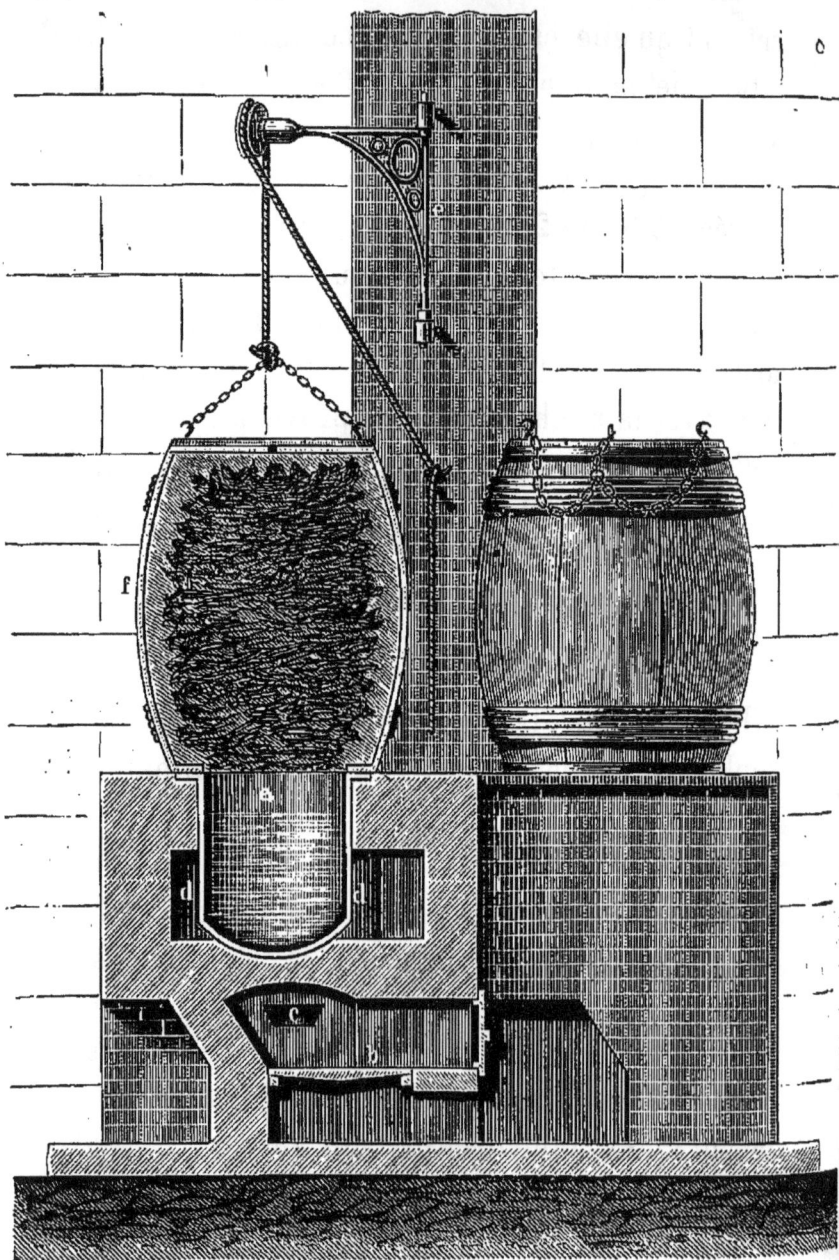

Fig. 50. — Sublimation de la naphtaline à feu nu.

Il est préférable, pour la naphtaline pure, de ne
pas chauffer à feu nu. On sublime à basse température en chauffant à l'aide d'un tuyau à vapeur *b*,
dans un grand réservoir plat *a*, en bois, doublé de
plomb(fig. 51); on ne dépasse pas la température de
110°, à laquelle la sublimation est assez rapide. Le
réservoir communique par un auvent *c* avec une
chambre *de* contenant des cloisons en bois contre
lesquelles viennent se former les cristaux.

Le plus souvent on se contente de la distillation, qui donne un produit assez pur.

Dans les laboratoires, quand on veut un produit
parfaitement pur, on additionne la naphtaline d'a-
cide sulfurique concentré et de 5 0/0 de son poids

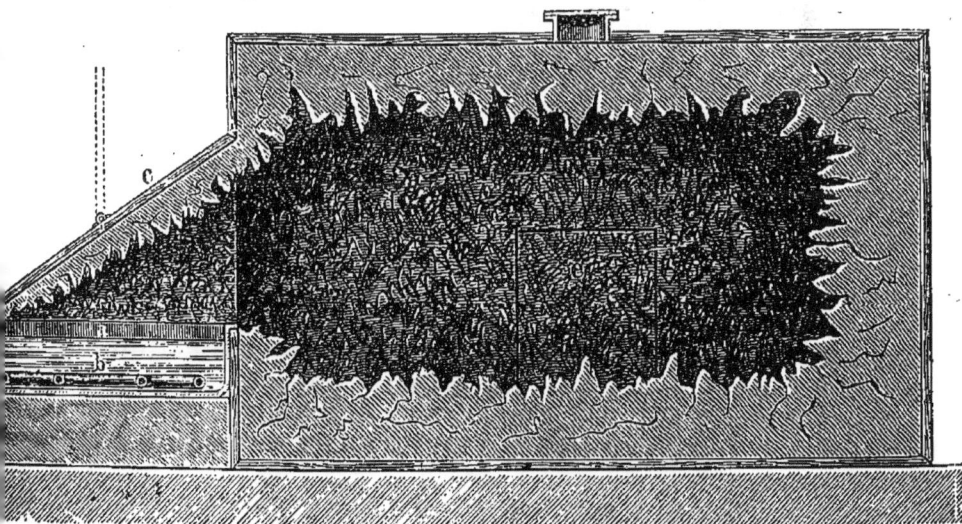

Fig. 51. — Sublimation de la naphtaline par chauffage à la vapeur d'eau.

de bioxyde de manganèse en poudre; puis on
chauffe au bain-marie pendant 20 minutes; les
carbures étrangers sont oxydés ou combinés à

l'acide sulfurique. On verse alors dans l'eau froide, puis on lave à plusieurs reprise à l'eau pure, puis lessive faible de soude et on distille dans un courant de vapeur d'eau.

On reconnaît que la naphtaline est absolument pure, à ce qu'elle ne donne pas de coloration rouge quand on la projette dans du protochlorure d'antimoine liquéfié par la chaleur (1).

La naphtaline cristallise très facilement, par sublimation ou par refroidissement de ses solutions saturées bouillantes, en grandes plaques blanches ou en écailles d'un éclat d'argent. Elle est douée d'une odeur particulière; elle fond à 79° en un liquide clair. Son point de distillation est de 217°-218°.

La naphtaline se volatilise lentement, même à la température ordinaire : elle est facilement entraînée par la vapeur d'eau. Elle brûle avec une flamme fuligineuse ; insoluble dans l'eau, les solutions alcalines et les acides minéraux étendus, elle est facilement attaquée par les acides qui exercent une action oxydante. Elle se dissout facilement dans l'alcool, l'esprit de bois, l'éther, les huiles grasses et volatiles et le sulfure de carbone.

(1) Bouant, *Dictionnaire de chimie*, comprenant les applications aux sciences, aux arts, à l'industrie. Paris, 1889, article Naphtaline.

# CHAPITRE III

## GROUPE SE RATTACHANT A UNE FONCTION PHÉNOLIQUE TELLE QUE

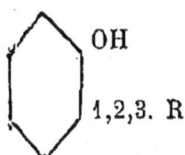

## ACIDE PHÉNIQUE

*Syn* : Phénol, acide phénylique, acide carbolique.

*Form :* $C^6H^5OH$

Historique. — Préparation industrielle de l'acide phénique brut. — Procédé Müller. — Acide phénique purifié : méthode de Church. — Préparation de l'acide phénique synthétique : procédé de P. Monnet.

*Historique.* — L'acide phénique a été découvert par Runge en 1834 dans le goudron de bois. Il lui donna le nom *d'acide carbolique* sous lequel ce corps est encore aujourd'hui quelquefois désigné. La dénomination de *phénol* a été employée la première fois par Gerhardt.

L'acide phénique n'a été trouvé tout formé que dans un très petit nombre de substances animales :

on le rencontre dans le *castoreum ;* d'après Städe-
ler, l'urine de l'homme en contiendrait des traces ;
on le rencontre aussi très fréquemment dans les
produits de la décomposition des matières végétales, sous l'influence de la distillation sèche de
ces corps. Les goudrons de houille et de lignite
sont les produits qui en renferment le plus : il
se forme dans la distillation sèche de certaines
résines.

Il se produit aussi aux dépens de certains dérivés
de la benzine. Il prend, par exemple, naissance
lorsqu'on fait agir l'acide azoteux sur l'aniline ;
lorsqu'on fait bouillir le nitrate de diazobenzol avec
de l'eau, etc.

### PRÉPARATION INDUSTRIELLE DE L'ACIDE PHÉNIQUE BRUT

Pour la préparation industrielle de l'acide phénique, on emploie spécialement les goudrons de
houille et les goudrons de lignite.

Les méthodes qui ont pour but la fabrication de
l'acide phénique reposent sur les faits suivants : le
point d'ébullition de l'acide phénique étant de 183
à 184°, ce produit doit se trouver spécialement dans
les huiles lourdes qui se produisent pendant la rectification du goudron. D'autre part, les bases alcalines donnant des combinaisons bien définies avec
l'acide phénique, il en résulte que cette propriété

peut être appliquée à séparer ce produit des carbures d'hydrogène avec lesquels il se trouve mélangé.

Les différentes méthodes de préparation de l'a-
cide phénique peuvent varier et présenter de nombreuses modifications. Celles-ci sont dues aux différentes natures du goudron et aussi au différent
degré de pureté dans lequel on désire obtenir le
produit.

Généralement, on commence par une distillation
fractionnée préliminaire. Dans le procédé de Bo-
bœuf, on traite par un alcali caustique toutes les
huiles obtenues pendant la rectification du goudron.

Ainsi que le font remarquer MM. Kopp et Bolley (1), il n'est pas probable que ce procédé soit le
plus avantageux, parce que la plus grande partie de
l'acide phénique se trouve dans les produits de
la distillation qui passent entre 150 et 200°. Il est
plus difficile à isoler des huiles proprement dites.
C'est pourquoi on mélange ensemble toutes les
huiles dites légères ou seulement les dernières
portions qui ont passé lors de la rectification de
ces huiles et la partie du premier produit (essence
de naphte) qui distille entre 140 et 170° : (voyez
plus haut, page 218).

(1) Kopp et Bolley, *Matières colorantes artificielles dérivées du
goudron de houille.*

13.

*Procédé Müller.* — On laisse reposer d'abord les huiles pendant quelque temps dans un lieu froid avant de les soumettre à un traitement quelconque ; ce repos finit par déterminer le dépôt d'une grande partie de la naphtaline que ces huiles contiennent. Dans le cas où l'on traite des huiles de goudron de lignite, il n'est pas nécessaire de les laisser reposer et refroidir : celles-ci, en effet, ne contiennent plus de naphtaline. Ces huiles, que la séparation de la naphtaline ait ou n'ait pas eu lieu, sont mélangées avec une dissolution de soude caustique ou avec un lait de chaux ; la soude et la chaux à employer doivent être calculées. On détermine par une expérience préalable la quantité d'alcali nécessaire.

Dans l'extraction du phénol des huiles de goudron de lignite, on se sert toujours d'une lessive de soude. On emploie généralement des lessives concentrées à 35°-40° Bé ayant un poids spécifique de 1,3 à 1,35 ou une richesse en soude caustique de 21 à 25 0/0.

Le mélange s'effectue dans des vases verticaux en tôle munis d'un agitateur consistant en un arbre à ailettes placé dans l'axe vertical du vase (fig. 52).

Lorsqu'il s'agit d'un traitement important, il est préférable d'employer des cylindres en tôle qui sont fixés sur un arbre horizontal à l'aide duquel on peut les faire tourner. L'arbre ne se trouve pas dans l'axe du cylindre, celui-ci ayant une inclinai-

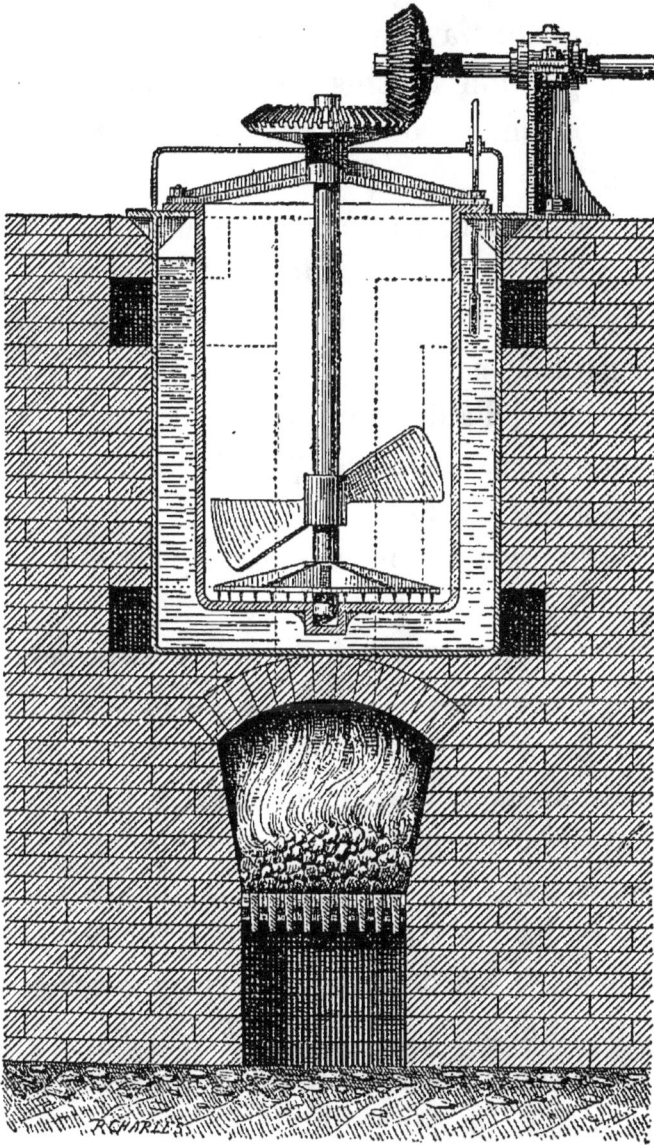

Fig. 52. — Appareil à agitation continue.

son d'environ 30°. L'appareil étant rempli de liquide, ce dernier, à chaque tour que fait le cylindre, est projeté alternativement vers les deux extrémités du vase qui, l'une après l'autre, prennent la position la plus basse ; sous l'influence de ce mouvement, on obtient un mélange très intime.

On verse ensuite le mélange dans des cylindres verticaux et on l'abandonne à l'état de repos.

Il se forme deux couches : l'une, celle du fond, est constituée par la combinaison des parties acides avec l'alcali ; l'autre, qui vient surnager à la partie supérieure, est formée par l'huile non attaquée et dépouillée d'acidité.

Lorsqu'il y a beaucoup d'acide phénique et que la lessive de soude a été employée à l'état concentré, il peut arriver que le liquide alcalin devienne épais par suite de la formation de phénate de sodium qui s'est séparé de la solution trop concentrée. Dans ce cas, il doit être étendu d'eau et agité vivement. On sature ensuite le liquide alcalin avec un acide minéral afin de mettre l'acide phénique en liberté : on peut choisir l'acide chlorhydrique ou l'acide sulfurique. On peut encore se servir du liquide acide qui a été employé pour les séparations des bases organiques de l'essence de naphte et du naphte brut.

Lorsque la saturation est achevée, le liquide se sépare de nouveau en deux couches : la couche supérieure est constituée par le phénol sous forme d'un liquide foncé et oléagineux. Après l'avoir décanté, on le soumet à la rectification.

Lorsqu'on a pour but d'obtenir un acide phénique d'un certain degré de pureté, il est préférable, avant la rectification, de procéder à des précipitations fractionnées d'acide phénique. Par cette méthode, on arrive à éliminer en partie la naphtaline et à débarrasser l'acide phénique des substances oxydables qui la colorent en brun. La naphtaline qui est insoluble dans l'eau se dissout facilement dans une solution concentrée en phénate de sodium en présence d'un excès d'alcali ; il en est de même pour quelques substances indifférentes analogues à la naphtaline. Par addition d'eau, la naphtaline est précipitée ; on décante le liquide et on le verse dans des capsules plates où on l'abandonne pendant quelques jours en ayant soin de l'agiter de temps en temps ; sous l'influence de l'air le liquide brunit fortement par suite de la formation de corps insolubles. A ce moment, on le mélange avec environ 1/8 ou 1/6 de la quantité d'acide nécessaire à sa saturation : une partie des matières brunes se sépare.

Par une nouvelle addition d'acide, on arrive encore à séparer les phénols supérieurs qui sont précipités avec l'acide phénique.

Ce qui est précipité en dernier lieu par l'acide est le phénol qui est recueilli à part et distillé.

Cette purification entraîne toujours une certaine perte de phénol que l'on ne peut éviter.

La distillation peut être effectuée sans autre traitement préliminaire : les parties qui passent en premier lieu et qui contiennent encore de l'eau doivent être mises de côté afin de pouvoir être utilisées dans une autre opération. Les portions qui distillent ensuite sont versées dans des récipients que l'on place dans des endroits frais afin de faciliter la cristallisation.

Afin d'enlever l'humidité de l'acide phénique, Müller recommande de le chauffer jusqu'à son point d'ébullition et de le faire traverser par un courant d'air sec. Par cette méthode, on peut obtenir immédiatement par la distillation un produit cristallisable.

Toutefois, ce procédé est plutôt destiné à la préparation de l'acide phénique sur une petite échelle que pour une fabrication en grand.

### PRÉPARATION DE L'ACIDE PHÉNIQUE PURIFIÉ

*Méthode de Church.* — Dans 10 litres d'eau distillée froide, on introduit 500 grammes d'acide phénique du commerce, en ayant soin que tout l'acide n'entre pas en dissolution. Lorsqu'on emploie une bonne préparation (comme l'acide blanc cristallisé de Calvert), il reste au fond du vase, après avoir agité la liqueur à plusieurs reprises, de 60 à 90 grammes de l'acide traité. Si l'on se sert d'un acide de mauvaise qualité, il faut employer moins d'eau ou plus d'acide. La solution aqueuse obtenue est décantée avec un siphon, et, si c'est nécessaire, filtrée sur un filtre de papier, jusqu'à ce qu'elle soit parfaitement claire ; on la verse ensuite dans un vase cylindrique à parois élevées, puis on la mélange avec du sel marin réduit en poudre et l'on agite jusqu'à ce que celui-ci ne se dissolve plus. Après un repos de quelques heures, la majeure partie de l'acide phénique surnage sur la solution saline sous forme d'une couche jaune huileuse, et on n'a plus maintenant qu'à décanter l'acide à l'aide d'un siphon ou d'une pipette. Comme l'acide pur ainsi obtenu contient au moins 50 0/0 d'eau, il ne cristallise pas ; mais on peut le faire cristalliser en le distillant dans une cornue avec un peu de chaux. La portion qui passe jusque vers 185° présente à peine l'odeur qu'il possède à la température ordinaire.

Ce procédé de purification donne lieu à une perte de matière assez considérable ; aussi est-il convenable de soumettre à la distillation la solution salée de laquelle on a séparé l'acide, et l'on obtient ainsi une deuxième portion d'acide phénique pur, qui constitue un désinfectant dénué d'odeur désagréable.

Pour masquer l'odeur du phénol, Church ajoute à celui-ci de l'essence de géranium.

*Procédé de Ch. Girard.* — Dans la grande industrie, on traite souvent le phénol brut dans un appareil à rétrogradation dû à Ch. Girard, qui permet la séparation à peu près complète du phénol et du crésylol (fig. 53). Une grande chaudière en tôle *g*, munie d'un tuyau de vidange *t*, reçoit le phénol brut par le trou d'homme *h*. Quand on chauffe, les vapeurs s'échappent par le tuyau de dégagement *a*, et se rendent dans un serpentin *k*, entouré d'acide phénique pur contenu dans une caisse fermée *i*. Cette caisse a préalablement été chauffée à une température voisine de la température d'ébullition de l'acide phénique. Les vapeurs, en arrivant dans le serpentin, s'y condensent et le liquide fait retour à la chaudière par le tuyau *cb*. La température du bain d'acide phénique s'élève progressivement, par suite de la condensation, jusqu'à celle de l'ébullition ; quand ce point est atteint, le phénol traverse le serpentin *k* sans se condenser, tandis que le crésylol, moins volatil, continue à revenir à la chaudière. Le réfrigérant *fr* reçoit donc du phénol à peu près pur qu'on recueille. Pendant ce temps, le phénol de la caisse *i* se volatilise aussi ; on condense les vapeurs dans le refrigérant *dr'*, et on verse après chaque opération le liquide dans la caisse : c'est donc toujours le même qui sert. Lorsqu'on voit que la température s'élève dans la chaudière au-dessus de 187° (un thermomètre indique cette tem-

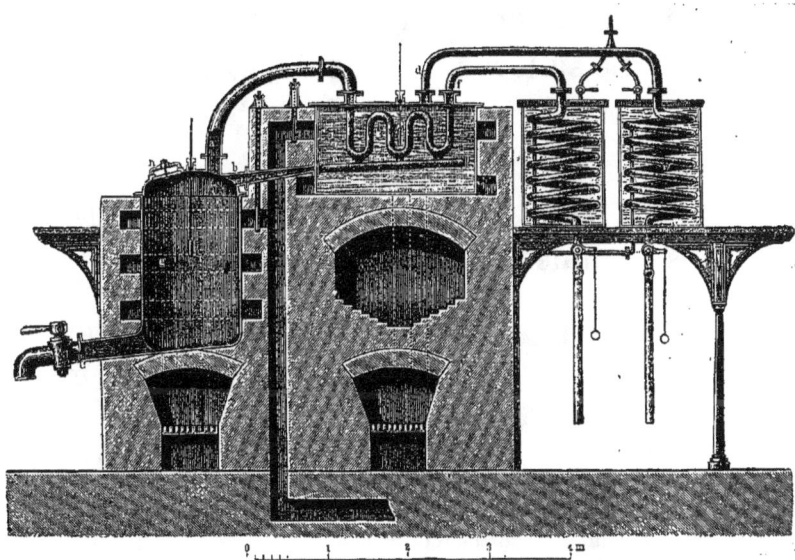

Fig. 53. — Appareil pour la préparation industrielle de l'acide phénique.

pérature), on suspend l'opération, tout le phénol ayant passé (1).

*Préparation industrielle du phénol synthétique.* — La fabrication du phénol synthétique repose sur l'utilisation de la réaction générale indiquée par Würtz et Kekülé et ayant pour but la transformation d'un hydrocarbure en dérivé hydroxylé.

Cette méthode comprend deux phases :

1° Le sulfoconjugaison d'un hydrocarbure ;

2° La fusion alcaline des sels sulfonés avec un alcali.

Ces transformations peuvent être exprimées par les formules suivantes :

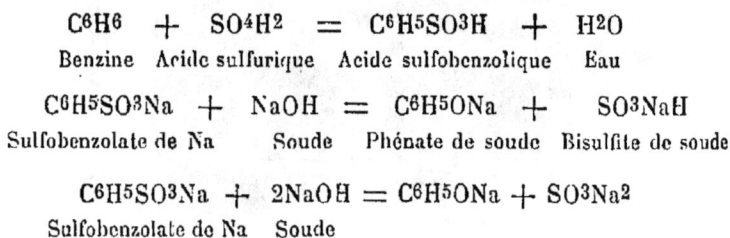

$$C^6H^6 \; + \; SO^4H^2 \; = \; C^6H^5SO^3H \; + \; H^2O$$
Benzine  Acide sulfurique  Acide sulfobenzolique   Eau

$$C^6H^5SO^3Na \; + \; NaOH \; = \; C^6H^5ONa \; + \; SO^3NaH$$
Sulfobenzolate de Na      Soude    Phénate de soude  Bisulfite de soude

$$C^6H^5SO^3Na \; + \; 2NaOH = C^6H^5ONa + SO^3Na^2$$
Sulfobenzolate de Na   Soude

*Procédé de M. Monnet.* — La benzine du commerce, même lorsque son point d'ébullition est constant contient toujours du thiophène :

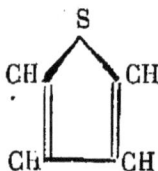

(1) Bouant, *Dictionnaire de chimie*, comprenant les applications aux sciences, aux arts, à l'industrie. Paris, 1889, p. 730.

Pendant longtemps, la mauvaise odeur dégagée par le phénol préparé par le procédé ordinaire était un obstacle à son emploi pour l'usage médical. Cette odeur était attribuée à la présence du thiophène ou de ses dérivés. M. Monnet a reconnu que les dérivés du thiophène se décomposent dans les manipulations appliquées à la benzine et finalement se réduisent en charbon libre et en produits volatils.

La benzine purifiée est traitée sous pression pendant vingt-quatre heures à 100° par l'acide sulfurique concentré. Le mélange est brassé mécaniquement, la benzine se dissout peu à peu et se transforme en acide monosulfobenzolique. Pendant que s'effectue la réaction, on peut observer un dégagement d'acide sulfureux : quel que soit le peu d'importance de ce dégagement, il serait la conséquence de la formation du corps à odeur désagréable que l'on cherche à éviter dans la préparation de l'acide phénique pur.

Il est probable que le composé :

$$C^6H^5SO^3H$$

en présence de l'acide sulfureux produit par le charbon du thiophène décomposé, se réduit pour former les corps suivants :

Hydrure de sulfophényle $C^6H^5SO^2H$
Thiophénol $C^6H^5SH$

Le thiophénol ainsi formé résiste aux traitements ayant pour but la séparation de l'acide monosulfobenzolique de l'acide sulfurique et ensuite à la fusion alcaline. Cette séparation de l'acide sulfurique libre se fait en traitant l'acide monosulfobenzolique par la chaux. Par filtration, on sépare le sulfate de chaux insoluble du sel de l'acide monosulfobenzolique soluble. Celui-ci, par addition de carbonate de soude est transformé en sel sodique. On filtre de nouveau pour séparer le carbonate de chaux de la solution, puis on ajoute de la soude caustique en excès ; le tout est évaporé en consistance pâteuse et porté dans des chaudières spéciales où, par un chauffage de 250 à 300°, il est transformé en phénate de sodium.

Ce phénate, dissous par la plus petite quantité d'eau possible, est traité par les acides sulfurique ou chlorhydrique en excès ; le phénol mis en liberté se rassemble à la surface sous forme de couche huileuse séparée ensuite par décantation de la solution saline.

Le phénol brut est distillé dans le vide à 700-710 millimètres de dépression dans un appareil à colonne afin d'enlever l'eau que le phénol retient avec une grande avidité. Les matières salines restent comme résidu de la distillation.

Il résulterait, d'après l'observation de M. Monnet, que l'hypothèse de la réduction de l'acide monosulfobenzolique serait parfaitement justifiée par le moyen même employé dans la purification.

En effet, si l'on chauffe à 125° pendant deux heures,

le phénol de première distillation avec 3 0/0 de litharge, l'odeur désagréable disparaît et il se forme du sulfure de plomb en même temps que le phénol est régénéré :

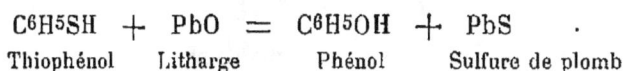

$$C^6H^5SH \ + \ PbO \ = \ C^6H^5OH \ + \ PbS$$

Thiophénol     Litharge      Phénol      Sulfure de plomb

Le phénol, après avoir été désinfecté, est distillé une dernière fois dans le vide, recueilli dans un récipient argenté et renfermé le plus rapidement possible afin d'éviter l'absorption de l'humidité.

*Propriétés de l'acide phénique.* — L'acide phénique se présente sous forme de longues aiguilles incolores, appartenant probablement au système rhombique droit, d'une odeur particulière analogue à celle de la fumée et d'une saveur caustique et brûlante. Son poids spécifique est 1,066 ; il fond à 37 ou 37°,5, d'après d'autres chimistes à 41 ou 42°. Lorsqu'il a été liquéfié, il ne reprend ordinairement l'état solide que beaucoup au-dessous de son point de fusion, notamment lorsqu'il n'est pas tout à fait anhydre. Mais on provoque sa solidification plus rapide en le refroidissant fortement et en y ajoutant quelques cristaux de phénol. Son point d'ébullition est à 183 ou 184°. Il absorbe l'eau de l'air humide et tombe en déliquescence ; dans l'air sec, il se conserve sans altération.

L'acide phénique se dissout à 20° dans vingt fois

son poids d'eau. D'après d'autres indications, 326 parties seulement se dissoudraient dans 100 d'eau à 20°. Il formerait (d'après Calvert), avec un atôme d'eau un hydrate cristallisable entrant en fusion à 16°. L'alcool et l'éther dissolvent l'acide phénique en toutes proportions, l'acide acétique le dissout plus facilement que l'eau. L'acide phénique et ses solutions concentrées attaquent la peau et la colore d'abord en blanc, puis en brun-rouge. L'albumine en solution est précipitée par les solutions d'acide phénique; il en est de même de la gélatine. C'est un acide faible qui ne rougit pas le tournesol et qui ne déplace pas l'acide carbonique des carbonates alcalins. L'acide carbonique déplace quelquefois l'acide phénique de ses combinaisons. L'emploi de l'acide phénique comme désinfectant et comme antiseptique pour l'usage externe est assez connu pour que nous n'insistions pas sur son usage.

# CHAPITRE IV

## HOMOLOGUES ET ÉTHERS DES PHÉNOLS

Thymol. — Résorcine. — Créosote — Crésylol. — Solutol et solvéol.
— Créosol. — Gaïacol. — β-naphtol.

### THYMOL

*Syn :* Méthylpropylphénol.

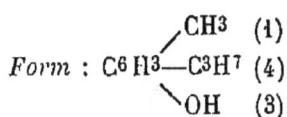

$$Form : C^6H^3 \begin{cases} CH^3 & (1) \\ C^3H^7 & (4) \\ OH & (3) \end{cases}$$

Le thymol constitue environ la moitié de l'essence de thym.

Pour le préparer, on agite l'essence du thym avec une solution concentrée de potasse ou de soude. Il se forme une combinaison entre le thymol et l'alcali ; ce composé se dissout dans l'eau, tandis que le cymène et le thymène surnagent. On les sépare par décantation.

La liqueur obtenue est traitée par un excès d'eau, et on sature par l'acide chlorhydrique qui précipite le thymol. On lave, on dessèche et on distille pour séparer la petite quantité de carbures qui a été entraînée : on recueille seulement ce qui passe entre 220° et 240°. Le liquide obtenu ne cristallise pas par refroidissement : on fait cesser la surfusion en laissant tomber dans le liquide un cristal de thymol (1).

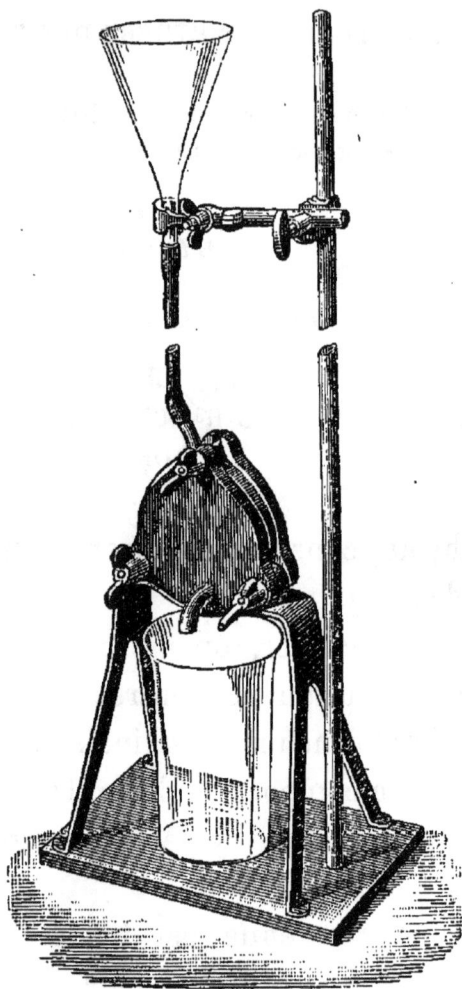

Fig. 54. — Petit appareil à filtrer.

Après avoir pressé et comprimé le thymol, on

(1) Bouant, *Dictionnaire de chimie*, comprenant les applications aux sciences, aux arts, à l'industrie. Paris, 1889.

le fait recristalliser plusieurs fois. Il se présente alors sous la forme de tables rhomboïdales, transparentes, striées. Son odeur diffère de celle de l'essence de thym.

Il fond à 44° et bout à 230°. Très soluble dans l'éther et l'alcool, il est peu soluble dans l'eau. Le thymol dissous dans l'acide sulfurique et additionné d'un mélange d'acide sulfurique et de nitrite de potassium, se colore successivement en vert et en bleu.

*Procédé synthétique.* — On peut préparer le thymol en partant de l'aldéhyde cuminique nitrée.

Pour cela, on traite d'abord cette aldéhyde par le perchlorure de phosphore. On obtient une huile qu'on sépare de l'oxychlorure par lavage à l'eau et extraction à l'éther.

Sans isoler davantage cette huile, on la traite en solution alcoolique par de l'acide chlorhydrique et du zinc en empêchant la température de s'élever au-dessus de 12°. La réaction se fait lentement; elle est terminée lorsqu'une prise d'essai ne précipite plus par l'eau. Quand ce résultat est atteint, on peut élever la température de la masse.

Dans cette réaction, les groupes $CHCL^3$ et $AzO^2$ sont réduits : on obtient de la cymidine, dont le sulfate traité à froid par du nitrite de sodium et de l'acide sulfurique étendu se convertit en thymol.

$$C^{10}H^{13}(AzH^2) + AzO^2H = C^{10}H^{13}OH + Az^2 + H^2O$$

Ce thymol, qu'on isole en acidulant la liqueur et en distillant dans un courant de vapeur d'eau, est identique avec le thymol naturel.

## RÉSORCINE

$$Form : C^6H^4 \begin{cases} OH & (1) \\ OH & (3) \end{cases}$$

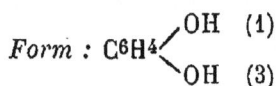

L'attaque de la benzine par l'acide sulfurique en excès, faite à une température de 100°, ne va pas au delà du produit monosulfoconjugué.

Mais si l'on a employé quatre molécules d'acide sulfurique pour une molécule de benzine et si le mélange, après formation de l'acide monosulfoné, est chauffé à 200° pendant plusieurs heures, on obtient deux acides disulfoconjugués isomériques répondant à la formule :

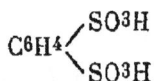

$$C^6H^4 \begin{cases} SO^3H \\ SO^3H \end{cases}$$

Ces deux acides se forment toujours en quantité variable.

Par double décomposition des sels de chaux ou de baryte par le carbonate de potasse, on obtient les sels de potasse des deux acides. On évapore et, par des cristallisations successives des sels de potasse, on obtient d'abord le sel de l'acide para, puis ensuite celui de l'acide meta, plus soluble que le précédent.

Il s'agit maintenant de transformer les acides disulfoconjugués en composés hydroxylés. Pour cela, on utilise la méthode générale qui consiste à fondre à 250° ou 300° les sels de ces acides avec de la potasse ou de la soude caustique :

$$C^6H^5SO^3K + KOH = C^6H^5OH + SO^3K^2$$

ou

$$C^6H^4{<}{SO^3K \atop SO^3K} + 2KOH = C^6H^4{<}{OH \atop OH} + 2SO^3K^2$$

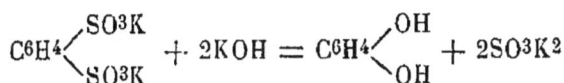

Contrairement à ce qui est indiqué dans la plupart des ouvrages de chimie, il est inexact, ainsi que l'a fait remarquer M. P. Monnet, que l'acide parasulfobenzolique donne par fusion de la résorcine, par suite d'une transposition moléculaire. L'acide disulfobenzolique méta correspondant à la position des hydroxyles de la résorcine donne seul naissance à ce dernier corps. L'acide parasulfobenzolique n'échange par la fusion alcaline qu'un seul groupe sulfuryle contre un hydroxyle ; l'autre reste intact et, par suite, donne naissance à un acide paraoxysulfobenzolique.

La théorie fait prévoir l'existence de trois phénols diatomiques :

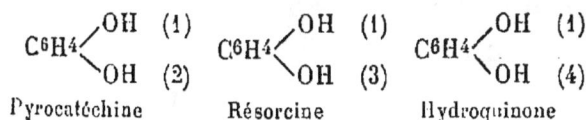

$$C^6H^4{<}{OH\ (1) \atop OH\ (2)} \qquad C^6H^4{<}{OH\ (1) \atop OH\ (3)} \qquad C^6H^4{<}{OH\ (1) \atop OH\ (4)}$$

Pyrocatéchine       Résorcine       Hydroquinone

qui devraient être produits par la fusion alcaline des trois composés suivants :

$$C^6H^4 \begin{cases} SO^3H \ (1) \\ SO^3H \ (2) \end{cases} \quad C^6H^4 \begin{cases} SO^3H \ (1) \\ SO^3H \ (3) \end{cases} \quad C^6H^4 \begin{cases} SO^3H \ (1) \\ SO^3H \ (4) \end{cases}$$

Acide ortho                     Acide méta          Acide para

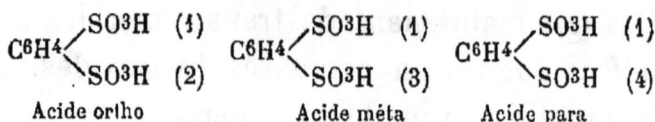

L'acide orthodisulfobenzolique ne paraît pas se former facilement par la sulfonation de la benzine. Les groupes sulfonyles des acides meta et para disulfobenzoliques ne sont pas également déplacés dans la fusion alcaline. En effet, l'acide métasulfobenzolique donne, par fusion, la résorcine :

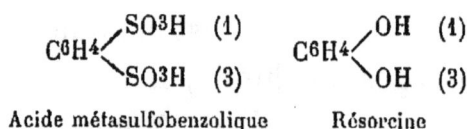

$$C^6H^4 \begin{cases} SO^3H \ (1) \\ SO^3H \ (3) \end{cases} \quad C^6H^4 \begin{cases} OH \ (1) \\ OH \ (3) \end{cases}$$

Acide métasulfobenzolique        Résorcine

tandis que l'acide en position para qui devrait donner de l'hydroquinone dérivé correspondant, donne le composé :

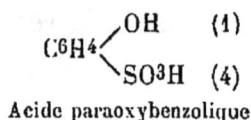

$$C^6H^4 \begin{cases} OH \ \ \ \ (1) \\ SO^3H \ (4) \end{cases}$$

Acide paraoxybenzolique

D'après M. P. Monnet, on pourrait expliquer ce fait par l'hypothèse que, dans certain cas, le noyau benzénique serait lié au soufre et dans d'autres cas à l'oxygène.

Ainsi, dans l'acide métadisulfobenzolique, les deux groupes sulfonyles seraient disposés de la manière suivante :

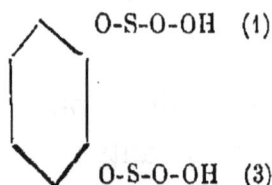

O-S-O-OH  (1)

O-S-O-OH  (3)

landis que dans le cas de l'acide paradisulfobenzo-
lique, ils seraient disposés comme il suit :

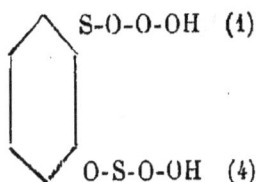

S-O-O-OH (1)

O-S-O-OH (4)

Cette hypothèse serait encore confirmée par ce
fait que dans la réduction énergique de beaucoup
de composés sulfoconjugués, le soufre reste uni
au noyau benzénique.

*Préparation industrielle de la résorcine.* — La
résorcine donne lieu à une importante fabrication
dans les usines de matières colorantes où elle est
utilisée pour faire la fluorescéine et l'éosine. Pour
préparer la résorcine industrielle, on procède généralement comme il suit :

24 kilogrammes de benzol sont introduits dans
90 kilogrammes d'acide sulfurique concentré : on
maintient la température à 80° et on l'élève graduellement à 270°(1).

Au lieu d'ajouter le benzol directement dans
l'acide sulfurique, on peut conduire ses vapeurs
dans un excès d'acide chauffé à 240°(2).

Après refroidissement, le produit est coulé dans
l'eau, neutralisé à la chaux et le disullobenzolate

(1) Bindschedler et Busch, *Chem. Grossgewerbe*, 3.840.
(2) *Berichte der deutschen chemischen Gesellschaft*, VII, 817.

14.

de chaux résultant est transformé en sel sodique au moyen du carbonate de soude (1). Cette opération constitue la première phase de la préparation de la résorcine. On passe ensuite à la fusion qui a pour but de remplacer les sulfogroupes par des hydroxyles.

On évapore le disulfobenzolate de sodium et on fait fondre 60 kilogrammes de ce sel avec 150 kilogrammes d'hydrate de sodium dans un récipient en fonte hemisphérique ou d'une forme appropriée à cet usage. On maintient la température à 270° pendant 8 à 9 heures, en ayant soin d'agiter constamment. La dissolution du résidu dans 500 litres d'eau est saturée par l'acide sulfurique ; la résorcine est ensuite extraite de sa solution au moyen d'un appareil à épuisement à éther. Après la distillation de l'éther on obtient une résorcine suffisamment pure pour la préparation des couleurs.

La sulfonation du benzol et sa transformation en résorcine s'opèrent d'après les deux réactions suivantes :

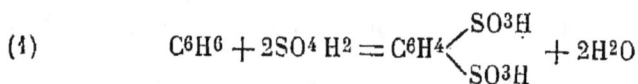

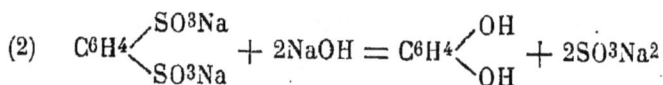

$$(1) \qquad C^6H^6 + 2SO^4H^2 = C^6H^4\begin{cases} SO^3H \\ SO^3H \end{cases} + 2H^2O$$

$$(2) \qquad C^6H^4\begin{cases} SO^3Na \\ SO^3Na \end{cases} + 2NaOH = C^6H^4\begin{cases} OH \\ OH \end{cases} + 2SO^3Na^2$$

La résorcine industrielle ne peut pas s'employer

_____

(1) Dans certaines usines, on fait le sel potassique.

pour l'usage médical; elle contient 92 0/0 environ
de résorcine pure. A côté du phénol, elle contient
de la thiorésorcine.

$$C^6H^4(SH)^2$$

On purifie la résorcine par distillation et sublimation : ces opérations doivent se faire avec le
plus grand soin et à l'abri de tout corps étranger.

La résorcine a été quelque peu employée comme
antithermique, mais son principal emploi est
comme putride, antifermentescible (1).

### CRÉOSOTE

La créosote n'est pas un principe unique et les
chimistes qui se sont occupés de sa composition
ont des opinions divergentes sur sa constitution.
Suivant Hlasiwetz et Barth, la créosote serait le
résultat de la combinaison du créosol avec un hydrogène carboné. D'après Frisch, ce ne serait qu'une
combinaison phénylée du créosol.

Marasse a démontré que la créosote du goudron
de hêtre provenant des fabriques du Rhin était constituée par un mélange de phénols et d'éthers méthyliques acides de diphénols. D'après ce chimiste,
la créosote contiendrait les corps suivants :

Phénol   $C^6H^5OH$     Point d'ébullition  184°

Crésol   $C^6H^4\begin{cases}OH\\CH^3\end{cases}$   —   203°

(1) Pour les applications de la résorcine, voy. Bocquillon-Limousin, *Formulaire des médicaments nouveaux*, 5° édition.

$$\text{Phlorol}\quad C^6H^3 {-} CH^3 \Big\langle {\overset{\displaystyle OH}{}} \atop {\underset{\displaystyle CH^3}{}} \qquad - \qquad 220°$$

$$\text{Gaïacol}\quad C^6H^4 {\Big\langle} {\overset{\displaystyle OH}{}} \atop {\underset{\displaystyle OCH^3}{}} \qquad - \qquad 201°$$

$$\text{Créosol}\quad C^6H^3 {-} CH^3 \Big\langle {\overset{\displaystyle OH}{}} \atop {\underset{\displaystyle OCH^3}{}} \qquad - \qquad 217°$$

Les fractions supérieures contiendraient en outre les éthers méthyliques du gaïacol, du phlorol, etc.

Enfin dans les fractions les moins volatiles de la créosote, Hofmann a retiré les éthers diméthyliques de pyrogallol.

*Préparation de la créosote.* — La distillation du bois est poussée jusqu'au moment où le résidu prend une consistance poisseuse. Après avoir rectifié plusieurs fois le produit distillé en séparant chaque fois les parties lourdes, on dissout celles-ci dans une solution de potasse caustique. En chauffant à air libre cette solution, on résinifie des substances étrangères qui accompagnent la créosote. Par un traitement à l'acide sulfurique étendu, on met la créosote en liberté; elle est ensuite soumise à une série de distillations en présence de l'eau alcalinisée. La créosote est dissoute de nouveau dans une solution de potasse, puis précipitée par un acide; on répète cette opération jusqu'à ce que la dissolution dans la potasse s'effectue sans laisser de matières huileuses. A ce moment, on dessèche la créosote et on la rectifie une dernière fois.

La créosote se présente sous forme d'une huile incolore mais brunissant rapidement à la lumière; sa saveur est brûlante et caustique, son odeur forte et différente de celle du phénol. Elle se dissout peu dans l'eau, mais elle est très soluble dans les alcools et les éthers; elle est elle-même douée d'un pouvoir dissolvant remarquable. Elle se dissout dans l'acide sulfurique concentré avec une coloration rouge qui passe au violet. Elle est violemment attaquée par l'acide azotique.

M. Hermann Rust donne les caractères suivants qui servent à distinguer le phénol de la créosote du goudron de hêtre. 15 parties de phénol et 10 de collodion donnent une masse gélatineuse, tandis que la créosote se mélange au collodion en donnant une solution claire.

En ajoutant de l'ammoniaque à du perchlorure de fer jusqu'à ce que le précipité soit persistant, on obtient une liqueur qui donne avec le phénol une coloration bleue ou violette, et avec la créosote du goudron de hêtre, une coloration d'abord verte puis brune.

Pour déceler la présence du phénol dans la créosote, M. Clark fait bouillir quelques grammes de l'huile suspecte avec un excès d'acide azotique jusqu'à ce qu'il ne se dégage plus de vapeurs rouges. On décompose ensuite la solution obtenue par la potasse. La formation d'un précipité jaune cristallisé provient du picrate de potassium, dérivé du phénol; dans les mêmes conditions, la créosote donne de l'acide oxalique.

D'après Flückiger, il est préférable d'opérer ainsi : l'huile à essayer est chauffée avec le quart de son volume d'ammoniaque, et versée dans une grande capsule. Après avoir étendu la couche liquide, l'excès de la solution est versé et la capsule est tenue renversée au-dessus d'un flacon de brome. En présence du phénol, il se forme une coloration bleue au point de contact du brome et de la mince couche de liquide qui recouvre la capsule.

## CRÉSYLOL

*Syn :* Crésol, acide crésylique.

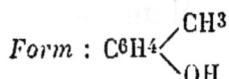

*Form :* $C^6H^4{\large<}{\scriptstyle CH^3 \atop OH}$

Le crésylol est contenu dans les goudrons de houille et aussi dans les goudrons de bois. Le crésol ainsi obtenu est surtout constitué par le para-crésol. On peut l'extraire des huiles lourdes de goudron de houille. On l'obtient de la même manière que le phénol et mélangé avec celui-ci, au moyen d'un traitement par une lessive de soude. La séparation des deux corps, préalablement entièrement dépouillés d'eau, s'effectue par distillation fractionnée. On peut abréger cette opération en procédant par précipitation fractionnée, comme il est indiqué plus loin. Le crésylol ne se combine pas aussi facilement avec les alcalis que le phénol; il est par conséquent absorbé en dernier lieu dans un mélange de ces deux corps. Par contre, il est séparé le premier par un acide d'un mélange des deux combinaisons alcalines. Après qu'on a éliminé de cette manière une grande partie du phénol, on procède à la distillation fractionnée pour obtenir la séparation complète.

*Procédé de séparation des crésols et des phénols.* — Les composés à fonctions phénoliques préalablement purifiés fautant que possible par la distillation, sont traités par la quantité nécessaire d'hydrate de baryte pour leur saturation. Les composés phénoliques se dissolvent tandis que les matières étrangères se déposent. On enlève les parties huileuses et les impuretés par les procédés connus.

La solution est évaporée : à un certain degré on fait cristalliser. Le sel barytique du phénol(1) ainsi que ceux de l'ortho et du paracrésol cristallisent, tandis que celui du metacrésol reste en solution. La masse cristalline est pressée et purifiée par une nouvelle cristallisation dans l'eau : elle est ensuite broyée et mélangée avec une quantité d'eau repré-

(1) Le sel barytique du phénol se dissout dans 40 parties d'eau bouillante, tandis que les sels de l'orthocrésol et du paracrésol demandent 150 ct 325 parties d'eau.

sentant la moitié du poids présupposé du sel phénolique contenu ; on la chauffe et on filtre à chaud.

Les eaux filtrées contiennent la plus grande partie du sel barytique du phénol. Le résidu est repris avec une quantité d'eau représentant une fois
et demie le poids supposé de l'orthocrésol. Comme
précédemment, on filtre à chaud : les eaux contiennent le sel barytique de l'orthocrésol. Enfin,
pour obtenir le sel du paracrésol, on reprend une
dernière fois le résidu avec trois parties et demie
d'eau bouillante et on filtre à chaud.

Pour obtenir les phénols à l'état libre, on décompose les sels par l'acide chlorhydrique.

On peut encore séparer le phénol et les crésols
par des neutralisations fractionnées : pour cela, on
ajoute en plusieurs fois une solution chaude d'hydrate de baryte et on fait cristalliser après chaque
addition. On obtient successivement le phénol,
l'orthocrésol et le paracrésol sous forme de sels
barytiques. Le métacrésol reste en solution.

Ces procédés peuvent être appliqués non seulement aux goudrons provenant de la distillation du
bois, mais aussi à ceux provenant de la houille ;
dans ce cas, les résultats sont légèrement différents.

Ces méthodes ne peuvent être mises en pratique
qu'à la condition de régénérer aussi complètement
que possible l'hydrate de baryte qui est d'un prix
relativement assez élevé.

*Procédé synthétique pour la préparation des cré-sylols.* — Le sulfate d'orthotoluidine est transformé par l'acide azoteux en sulfate de diazo-orthotoluidine; celui-ci, n'étant pas stable, est décomposé en orthocrésylol. Ces réactions permettent de se procurer facilement l'orthocrésylol et ses deux isomères lorsqu'on emploie à la place de l'orthotoluidine, la paratoluidine et la métatoluidine.

Dans un ballon de 5 litres, on dissout 100 grammes d'orthotoluidine dans 3500 grammes d'eau additionnée de 100 grammes d'acide sulfurique concentré, puis on ajoute peu à peu au mélange, en agitant avec soin, une solution aqueuse concentrée contenant 80 grammes d'azotite de soude. On abandonne ensuite le produit à lui-même pendant quelque temps. L'azote se dégage lentement, la liqueur se trouble et finit par se colorer en rouge brun. La réaction est alors terminée. Pour séparer l'orthocrésylol formé, on dispose le ballon dans un bain-marie et on le munit d'un bouchon portant deux tubes : l'un de ces tubes met le haut du col en communication avec un réfrigérant de Liebig; l'autre, pénétrant jusqu'au fond du ballon, y amène un courant de vapeur d'eau, fourni par un ballon contenant de l'eau en ébullition. On commence par chauffer au bain-marie le mélange qui a réagi, puis, lorsque son contenu est au voisinage de 100°, on y fait passer rapidement la vapeur d'eau. Le crésylol distille entraîné par la vapeur.

On continue tant que le liquide condensé, additionné d'eau bromée, se trouble par la formation d'un précipité d'orthocrésylol bibromé ; une matière résineuse reste dans le ballon. On ajoute au produit distillé de la lessive de soude, qui dissout le crésylol en suspension ; on filtre, on acidule par l'acide sulfurique et on enlève le crésylol remis en liberté par des agitations répétées avec de l'éther. Cette dernière opération se pratique aisément au moyen des ampoules à décanter. On réunit les liqueurs éthérées dans un ballon et on les distille en les chauffant par un courant de vapeur d'eau, en prenant toutes les précautions nécessaires pour éviter la combustion de la vapeur d'éther. On obtient un résidu huileux et coloré, qui est constitué par l'orthocrésylol impur. On purifie ce composé en le rectifiant dans un petit appareil distillatoire, muni d'un thermomètre, et en recueillant à part le produit bouillant entre 180° et 190°. Le rendement atteint 70 0/0 de la toluidine traitée.

La paratoluidine et la métatoluidine donnent de même les deux isomères de l'orthocrésylol. L'orthocrésylol fond à 31° et bout à 188°.

Le paracrésylol fond à 36° et bout à 198°. Il est peu soluble dans l'eau, mais se dissout facilement dans l'alcool et l'éther.

## SOLUTOL ET SOLVÉOL

On désigne sous ces deux noms des produits désinfectants dont la base est le crésylol et qui sont solubles dans l'eau.

Le solutol est composé d'un mélange de crésylol et de crésylate de soude. Il renferme pour $100^{cc}$ 60 p. 4 de crésylol dont le quart se trouve à l'état libre.

Le solvéol est composé par un mélange de crésylol et de crésotinate de soude.

Contrairement au solutol qui a une réaction alcaline prononcée, le solvéol peut être employé en chirurgie par suite de son caractère neutre.

## CRÉOSOL

$$Form. : \quad C^6H^3 \overset{\displaystyle CH^3}{\underset{\displaystyle OH}{-OCH^3}}$$

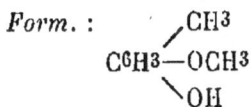

Le créosol est contenu dans la créosote du goudron de hêtre ; il existe aussi dans le produit de la distillation de la résine de gaïac. La constitution du créosol a été établie définitivement par les travaux de Tiemann et Mendelsohn : c'est une méthylpyrocatéchine méthylée ou un homogaïacol appartenant à la série protocatéchique.

On peut le préparer en traitant par l'acide sulfurique étendu, ou par l'acide oxalique le créosolate de potassium.

Le créosolate de potassium est obtenu par l'action du potassium sur la créosote.

On opère dans une cornue en communication avec un flacon à deux tubulures renfermant de l'éther et se rattachant d'autre part à un réfrigérant de Liebig disposé en sens inverse. Le potassium étant dissous dans la créosote, on fait tomber le produit chaud et liquide dans l'éther; celui-ci entre en ébullition, se condense dans le réfrigérant de Liebig et reflue dans le flacon; le créosolate de potassium s'y dissout; par refroidissement, il se prend en une bouillie cristalline.

Par l'action de l'acide sulfurique étendu, il se sépare une huile, le créosol, qui est lavée et rectifiée.

Pour obtenir le créosolate de potassium, on peut aussi procéder de la manière suivante :

La fraction de la créosote du goudron de hêtre bouillant à 222° est formée principalement de deux corps : le créosol et le phlorol. On les sépare en dissolvant un volume de cette huile dans son volume d'éther et en ajoutant 1 1/2 à 2 volumes d'une solution alcoolique saturée de potasse. La plus grande partie du créosol se sépare sous forme de créosolate de potasse.

Le créosol est un liquide incolore, d'une odeur agréable, qui bout à 219°. Il est insoluble dans l'eau, et très soluble dans l'alcool et les éthers.

## GAÏACOL

*Syn.* : Méthylpyrocatéchine.

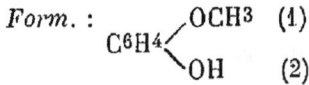

*Form.* :  $C^6H^4 \begin{cases} OCH^3 & (1) \\ OH & (2) \end{cases}$

Le gaïacol est l'éther méthylique de la pyrocatéchine.

C'est le principal constituant de la créosote. Il est retiré par distillation fractionnée de la créosote du hêtre où il se trouve en proportions élevées pouvant atteindre 90 0/0.

On recueille les parties distillant entre 200 et 205 et on les agite avec de l'ammoniaque faible. Après avoir répété plusieurs fois ce traitement, on distille de nouveau, puis on les dissout dans un volume égal d'éther, et on ajoute une solution alcoolique cencentrée de potasse jusqu'à léger excès. On lave le précipité qui se forme à l'éther ; on le fait cristalliser dans l'alcool et enfin on le sature avec de l'acide sulfurique dilué. Le gaïacol se sépare sous forme d'un liquide à odeur aromatique agréable, bouillant à 201° et d'une densité de 1,147 à 13°.

Le gaïacol ainsi obtenu se présente sous forme d'un liquide oléagineux, incolore et doué d'une odeur aromatique particulière. Il se dissout dans 200 parties d'eau, il est entièrement soluble dans l'alcool et l'éther. Par addition de perchlorure de fer, la solution alcoolique prend une teinte bleue qui devient verte. Un mélange de gaïacol avec le double de son volume de lessive de potasse, doit au bout de quelques temps, se prendre en une masse cristalline blanche. Avec l'eau bromée, le gaïacol donne un précipité orangé qui brunit rapidement. L'action de l'acide sulfurique sur le gaïacol serait digne d'intérêt et pourrait servir à reconnaître la pureté de ce corps. Par addition de quelques gouttes de cet acide, le mélange se colore en rouge pourpre. Si le produit essayé renferme des traces de créosote, on n'obtient qu'une coloration vert grisâtre.

*Procédé de MM. Béhal et Choay pour préparer le gaïacol pur.* — On attribue au gaïacol des points d'ébullition et des densités variables. Du peu de fixité de ces données, il en est résulté que les gaïacols du commerce sont des produits de composition variable; les uns ont un point d'ébullition de 200 à 205°, d'autres de 205 à 215°. Aucun de ces produits n'est pur. D'après les analyses de MM. Béhal et Choay, les gaïacols du commerce ne renferment même pas 50 0/0 de gaïacol chimiquement défini; le reste est formé en grande partie de crésylol et de créosol.

On dissout en refroidissant 58 grammes de sodium dans 600 grammes d'alcool méthylique. La dissolution se fait rapidement; on ajoute alors 270 grammes de pyrocatéchine, dissoute dans l'alcool méthylique ; le mélange se prend rapidement en masse ; on chauffe dans un autoclave à 120-130°, avec un léger excès d'iodure de méthyle.

On laisse refroidir ; on distille pour retirer l'alcool, puis on entraîne le résidu par la vapeur d'eau.

Le gaïacol est décanté, puis dissous dans la soude et la solution sodique est agitée avec de l'éther pour enlever le vératrol. On met le gaïacol en liberté par l'acide chlorhydrique et on l'entraîne de nouveau par la vapeur d'eau ; enfin, on le distille dans un tube Le Bel-Henninger.

Dans ces conditions, il ne passe pas encore à température constante.

Si on recueille la portion bouillant de 205 à 207°, et qu'on la refroidisse au moyen du chlorure de méthyle, le produit cristallise : c'est du gaïacol pur.

Le gaïacol ainsi obtenu est un corps solide blanc, bien cristallisé, fusible à 28°,5 et bouillant à 205°,1.

## β — NAPHTOL

*Form.* : $C^{10}H^7OH$

Les naphtalines sulfonées par l'action des hydrates alcalins en fusion donnent les deux combinaisons isomères des napthols :

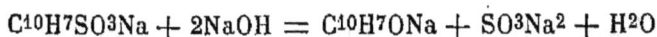

$$C^{10}H^7SO^3Na + 2NaOH = C^{10}H^7ONa + SO^3Na^2 + H^2O$$

La préparation du β-napthol fait l'objet d'une

importante fabrication dans le domaine des matières colorantes. Le lecteur en trouvera la description dans les principaux traités de couleur.

La préparation du β-naphtol médicinal consiste
dans la purification du β-naphtol commercial qui
est toujours souillé d'impuretés. Cette purification
comporte une distillation et une sublimation.

Lorsqu'il s'agit d'obtenir de petites quantités de
β-naphtol, on peut procéder de la manière suivante.

*Procédé de préparation du β-napthol en petites
quantités.* — Pour obtenir le β-naphtol, on fond
300 grammes de soude caustique sèche avec 30 grammes d'eau dans un creuset métallique, et on porte la
masse à 280°. On y mélange alors, en agitant continuellement, 100 grammes de β-naphtalosulfate de
soude, bien sec et finement pulvérisé. On se règle
pour accélérer ou ralentir les additions de sel sur les
indications du thermomètre qui ne doit pas baisser
au-dessous de 260°. On continue ensuite à chauffer
en agitant, jusqu'à ce que la température ait atteint
320°. Le sel a d'abord épaissi beaucoup la masse en
fusion, sans cependant que celle-ci soit devenue trop
solide pour ne pouvoir être agitée. Vers 300°, de
l'hydrogène commence à se dégager ; il est engendré par l'oxydation du sulfite alcalin aux dépens de
l'eau de l'hydrate alcalin ; il augmente le volume
du mélange qui prend une teinte jaune claire.

A partir de ce moment, des vapeurs se dégagent

en abondance, le produit mousse et la réaction
s'accélérant prend fin en quelques minutes. Dès
qu'elle est achevée, la matière reste en fusion
tranquille ; en l'agitant, on s'aperçoit qu'elle est
formée de deux liquides superposés. Le plus léger,
jaune brun, transparent, est formé surtout de
naphtol sodé impur ; on laisse refroidir et on le
sépare mécaniquement de la soude caustique fondue, qui est plus dense et s'est déposée. On dissout le naphtol sodé dans l'eau chaude, additionnée de 15 0/0 d'acide chlorhydrique ; on porte
aussitôt à l'ébullition et on laisse refroidir. On
recueille sur un filtre de coton le naphtol qui s'est
séparé et on le lave à l'eau. On le purifie par des
cristallisations répétées dans l'eau chaude, ou
mieux encore, on le dessèche et on le rectifie à
température fixe (1).

Le β-naphtol cristallise en petites paillettes
blanches : lorsqu'il est obtenu à l'état de pureté, il a
un aspect blanc ; exposé à l'air, il rougit peu à peu.
Il fond à 122° et bout à 286°. Le perchlorure de
fer donne, en présence du β-naphtol, une coloration
verdâtre.

(1) Jungfleisch ; *Manipulations de chimie*, 1893.

# CHAPITRE V

## COMBINAISONS MÉTALLIQUES ET DIVERSES
## DES PHÉNOLS (1)

Aseptol. — Combinaisons avec le mercure. — Dérivés iodés :
sozoïodol et aristol. — Microcidine.

### ASEPTOL

L'aseptol est un produit d'une constitution mal définie. Il serait un mélange formé en grande partie par le phénol sulfoné et l'éther éthylique de celui-ci.

On le prépare de la manière suivante :

On traite 4 kilogrammes de phénol par $1^{kg},600$ d'acide sulfurique, en ayant soin de refroidir et d'ajouter lentement l'acide sur le phénol.

Pour que l'action de l'acide soit moins vive, le phénol est préalablement fortement comprimé.

Après douze heures d'agitation, on ajoute peu à peu 3 décilitres et demi d'alcool.

On désigne aujourd'hui plutôt sous le nom d'*aseptol* l'orthophénol-sulfoné.

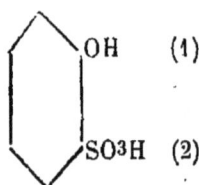

$$\text{OH} \quad (1)$$
$$\text{SO}^3\text{H} \quad (2)$$

Employé comme antiseptique et désinfectant.

(1) Voy. Trillat, *Sur les antiseptiques et produits médicinaux dérivés de la houille, Moniteur scientifique*, 1892.

## COMBINAISONS DES PHÉNOLS AVEC LE MERCURE

Il était très naturel que l'on songeât à combiner les phénols avec les sels de mercure, dont le pouvoir antiseptique est, comme on le sait, très grand.

En faisant agir le nitrate de mercure sur les phénols, sur le thymol par exemple, on obtient un sel dont la formule déterminée par l'analyse correspond à

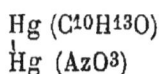

$$Hg\ (C^{10}H^{13}O)$$
$$\overset{|}{Hg}\ (AzO^3)$$

De même, en remplaçant le nitrate de mercure par l'acétate, on a :

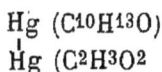

$$Hg\ (C^{10}H^{13}O)$$
$$\overset{|}{Hg}\ (C^2H^3O^2$$

Pour obtenir la combinaison du thymol, on opère de la manière suivante :

On fait une dissolution de nitrate de mercure que l'on acidule par de l'acide azotique et que l'on verse à chaud dans une dissolution alcaline de thymol. L'opération se fait peu à peu et sous agitation continuelle, jusqu'à ce que le précipité jaune formé commence à se redissoudre (1). On laisse refroidir le liquide : les combinaisons entre le thymolate de mercure et l'acétate se déposent sous la forme de petits cristaux incolores et entrelacés. Cette combinaison est très soluble dans la soude

(1) Brevet allemand, 48.539.

étendue et à chaud; on peut employer cette propriété pour la purifier.

Lorsqu'on décompose la solution alcaline par
un acide, la combinaison se sépare en raison de sa
faible solubilité.

On peut modifier le procédé de préparation en
ajoutant la dissolution de nitrate de mercure dans
une solution alcoolique de thymol. Cette méthode
a l'avantage de donner un produit plus blanc. La
combinaison mercurielle du thymol se colore peu
à peu à la lumière et dégage une faible odeur de
thymol.

Le phénol, la résorcine, le naphtol donnent des
combinaisons analogues.

En thérapeutique, elles sont utilisées comme an-
tiparasitaires.

En même temps que l'on cherchait à utiliser en
thérapeutique les propriétés des sels doubles des
phénols et du mercure, on essayait de combiner
l'iode avec les phénols ou ses dérivés, dans l'espé-
rance de trouver un remplaçant de l'iodoforme.

Les dérivés des phénols peuvent se diviser en
deux classes.

1° Dérivés iodés des phénols sulfonés.

2° Dérivés iodés des phénols non sulfonés;

### 1° COMBINAISONS DE L'IODE AVEC LES PHÉNOLS SULFONÉS

### SOZOÏODOLS

Lorsque l'on traite les différents produits sulfonés des phénols ou de leurs sels par une dissolution appropriée d'iode comme celle qui est obtenue en faisant passer un courant de chlore dans de l'eau contenant l'iode en suspension, on obtient un précipité cristallin formé par la combinaison de l'iode avec les sulfophénols ou leurs sels.

La solution d'iode est obtenue, soit comme nous le disions en faisant passer un courant de chlore dans l'eau contenant de l'iode en suspension, soit en dissolvant l'iodure de potassium dans de l'eau additionnée d'acide chlorhydrique et de nitrite de sodium. On l'obtient encore en introduisant de l'acide nitreux dans l'acide chlorhydrique, dans lequel se trouve de l'iode en suspension.

En traitant par l'iode les phénols sulfonés ou leurs sels en présence des alcalis ou en général en présence d'un corps susceptible de fixer l'acide iodhydrique naissant, il se sépare, après acidification, les sels acides des phénolsulfonés et biiodés. En évaporant les eaux-mères on a les sels acides des mêmes produits monoïodés.

Pour obtenir ces combinaisons, on peut procéder ainsi : 5 kilogrammes d'iode sont mélangés avec 20 kilogrammes d'acide chlorhydrique d'un poids spécifique de 1,26 ; on fait passer dans ce mélange un courant d'acide nitreux jusqu'à ce que tout l'iode soit dissous. Cette dissolution (qui contient l'iode à l'état de ICl) est saturée par un carbonate jusqu'à ce que l'iode commence à se déposer (1).

D'autre part, $4^{kg},250$ de sel potassique du phénol sulfoné sont dissous dans 15 kilogrammes d'eau et décomposés par la moitié de la dissolution d'iode que nous venons d'indiquer. Il se forme une masse cristalline : l'acide chlorhydrique qui en résulte est saturé par le carbonate de potassium ; on ajoute alors la seconde moitié de la solution d'iode, ce qui provoque une seconde précipitation de cristaux qui sont formés par le sel potassique acide du paraphénol biiodé : le sel monoïodé est contenu dans les eaux filtrées.

Il est probable que la réaction se passe d'après la formule suivante :

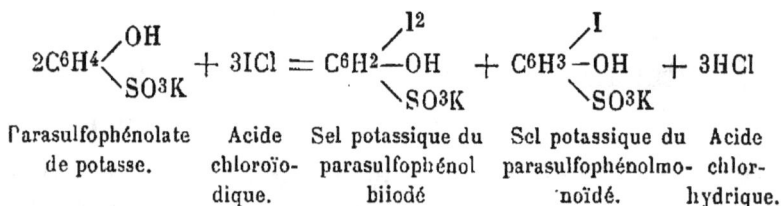

$$2C^6H^4 \Big\langle {}^{OH}_{SO^3K} + 3ICl = C^6H^2 {\big\langle}^{I2}_{SO^3K} -OH \quad + C^6H^3 {-}^{I}OH \quad + 3HCl$$

| Parasulfophénolate de potasse. | Acide chloroïodique. | Sel potassique du parasulfophénol biiodé | Sel potassique du parasulfophénolmonoïodé. | Acide chlorhydrique. |
|---|---|---|---|---|

Le sel acide cristallise dans l'eau sous forme de beaux cristaux : il est difficilement soluble dans l'alcool. Le sel sodique correspondant est plus soluble dans l'eau.

_____

(1) Brevet allemand, 49.739.

Pour obtenir l'acide diiodoparaphénolsulfonique, on décompose le sel barytique par la quantité théorique d'acide sulfurique : cet acide est soluble dans l'eau et dans l'alcool.

Les dérivés ortho et méta s'obtiennent d'une manière analogue en remplaçant la combinaison du paraphénol par celles des ortho et des métaphénols.

La combinaison potassique ou sodique :

$$C^6H^2I^2 (OH) SO^3Na + 2 H^2O$$

est vendue dans le commerce sous le nom de sozoïodol. Elle a été destinée sans beaucoup plus de succès à remplacer l'iodol dont il sera parlé plus loin, et qui devait remplir le même but que l'iodoforme.

*Combinaison de l'iode avec les crésols sulfonés.* — Les combinaisons de l'ortho et du paracrésol avec l'iode s'obtiennent d'une manière analogue.

*Combinaison de l'iode avec le thymol sulfoné.* — 1 partie de thymol est dissoute dans 2 parties d'acide sulfurique en chauffant au bain-marie. On dissout à l'eau et on neutralise avec de la baryte : on obtient ainsi le sel barytique du thymol monosulfoné. 5 kilogrammes de ce sel sont dissous dans 10 kilogrammes d'eau : on ajoute à cette solution $1^{kg},400$ d'iode. Le sel barytique du thymol sulfoné monoïodé se sépare sous forme de paillettes : au moyen du carbonate de potasse, on le transforme en sel potassique qui se présente sous la forme de petits cristaux légèrement colorés en jaune.

Comme nous le disions plus haut, on désigne plus particulièrement sous le nom de sozoïodol la combinaison obtenue avec le phénol sulfoné.

## 2° COMBINAISONS DE L'IODE AVEC LES PHÉNOLS OU LEURS DÉRIVÉS NON SULFONÉS

### ARISTOLS

Nous venons de voir dans la préparation du sozoïodol que l'iode agit non pas sur l'hydrogène de l'hydroxyle, mais directement dans le noyau dont deux atomes d'hydrogène sont remplacés par deux atomes d'iode. Pour que la substitution de l'iode dans l'hydroxyle puisse s'opérer, il faut dissoudre l'iode dans une solution d'un iodure alcalin et verser le mélange dans la solution alcaline du phénol employé.

Cette molécule d'iode fixée à l'oxygène de l'hydroxyle est peu stable et, par suite, peut réagir facilement : en traitant cette combinaison par les alcalis, l'acide sulfureux ou les hyposulfites il se produit une émigration (1) dans le noyau.

La préparation des aristols repose sur ces deux réactions (2).

Au lieu de faire la dissolution d'iode comme il

(1) Cette émigration peut même se produire spontanément surtout à l'air humide.
(2) Brevet allemand, 45.226.

vient d'être indiqué, on peut décomposer la solution alcaline du phénol par un iodure alcalin et
mettre l'iode en liberté par le chlorure de chaux.

La réaction peut, dans ce cas, se formuler ainsi :

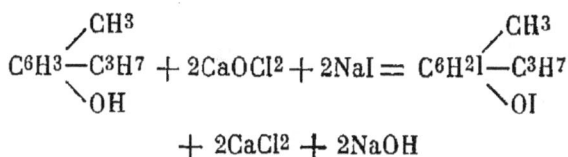

$$C^6H^3 \underset{\diagdown OH}{\overset{\diagup CH^3}{-C^3H^7}} + 2CaOCl^2 + 2NaI = C^6H^2I \underset{\diagdown OI}{\overset{\diagup CH^3}{-C^3H^7}}$$

$$+ 2CaCl^2 + 2NaOH$$

*Iodure du phénol biiodé.* — $10^{kg},16$ d'iode sont
dissous dans une dissolution de 12 kilogrammes
d'iodure de potassium : on chauffe le liquide à 60°
et on y introduit une dissolution de $0^{kg},900$ de
phénol dans $0^{kg},16$ de soude caustique étendue. Il
se forme un précipité floconneux rouge-brun que
l'on filtre et que l'on lave à l'eau froide.

Après lavage, la poudre ainsi obtenue a une couleur violet-rouge : elle n'a aucun goût et est insoluble dans l'eau et les acides étendus, soluble
dans l'alcool et l'éther. Ce produit fond en se décomposant à 157°.

*Iodure de résorcine biiodée et de l'acide salicyli-
que monoiodé.* — $13^{kg},86$ d'iode sont dissous dans
15 kilogrammes d'iodure de potassium : on y ajoute,
en agitant continuellement, 2 kilogrammes de résorcine dissoute dans $2^{kg},400$ de soude. Il en résulte un précipité brun assez difficile à purifier par
le lavage qui, après séchage, à l'aspect d'une poudre couleur chocolat, se ramollissant à 120° et se

décomposant vers 135°. Le produit correspondant obtenu par l'acide salicylique fond à 235°.

*Iodure du thymol iodé. Transformation en thymol iodé.* — 5 kilogrammes de thymol sont dissous dans une solution de soude caustique (1$^{kg}$,200 dans 2 litres d'eau). On verse le liquide dans une dissolution composée de 6 kilogrammes d'iode dans 9 kilogrammes d'iodure de potassium et 10 litres d'eau. On a soin de maintenir la température entre 15° et 20° et d'agiter constamment. Il se forme immédiatement un précipité rouge-brun, volumineux qui n'est autre que la combinaison de l'iodure du thymol iodé. Après filtration, on lave avec soin à l'eau distillée et on sèche à la température ordinaire. Le produit obtenu se présente sous la forme d'une poudre amorphe rougeâtre et sans aucun goût : il est insoluble dans l'eau à chaud comme à froid, difficilement soluble dans l'alcool, mais très soluble dans l'éther. Lorsqu'on prend son point de fusion dans un petit tube capillaire, il devient brun foncé ; à 60° il se ramollit peu à peu, à 110° il se décompose.

Pour transformer ce produit en thymol iodé, on délaie 1 kilogramme de l'iodure obtenu dans 21 litres d'eau et on le chauffe avec une dissolution d'hyposulfite de soude en excès. On maintient la température à 50°, en agitant continuellement ; il en résulte une décoloration complète. Le thymol monoïodé qui se forme est filtré et purifié dans une dissolution dans l'éther. Il se présente sous la forme d'une poudre blanche qui se ramollit à 110° et qui est complètement insoluble dans l'eau froide et dans l'eau chaude. Il est dépourvu d'odeur et de goût.

On peut encore préparer le thymol iodé, en transformant l'iodure de thymol en thymol iodé.

Pour cela, on dissout $1^{kg},500$ de thymol dans 10 litres d'eau contenant $1^{kg},800$ de soude pure. On verse le liquide dans une dissolution composée de $5^{kg},100$ d'iode, 9 kilogrammes d'iodure de potassium et 10 litres d'eau : on a soin de maintenir la température à 15-20°. L'iodure de thymol se précipite sous la forme d'une poudre amorphe et rougeâtre : il se distingue du produit précédent par sa manière de se comporter pendant son point de fusion.

La transformation s'opère par la même méthode que précédemment. Toutefois, le thymol iodé ainsi obtenu présente quelque différence avec celui obtenu en transformant l'iodure du thymol biiodé.

*Iodure de β-naphtol.* — $1^{kg},400$ de β-naphtol sont dissous dans 11 litres d'eau contenant $0^{kg},200$ de soude. Le liquide filtré est versé après bonne agitation dans une dissolution composée de $2^{kg},500$ d'iode, $4^{kg},500$ d'iodure de potassium et 10 litres d'eau. On le purifie comme précédemment. Il est insoluble dans l'eau et soluble dans l'alcool et l'éther; par le traitement des hyposulfites, il est transformé en naphtol iodé.

*Iodure de carvacrol.* — L'iodure de carvacrol se prépare comme il vient d'être indiqué pour l'iodure de thymol.

La plupart de ces combinaisons iodées ont été trouvées et étudiées par Messinger et Wortmann (1).

Le dérivé du thymol est le plus important et le plus connu de ces différents produits; il est connu sous le nom d'aristol. Il est employé comme antiseptique et peut quelquefois remplacer l'iodoforme dont il n'a pas la mauvaise odeur.

### MICROCIDINE

La microcidine résulte de l'action de la soude sur le β-napthol à haute température.

Dans cette action de la soude sur le β-napthol, la température du point de fusion de ce dernier qui est de 122° monte brusquement jusqu'à près de 200°.

La microcidine contient environ 70 0/0 de naphtolate de sodium : le restant est formé probablement par un mélange de produits à fonctions

(1) *Berichte der deutchen chemischen Gesellschaft*, **XXII**, p. 2322.

phénoliques ou naphtoliques plus ou moins hydroxylées. Elle se présente sous forme d'une poudre blanche très soluble à l'eau : cette solution est employée comme antiseptique (1).

(1) F. Berlioz, *Bullelin de l'Académie de médecine* (1891).

# CHAPITRE VI

## ACIDES ET DÉRIVÉS DES PHÉNOLS

Acide benzoïque. — Acide salicylique. — Salols. — Produits substitués de l'acide salicylique. — Thiodérivés. — Acide gaïacol carbonique. — Acide oxynaphtoïque. — Dermatol. — Hypnone. — Benzosol. — Benzonaphtol.

### ACIDE BENZOÏQUE

*Form.* : $C^6H^5CO^2H$

L'acide benzoïque existe tout formé dans un grand nombre de résines telles que le benjoin, le baume de Tolu, le castoreum, etc. Il est contenu dans l'urine des animaux surtout après putréfaction : il résulte de la décomposition de l'acide hippurique :

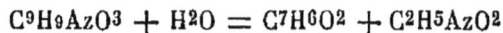

$$C^9H^9AzO^3 + H^2O = C^7H^6O^2 + C^2H^5AzO^2$$

L'acide benzoïque se forme encore dans un grand nombre de réactions : beaucoup d'hydrocarbures, oxydés par l'acide azotique ou par un mélange d'acide sulfurique et de bichromate de potasse, fournissent cet acide.

L'acide benzoïque peut être obtenu du benjoin ou des urines putrifiées, ou par voie synthétique.

*Extraction de l'acide benzoïque du benjoin.* — Pour obtenir de petites quantités d'acide benzoïque

dans les laboratoires, on place du benjoin grossièrement concassé dans un têt en terre qu'on recouvre
d'une feuille de papier à filtrer collée sur les bords
(fig. 54).

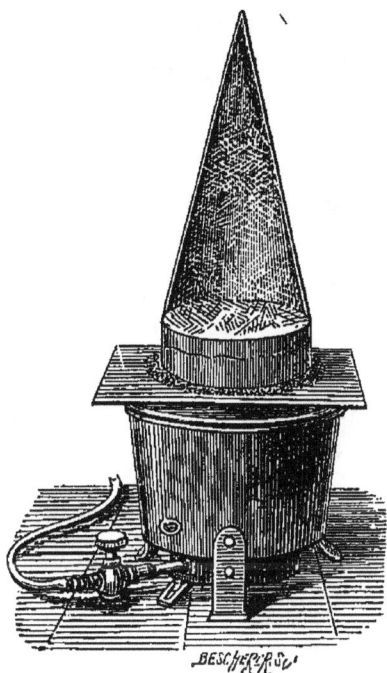

Fig. 54. — Préparation de l'acide benzoïque par sublimation.

Au-dessus de cette feuille de papier, on place un
cône de carton, puis on chauffe lentement, pendant
plusieurs heures. L'acide se sublime, passe à travers le papier et se dépose sur les parois du cornet
en lamelles cristallines minces.

*Préparation industrielle de l'acide benzoïque.* —
Les procédés de préparation industrielle de l'acide

benzoïque peuvent se résumer en quatre procédés principaux.

1° Procédé par l'acide hippurique ;

2° Procédé de M. Depouilly ;

3° Procédé de MM. Lauth et Grimaux.

4° Par oxydation du toluène.

1° *Préparation de l'acide benzoïque par l'acide hippurique.*

Pour séparer l'acide hippurique de l'urine, on évapore l'urine fraîche de cheval jusqu'au tiers de son volume et après refroidissement, on le décompose par l'acide chlorhydrique. L'acide hippurique se dépose à l'état cristallin. Pour le débarrasser de ses impuretés, on le fait cristalliser plusieurs fois dans l'eau jusqu'à ce qu'il soit incolore et sans odeur. Pour le transformer en acide benzoïque, on le chauffe avec de l'acide chlorhydrique : la formation de l'acide benzoïque se produit d'après l'équation ci-dessus décrite. Par refroidissement, le liquide se prend en une masse cristalline ; par filtration et compression, on débarrasse l'acide benzoïque de ses eaux-mères.

L'acide benzoïque ainsi préparé a toujours une odeur d'urine d'autant plus prononcée que la purification de l'acide hippurique a été plus négligée. Pour lui enlever cette odeur ou plutôt pour l'atténuer, on la sublime en présence d'une petite quantité d'acide benzoïque retiré du benjoin.

*Procédé de M. Depouilly.* — Dans le procédé de M. Depouilly, la naphtaline est transformée successivement en tétrachlorure de naphtaline :

$$C^{10}H^8Cl^4$$

puis en acide phtalique :

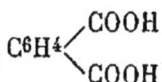

$$C^6H^4\Big\langle{{COOH}\atop{COOH}}$$

Celui-ci, chauffé avec de la chaux, se transforme en acide benzoïque :

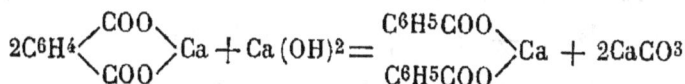

$$2C^6H^4\Big\langle{{COO}\atop{COO}}\Big\rangle Ca + Ca(OH)^2 = {{C^6H^5COO}\atop{C^6H^5COO}}\Big\rangle Ca + 2CaCO^3$$

On procède de la manière suivante :

On introduit dans 5 parties d'acide chlorhydrique ordinaire un mélange composé de 1 partie de naphtaline et de 2 parties de chlorate de potasse. Il se forme un mélange de dérivés chlorés de la naphtaline qu'on lave à l'eau chaude. On chauffe la masse avec précaution jusqu'à dessication ; au moyen d'un traitement à l'éther de pétrole, on enlève les matières étrangères au tétrachlorure de naphtaline.

Celui-ci est ensuite chauffé avec 5 à 6 parties d'acide azotique d'un poids spécifique de 1,35, jusqu'à ce que la masse soit devenue homogène. Après avoir chassé l'excès d'acide azotique, l'acide phtalique cristallise par refroidissement. Celui-ci est enfin chauffé à 330-350°, avec de la chaux éteinte ; on obtient l'acide benzoïque à l'état de benzoate de chaux.

*Procédé de MM. Lauth et Grimaux.* — Ce procédé consiste à oxyder le chlorure de benzyle ou toluène chloré par l'acide azotique.

Le chlorure de benzyle est placé dans un appareil muni d'un réfrigérant. On y ajoute de l'acide azotique et on porte la température à l'ébullition : le chlorure de benzyle se transforme en acide benzoïque et en hydrure de benzoyle.

*Préparation de l'acide benzoïque par oxydation du toluène.* — L'industrie a livré ces dernières années de grandes quantités d'acide benzoïque résultant de l'oxydation du toluène qui était obtenu comme produit secondaire dans la préparation du nitrotoluène et des nitrobenzines commerciales; cet acide est toujours impur.

L'acide benzoïque cristallise en lames ou en aiguilles nacrées transparentes. Il fond à $121°,5$ et se sublime à $145°$. Très soluble dans l'alcool et l'éther, il se dissout seulement dans 200 parties d'eau froide. A l'état de pureté, il est sans odeur.

Pour reconnaître la présence du chlore dans l'acide benzoïque, on mélange $0^{gr},2$ d'acide benzoïque avec $0^{gr},3$ de carbonate de chaux et on chauffe dans un creuset. Le résidu dissous dans l'acide azotique étendu ne doit donner qu'un très léger trouble avec le nitrate d'argent.

Pour reconnaître la présence de l'acide zimmtcique, on chauffe avec une dissolution étendue de permanganate de potasse : il se dégage l'odeur caractéristique de la benzaldéhyde.

## ACIDE SALICYLIQUE

*Syn. :* Acide oxybenzoïque.

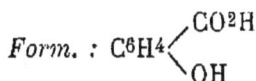

$$Form. : C^6H^4 \begin{cases} CO^2H \\ OH \end{cases}$$

La formation de l'acide salicylique fut observée en 1860 par Kolbe et Lauterman, dans l'action de l'acide carbonique sur le phénol en présence du sodium. En remplaçant le sodium par son phénate, on arriva à fabriquer industriellement l'acide salicylique et ce procédé fut employé jusqu'au moment où il fut remplacé par celui de Schmitt que nous décrirons plus loin.

Nous rappellerons les anciens procédés (1).

*Procédé Kolbe.* — On chauffait le phénol dans une cornue en fer avec des hydrates alcalins desséchés. Lorsque l'on atteignait la température de 183°, on introduisait un courant d'acide carbonique desséché, et on élevait finalement la température à 200°. L'acide salicylique était ensuite isolé par les méthodes connues.

(1) Pour de plus amples renseignements sur l'histoire de l'acide salicylique, nous renvoyons le lecteur à l'article de M. Jungfleisch sur l'industrie de l'acide salicylique. (*Journal de pharmacie et de chimie*, 1891, p. 367). Voy. Trillat, *Sur les antiseptiques et produits dérivés de la houille*, **Moniteur scientifique**, 1892.

*Procédé de Hentschel.* — Hentschel préparait d'abord l'éther carbonique du phénol en faisant passer un courant d'oxychlorure de carbone dans une solution aqueuse de phénolate de sodium. Par le traitement avec un alcali, l'éther se transformait en acide salicylique après la réaction suivante :

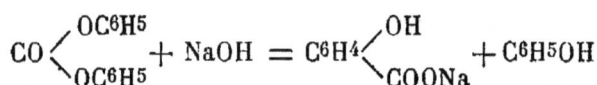

$$CO \underset{OC^6H^5}{\overset{OC^6H^5}{<}} + NaOH = C^6H^4 \underset{COONa}{\overset{OH}{<}} + C^6H^5OH$$

On peut encore obtenir cette transformation par l'alcool sodé.

*Procédé Schmitt.* — Dans le procédé de Kolbe, la moitié seulement du phénol employé était transformé en acide salicylique. Kolbe supposa qu'il y avait une décomposition intermédiaire du phénate de sodium en phénol et en phénate bisodique.

Ce fut Schmitt et ses élèves qui trouvèrent que dans l'action à froid de l'acide carbonique sur le phénate de sodium, il se forme d'abord le produit $C^6H^5OCONaO$ qui se décompose immédiatement par l'eau en phénol et en carbonate de sodium.

En chauffant lentement à l'air, la combinaison se décompose en phénate de sodium et en acide carbonique avec formation d'une petite quantité d'acide salicylique; cette proportion d'acide salicylique augmente par un chauffage rapide. Mais si on chauffe rapidement et sous pression, le phénylcarbonate de sodium se transforme quantitativement en acide salicylique.

A la suite de ces recherches, Schmitt fit breveter le procédé suivant qui, actuellement, est le seul généralement usité.

1re *méthode*. — Les phénates desséchés des métaux alcalins ou alcalino-terreux sont soumis à la température ordinaire à l'action de l'acide carbonique également desséché, aussi longtemps qu'il y a absorption.

Il se forme ainsi les sels des éthers carboniques. Exemple :

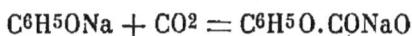

$$C^6H^5ONa + CO^2 = C^6H^5O.CONaO$$

En chauffant ces sels à 120-140° pendant quelques heures dans un digesteur fermé, on obtient une transformation intramoléculaire du phénylcarbonate de sodium en acide salicylique.

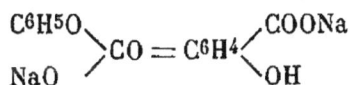

$$\begin{matrix} C^6H^5O \\ NaO \end{matrix} \Big\rangle CO = C^6H^4 \Big\langle \begin{matrix} COONa \\ OH \end{matrix}$$

En ouvrant le récipient, il n'existe plus de pression ; le salicylate à l'état de poudre est dissous dans l'eau et on le précipite ensuite par un acide minéral. On le purifie par cristallisation dans l'alcool.

2e *méthode*. — Les phénates préalablement desséchés sont mis dans un autoclave ; au moyen d'une pompe, on introduit de l'acide carbonique en quantité nécessaire. Pendant l'introduction de l'acide carbonique, on a soin de refroidir l'autoclave. Celui-ci reste fermé tant [qu'il y a encore

pression et que l'acide carbonique n'est pas complètement absorbé. On laisse encore agir quelque
temps afin de faciliter la combinaison. On chauffe
ensuite l'autoclave pendant quelques heures dans
un bain d'air à une température de 120 à 140° afin
de provoquer l'émigration moléculaire.

3ᵉ *méthode*. — On opère comme précédemment,
mais on remplace l'acide carbonique gazeux par l'a-
cide carbonique liquide ou solide. On emploie dans
ce cas des autoclaves en fer forgé dont les parois
peuvent supporter facilement de grandes pressions.

*Purification de l'acide salicylique.* — L'acide salicylique du commerce renferme comme impuretés
principalement de l'acide oxytoluylique qui provient de l'emploi du phénol impur, ainsi que des
traces d'acides parahydrobenzoïque et hydrooxyi-
sophtalique qui proviennent de l'action de la soude
à haute température.

On peut purifier l'acide salicylique en ajoutant à
sa solution bouillante du carbonate de chaux de
manière à le transformer en salicylate de chaux qui
se dépose par le refroidissement sous forme de beaux
cristaux ; les impuretés restent dans les eaux-mères.
On répète plusieurs fois ce traitement et on régénère l'acide salicylique par la méthode connue (1).

L'acide salicylique se présente sous forme d'aiguilles blanches fondant à 155°.

(1) Henderson, *Chemische Zeitung*, 1891.

Il a un grand débouché dans le commerce soit comme antiputride et antifermentescible, soit comme agent de conservation des substances alimentaires.

*Produits substitués de l'acide salicylique.* — La méthode de Schmitt permet également de préparer les salicylates substitués. Pour cela on opère avec les sels halogènes correspondants.

S'il s'agit, par exemple, de préparer l'acide chlorosalicylique, on emploiera le chlorophénate de sodium :

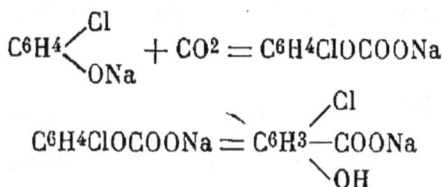

$$C^6H^4\diagdown^{Cl}_{ONa} + CO^2 = C^6H^4ClOCOONa$$

$$C^6H^4ClOCOONa = C^6H^3-^{Cl}_{COONa}\diagdown_{OH}$$

Les produits substitués de l'acide salicylique n'offrent pas un grand intérêt médical.

## ACIDE DITHIOSALICYLIQUE

*Form.* : $C^{14}H^{10}O^6S^2$

La préparation de ce nouveau corps a lieu en chauffant le chlorure, bromure ou iodure de soufre avec l'acide salicylique. La réaction a lieu d'après la formule

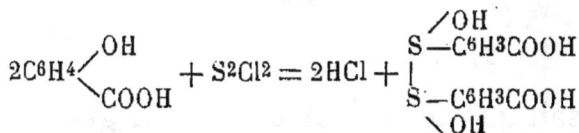

$$2C^6H^4\diagdown^{OH}_{COOH} + S^2Cl^2 = 2HCl + \begin{array}{l}S-C^6H^3COOH\\ |\\ S-C^6H^3COOH\end{array}$$

On chauffe à 150° les quantités correspondantes à une molécule d'acide salicylique et à une molécule

de chlorure de soufre. Il se dégage de l'acide chlorhydrique et il se forme une masse pâteuse jaune
qui, la réaction terminée, se dissout assez bien
dans le carbonate de sodium. La dissolution ne doit
plus contenir d'acide salicylique : par l'addition de
l'acide chlorhydrique, on précipite le thiodérivé
sous forme d'une pâte jaune-clair qui est facilement
soluble dans l'alcool, la benzine et l'acide acétique
glacial. Son sel sodique est précipité par le sel
marin. Par dessiccation complète, on obtient une
masse qui se laisse facilement pulvériser en une
poudre jaune, sous forme de laquelle il est livré
au commerce.

L'acide dithiosalicylique est un mélange de deux
isomères dont les sels sodiques peuvent facilement
se séparer par une précipitation fractionnée au sel
marin. La séparation est complète si l'on traite
le sel sodique desséché par l'alcool bouillant.

Les deux acides se distinguent principalement
par les différentes solubilités de leurs sels.

L'acide dithiosalicylique a été proposé pour
remplacer l'acide salicylique. Actuellement son
emploi est assez restreint.

### SALOLS

*Syn.* : Éthers de l'acide salicylique

On sait que les acides de la série grasse et de la
série aromatique chauffés avec les phénols en présence de certains deshydratants, tels que l'acide

sulfurique, le chlorure de zinc, d'étain ou d'aluminium, etc., donnent des kétones. Ainsi, par le traitement de l'acide salicylique par le phénol en présence du chlorure d'étain, on obtient un kétone. Cette réaction peut même s'opérer sans la présence d'un déshydratant. Si l'on chauffe pendant plusieurs heures à une température de 195 à 200° un mélange d'acide salicylique et de résorcine, il se forme encore un kétone.

Tel n'est pas le cas lorsque l'on remplace les déshydratants, tels que l'acide sulfurique, les chlorures de zinc, d'étain ou d'aluminium par l'oxychlorure de phosphore. En chauffant un acide de la série grasse ou aromatique avec un phénol, en présence de l'oxychlore de phosphore, on obtient non pas un kétone, mais un éther acide. Ainsi, par exemple, si l'on fond, à poids moléculaire égal du phénol et de l'acide salicylique, et si l'on chauffe le mélange à 120-130°, avec de l'oxychlorure de phosphore, le produit de la réaction sera l'éther phénylique de l'acide salicylique :

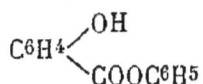

$$C^6H^4\begin{cases} OH \\ COOC^6H^5 \end{cases}$$

Cette intéressante découverte a été faite par M. le professeur Nencki à Berne. Elle est la base de la formation des salols.

M. Nencki a étudié la marche de cette réaction et il a reconnu qu'elle exigeait 2 molécules d'acide,

2 molécules de phénol et 1 molécule d'oxychlorure de phosphore.

La réaction peut se formuler ainsi :

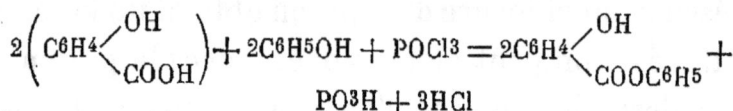

$$2\left(C^6H^4\Big\langle{OH\atop COOH}\right) + 2C^6H^5OH + POCl^3 = 2C^6H^4\Big\langle{OH\atop COOC^6H^5} + PO^3H + 3HCl$$

En faisant agir l'acide salicylique et la résorcine dans les mêmes conditions, on obtient, d'après la même réaction, l'éther :

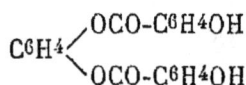

$$C^6H^4\Big\langle{OCO\text{-}C^6H^4OH\atop OCO\text{-}C^6H^4OH}$$

L'acide salicylique et le β-naphtol donnent également, d'après la même méthode, le salicylate de β-naphtol :

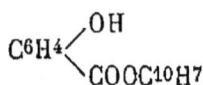

$$C^6H^4\Big\langle{OH\atop COOC^{10}H^7}$$

Les salols se présentent, sauf quelques exceptions, sous la forme de combinaisons cristallines, incolores, peu solubles dans l'eau, mais généralement solubles dans l'alcool, l'éther, la benzine et la ligroïne.

D'après la réaction de Nencki, que nous venons d'indiquer, il se forme de l'acide métaphosphorique. Cet acide, à l'état libre, peut très facilement donner lieu à la formation d'éthers phosphoriques; on évite en partie cet inconvénient en combinant l'acide métaphosphorique à un métal. Pour cela, on remplace l'acide salicylique et le phénol par leurs sels sodiques. Dans ce cas, la réaction peut se formuler ainsi :

$$2\left(C^6H^4\underset{COONa}{\overset{OH}{<}}\right) + 2C^6H^5OH + POCl^3 = 2\left(C^6H^4\underset{COOC^6H^5}{\overset{OH}{<}}\right) +$$
$$NaPO^3 + NaCl + 2HCl$$

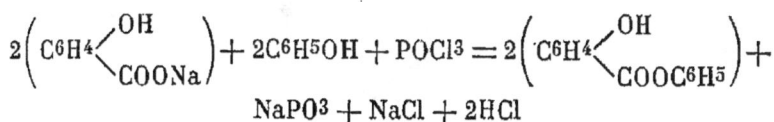

Au lieu d'employer l'oxychlorure de phosphore, on peut prendre le pentachlorure (1).

On chauffe d'abord l'acide salicylique et le pentachlorure de phosphore proportionnellement à leurs poids moléculaires; il se forme du chlorure de salicyle :

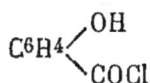

$$C^6H^4\underset{COCl}{\overset{OH}{<}}$$

et de l'oxychlorure de phosphore : on fait ensuite agir sur ce mélange 2 molécules d'acide salicylique et 3 molécules de phénol.

On peut encore procéder d'une autre manière qui consiste à fondre les quantités proportionnelles à 3 molécules d'acide salicylique, 9 molécules de phénol, et 1 molécule de pentachlorure. La réaction peut se formuler ainsi :

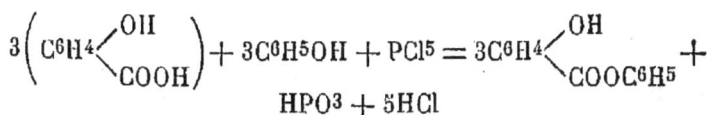

$$3\left(C^6H^4\underset{COOH}{\overset{OH}{<}}\right) + 3C^6H^5OH + PCl^5 = 3C^6H^4\underset{COOC^6H^5}{\overset{OH}{<}} +$$
$$HPO^3 + 5HCl$$

Au lieu de partir de l'acide salicylique pur, on peut encore employer le produit brut obtenu par la réaction utilisée pour la fabrication de l'acide salicylique, c'est-à-dire le sel :

_____

(1) Brevet allemand n° 39.184.

$$4C^6H^5ONa + 2CO^2 + POCl^3 = 2\left(C^6H^4\begin{smallmatrix}OH\\COOC^6H^5\end{smallmatrix}\right) + NaPO^3 + 3NaCl$$

où le premier terme est $C^6H^4\begin{smallmatrix}ONa\\COONa\end{smallmatrix}$

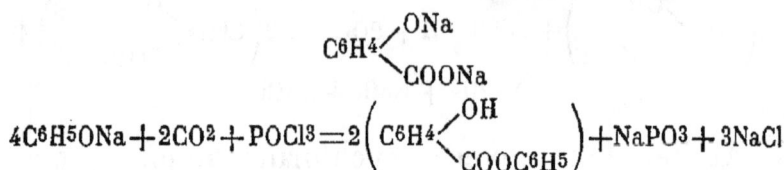

*Procédé à l'oxychlorure de carbone.* — Dans la préparation des salols, on a reconnu que l'oxychlorure et le pentachlorure de phosphore pouvaient non seulement être remplacés par le trioxychlorure de phosphore, mais aussi par d'autres produits tels que l'oxychlorure de soufre, l'oxychlorure de carbone, certains bi-sulfates alcalins, etc.

Voici la description du procédé à l'oxychlorure de carbone dû à Eckenroth et exploité par Hofmann.

58 kilogrammes de phénate de sodium et 80 kilogrammes de salicylate de sodium sont intimement broyés et mélangés dans une marmite de fonte émaillée munie d'un agitateur et d'un réfrigérant ascendant. On soumet ce mélange à l'action du gaz phosgène; il se produit une réaction très vive, la température s'élève notablement; après refroidissement, on achève la réaction en chauffant modérément.

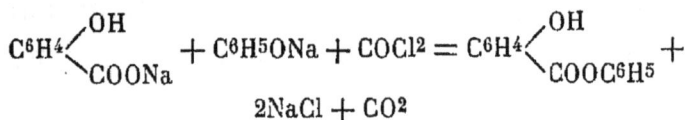

$$C^6H^4\begin{smallmatrix}OH\\COONa\end{smallmatrix} + C^6H^5ONa + COCl^2 = C^6H^4\begin{smallmatrix}OH\\COOC^6H^5\end{smallmatrix} + 2NaCl + CO^2$$

On peut ensuite séparer l'éther obtenu par un courant de vapeur : il se dépose sous l'eau sous forme de gouttes d'huile et se solidifie bientôt par l'addition d'un cristal. On le fait enfin cristalliser dans l'alcool (1).

Ce procédé peut être encore modifié de la manière suivante. Le phénate de sodium est introduit dans le même appareil que l'on chauffe à 150-180°. On fait entrer le gaz phosgène peu à peu, tandis que l'agitateur tourne constamment. La masse se ramollit, et après un certain temps, relativement court, la réaction est terminée.

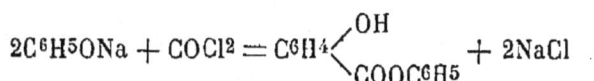

$$2C^6H^5ONa + COCl^2 = C^6H^4 {<}^{OH}_{COOC^6H^5} + 2NaCl$$

Le procédé de MM. Nencki et de Heyde peut être modifié en employant un dissolvant pour le mélange d'acide salicylique et de phénol. Les hydrocarbures conviennent à ce but : la benzine, le toluène, certains pétroles. etc, peuvent être employés comme dissolvants. On les recupère par distillation et le salol est lavé à l'eau ou au carbonate de soude.

*Procédé de Riedel.* — L'acide salicylique chauffé à 160-240° donne du salol à la condition d'enlever au fur et à mesure l'eau qui se forme pendant l'opération et d'empêcher le plus possible l'accès de l'air atmosphérique.

On y arrive en reliant la cornue renfermant l'acide salicylique avec un réservoir contenant un gaz indifférent et d'autre part avec un inspirateur. Il

(1) Brevet allemand n° 39.184.

est probable que cette production de salol repose
sur la formation d'anhydride salicylique dans la décomposition duquel prend naissance le phénol qui
se combine avec une molécule d'acide salicylique.

Par ce procédé, on obtiendrait d'après les in-
venteurs, un rendement presque théorique; 2 kil.
d'acide salicylique fournissant 1 kil. 500 de salol.

Dans les procédés décrits de la préparation des
salols, on peut remplacer le phénol par la résorcine,
le thymol, le pyrogallol, le β-naphtol, etc. On peut
également remplacer l'acide salicylique par ses
isomères ou ses homologues. Comme exemple
des méthodes indiquées, nous décrirons la préparation des deux salols suivants.

*Acide salicylique et résorcine.* — On fond les
quantités correspondantes à 1 molécule de résorcine et à 2 molécules d'acide salicylique, puis on
traite le mélange avec l'oxychlorure de phosphore
à une température de 120°. Le produit se solidifie
en devenant transparent. On le purifie par une
cristallisation dans l'alcool.

Le monosalicylate de résorcine s'obtient en
chauffant 1 molécule d'acide salicylique et 1 molécule de résorcine avec de l'oxychlorure de phosphore. Dans ce cas, il est préférable de ne pas
fondre l'acide salicylique et le phénol; on les dissout dans le toluol.

*Préparation du disalol.* — On fond un mélange

composé de 2 molécules d'acide salicylique (ou une molécule de salol) et de 1 molécule de phénol : on fait agir l'oxychlorure de phosphore sur ce mélange. Le produit de la réaction est liquide; on le lave par une dissolution de carbonate de soude.

### TABLEAU ET POINTS DE FUSION DES PRINCIPAUX SALOLS

## Combinaisons avec l'acide salicylique.

| | | Points de fusions. |
|---|---|---|
| Ac. salicylique et phénol (salol). | $C^6H^4 \begin{cases} COOC^6H^5 \\ OH \end{cases}$ | 43° |
| Ac. salicylique et α-naphtol. | $C^6H^4 \begin{cases} COOC^{10}H^7 \\ OH \end{cases}$ | 83° |
| Ac. salicylique et β-naphtol (1). | $C^6H^4 \begin{cases} COOC^{10}H^7 \\ OH \end{cases}$ | 95° |
| Ac. salicylique et nitrophénol. | $C^6H^4 \begin{cases} COO-C^6H^4-AzO^2 \\ OH \end{cases}$ | 148° |
| Ac. salicylique et thiophénol. | $C^6H^4 \begin{cases} COS-C^6H^5 \\ OH \end{cases}$ | 52° |
| Ac. salicylique (1 mol.) et résorcine. | $C^6H^4 \begin{cases} COO-C^6H^4OH \\ OH \end{cases}$ | 141° |
| Ac. salicylique (2 mol.) et résorcine. | $C^6H^4 (COO-C^6H^4OH)^2$ | 111° |
| Ac. salicylique et pyrogallol. | $C^6H^4 \begin{cases} COO-C^6H^3(OH)^2 \\ OH \end{cases}$ | 41° |
| Ac. salicylique et méthyl-résorcine. | $C^6H^4 \begin{cases} COO-C^6H^4(OCH^3) \\ OH \end{cases}$ | 68° |
| Ac. salicylique et phénolrésorcine. | $C^6H^4 \begin{cases} COOC^6H^3 \\ OH \\ OH \end{cases}$ | 146° |
| Ac. salicylique et gaïacol...................... | | 65° |
| Ac. salicylique et ortho-crésol. | $C^6H^4 \begin{cases} COO-C^6H^4(CH^3) \\ OH \end{cases}$ | 34-35° |
| Ac. salicylique et m.-crésol.................. | | 39-40° |
| Ac. salicylique et m.-crésol.................. | | 73-74° |

(1) La combinaison de l'acide salicylique et du β-naphtol est désignée commercialement sous le nom de *bétol*.

Ac. salicylique et thymol.  $C^6H^4 \begin{cases} COO-C^{10}H^{13} \\ OH \end{cases}$  liquide.

Disalol.  $C^6H^4 \begin{cases} COOC^6H^4-COOC^6H^5 \\ OH \end{cases}$ liquide.

Ac. salicylique et β-naphto-hydroquinone.  $\left( C^6H^4 \begin{cases} COO \\ OH^2 \end{cases} \right) C^{10}H^6$  137°

## Combinaisons avec l'acide salicylique substitué.

Ac. orthonitrosalicylique et phénol.  $C^6H^3 \begin{cases} COOC^6H^5 & (1) \\ OH & (2) \\ AzO_2 & (3) \end{cases}$  102°

Ac. paranitrosalicylique.  $C^6H^3 \begin{cases} COOC^6H^5 & (1) \\ OH & (2) \\ AzO^2 & (5) \end{cases}$  152°

## Combinaisons avec l'acide oxytoluylique.

Ac. o-oxytoluylique et phénol.  $C^6H^5 \begin{cases} COOC^6H^5 \\ OH \\ CH^3 \end{cases}$  48°

Ac. o-oxytoluylique et o-crésol.  $C^6H^3 \begin{cases} COOC^6H^4 (CH^3) \\ OH \\ CH^3 \end{cases}$  38°

Ac. o-oxytoluylique et m-crésol . . . . . . . . . . . . . . . .  57°
Ac. o-oxytoluylique et p-crésol (1). . . . . . . . . . . . . . .  29°
Ac. m-oxytoluylique et phénol. . . . . . . . . . . . . . . . .  47°
Ac. m-oxytoluylique et o-crésol . . . . . . . . . . . . . . . .  48°
Ac. m-oxytoluylique et m-crésol . . . . . . . . . . . . . .  68°
Ac. m-oxytoluylique et p-crésol . . .  . . . . . . . . . . . .  79°
Ac. p-oxytoluylique et phénol. . . . . . . . . . . . . . . .  92-93°
Ac. p-oxytoluylique et o-crésol (2). . . . . . . . . . . . . .  34°
Ac. p-oxytoluylique et m-crésol . . . . . . . . . . . . . . . .  63°
Ac. p-oxytoluylique et p-crésol. . . .  . . . . . . . . . . . .  74-75°

## Combinaisons avec l'acide oxynaphtoïque.

Ac. α-oxynaphtoïque et phénol.  $C^{10}H^6 \begin{cases} COOC^6H^5 \\ OH \end{cases}$  96°

(1) La combinaison est obtenue à l'état liquide : elle se solidifie après un certain temps.
(2) Cette combinaison se solidifie très lentement.

| Ac. oxynaphtoïque et β-naph-tol. | $C^{10}H^6$ $\begin{cases} COOC^{10}H^7 \\ OH \end{cases}$ | 138° |
|---|---|---|

## *Combinaisons diverses.*

| Ac. *p*-oxybenzoïque et phé-nol. | $C^6H^4$ $\begin{cases} COOC^6H^5 \\ OH \end{cases}$ | 176° |
|---|---|---|
| Ac. para-éthyloxybenzoïque et phénol. | $C^6H^4$ $\begin{cases} COOC^6H^5 \\ OC^2H^5 \end{cases}$ | 110° |
| Ac. anisique et phénol. | $C^6H^4$ $\begin{cases} COOC^6H^5 \\ OCH^3 \end{cases}$ | 75-76° |

Les salols ont reçu en médecine des applications diverses.

Ils donnent lieu à une importante fabrication.

### ACIDE GAÏACOL CARBONIQUE

*Form.* : $C^8H^8O^4$

On obtient le dérivé carbonique du gaïacol par la méthode Schmitt, en saturant son sel sodique par l'acide carbonique. L'opération se fait à froid et sous pression. On élève ensuite la température de l'autoclave à 100°. Le produit de la réaction est dissous dans l'eau et décomposé par un acide minéral : l'acide gaïacol carbonique se précipite à l'état cristallin.

On peut aussi l'obtenir en chauffant directement

---

(1) Il convient-d'ajouter les combinaisons moins bien définies que l'on obtient en traitant les huiles riches en crésol par l'acide salicylique ou par l'acide oxytoluylique.

le sel sodique en présence de l'acide carbonique dans un autoclave, à une température voisine de 100°. La réaction est celle-ci :

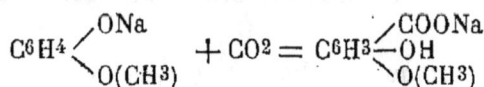

$$C^6H^4 \begin{matrix} ONa \\ O(CH^3) \end{matrix} + CO^2 = C^6H^3 \begin{matrix} COONa \\ OH \\ O(CH^3) \end{matrix}$$

L'acide gaïacol carbonique se présente sous forme de cristaux fondant à 148°-150°. La chaleur le transforme en gaïacol et en acide carbonique. Il est employé en médecine comme antiseptique et antipyrétique.

## ACIDE α-OXYNAPHTOÏQUE
*Form.* : $C^{11}H^8O^3$

L'acide α-oxynaphtoïque se prépare par une des méthodes employées pour la fabrication de l'acide salicylique.

On traite le β-naphtolate de sodium desséché, par de l'acide carbonique sec à la température ordinaire; lorsque l'absorption est terminée, on obtient, comme pour l'acide salicylique, le sel sodique de l'éther de l'α-naphtol.

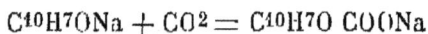

$$C^{10}H^7ONa + CO^2 = C^{10}H^7O\ COONa$$

On chauffe ce sel à une température de 120° à 140° pendant quelques heures dans un digesteur fermé où la transformation moléculaire s'opère et on obtient l'acide α-oxynaphtoïque :

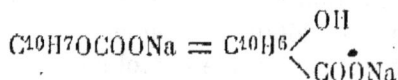

$$C^{10}H^7OCOONa = C^{10}H^6 \begin{matrix} OH \\ COONa \end{matrix}$$

L'oxynaphtolate de sodium est dissous dans l'eau : on précipite l'acide par addition d'un acide minéral ; on le purifie par une ou plusieurs cristallisations dans l'alcool.

L'acide α-oxynaphtoïque cristallise en aiguilles incolores qui fondent à 186°. La solubilité dans l'eau est de 1/30000.

Il est employé comme antiseptique ; son pouvoir est supérieur à celui de l'acide phénique et de l'acide salicylique.

L'acide β-oxynaphtoïque est peu utilisé en médecine.

## DERMATOL

*Syn.* : Sous-gallate de bismuth

*Form,* : $C^7H^7O^7Bi$

On attribue au dermatol la constitution suivante :

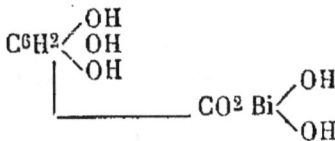

$$C^6H^2 \begin{cases} OH \\ OH \\ OH \end{cases} \\ \underline{\hspace{3cm}} CO^2 Bi \begin{cases} OH \\ OH \end{cases}$$

On peut obtenir le dermatol par le procédé suivant :

15 parties de nitrate de bismuth cristallisé sont dissoutes dans 30 parties d'acide acétique ; on étend la dissolution par 200 parties d'eau et l'on filtre. On fait ensuite couler en agitant une dissolution chaude de 5 parties d'acide gallique dans 900 par-

ties d'eau. Il se forme un précipité jaune qui se dépose : on décante et on lave le précipité jusqu'à ce que le liquide filtré n'offre plus de réaction acide : le produit est ensuite séché à 100°.

La réaction se passe d'après l'équation :

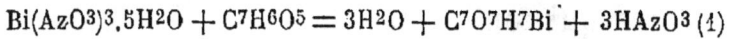

$$Bi(AzO^3)^3,5H^2O + C^7H^6O^5 = 3H^2O + C^7O^7H^7Bi + 3HAzO^3 (1)$$

Le dermatol se présente sous la forme d'une poudre jaune, sans goût, insoluble dans l'eau, l'alcool et l'éther. Il est employé comme antiseptique et remplace l'iodoforme (2).

L'acide chlorhydrique le transforme rapidement en chlorure de bismuth. L'acide sulfurique étendu le dissout à chaud : la lessive de soude le dissout facilement.

Le dermatol n'est altéré ni par l'air, ni par la lumière ; il peut être stérilisé.

Pour s'assurer de la pureté du produit, on peut employer les procédés suivants :

1° On épuise 1 gramme de dermatol par l'alcool et l'éther ; ces dissolvants ne doivent pas enlever d'acide gallique ; 2° on calcine 1 gramme de dermatol dans un creuset en porcelaine, on dissout le résidu dans l'acide sulfurique dilué et on recherche l'arsenic dans l'appareil de Marsh ; 3° on dissout d'une part une parcelle de diphénylamine

(1) B. Fischer, *Pharmaceutische Zeitung*, 1891.
(2) Pour l'emploi du dermatol, voy. Bocquillon-Limousin *Formulaire de l'antisepsie*, p. 130.

dans 5<sup>cc</sup> d'acide sulfurique concentré et, d'autre part, 0,15 de dermatol dans 3<sup>cc</sup> d'acide sulfurique dilué on mélange soigneusement les deux solutions ; il ne doit pas se produire de coloration bleue. Dans ce cas, le dermatol contiendrait du sous-nitrate de bismuth.

## HYPNONE

*Syn.* : Acétophénone

*Form.* : $C^6H^5COCH^3$

L'hypnone s'obtient en distillant à sec un mélange à parties égales de benzoate et d'acétate de chaux (Friedel). Il passe un liquide brun doué d'une odeur pénétrante qui est un mélange d'hydrocarbures et de produits divers contenant environ 1/4 d'hypnone.

Le liquide, repris par distillation fractionnée, laisse passer l'acétophénone entre 180 et 205° ; on fait une nouvelle distillation et on recueille la partie qui distille entre 195 et 200°, et qui est constituée en grande partie par l'hypnone.

On peut encore l'obtenir facilement en traitant par la chaleur un mélange de 10 parties de benzol, 1 partie de chlorure d'acétyle et 2 parties de chlorure d'aluminium (1).

L'hypnone critallise en paillettes fondant à 20°,5 ; à la température ordinaire, elle se présente généra-

(1) Richter, *Organische Chemie*, p. 716.

lement sous forme d'un liquide incolore et très mobile. Elle est employée en médecine comme hypnotique (1).

## BENZOSOL

*Syn.* : Benzoïl-gaïacol

L'emploi du gaïacol, tel qu'il est livré actuellement par le commerce, est assez restreint à cause de sa mauvaise odeur et de sa causticité.

Bengartz a cherché à faire disparaître ces inconvénients en combinant le gaïacol au chlorure de benzoïle, de manière à former l'éther. Ce procédé, qui fait l'objet d'un brevet, consiste d'abord à transformer le gaïacol en sel potassique lequel, après purification, est traité au bain-marie avec le poids moléculaire correspondant de chlorure de benzoïle.

On arrive, mais plus difficilement, au même résultat en chauffant directement le chlorure de benzoïle ou l'anhydride benzoïque avec le gaïacol.

Le benzosol est presque insoluble dans l'eau, difficilement soluble dans l'acide acétique, facilement soluble dans l'éther, le chloroforme et l'alcool bouillant. Il se présente sous la forme de cristaux blancs, fondant à 50°. Il est employé comme succédané du gaïacol.

---

(1) Voy. Bocquillon-Limousin, *Formulaire des médicaments nouveaux*, p. 146.

## BENZONAPHTOL

*Form.* : $C^{17}H^{12}O^2$

Pour préparer le benzonaphtol, on chauffe au bain de sable, à la température de 125°, 250 grammes de β-naphtol pulvérisé et 270 grammes de chlorure de benzoïle pur. On élève ensuite la température à 170° pendant une demi-heure. Après refroidissement, on purifie la combinaison par des cristallisations successives dans l'alcool. On peut le débarrasser de ses impuretés par un traitement approprié de soude très étendue (1).

Le benzonaphtol :

$$C^6H^5CO-OC^{10}H^7$$

est presque insoluble dans l'eau, soluble dans l'alcool et le chloroforme. Son point de fusion est à 110°.

Il est employé comme antiseptique intestinal.

(1) Berlioz, *Journal de pharmacie*, 1891.

# CHAPITRE VII

## GROUPE SE RATTACHANT A UNE FONCTION AMIDÉE TELLE QUE

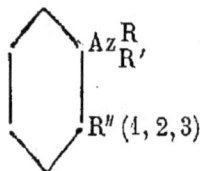

$$\text{Az}^{R}_{R'} \quad R'' (1, 2, 3)$$

Antifébrine. — Exalgine. — Phénacétine. — Méthylphénacétine et éthylphénacétine. — Phénacétine iodée. — Thymacétine. — Phénocole. — Salophène.

Thiodérivés des amines. — Sulfaminol. — Thiodérivés des orthodiamines.

Acide benzoïlamidophénylacétique et dérivé phénylique. — Dérivés imidés de l'acide orthosulfobenzoïque. — Saccharine. — Méthylsaccharine.

Dérivés de la phénylhydrazine : agathine et pyrodine.

Nous avons vu dans la première partie de cet article que l'introduction de l'azote diminue généralement le pouvoir antiseptique des combinaisons de la série aromatique. Ainsi les produits contenant un ou plusieurs atomes d'azote ont des pouvoirs antiseptiques plus faibles que les hydrocarbures correspondants et ce pouvoir antiseptique sera d'autant moindre que l'azote sera lié à deux atomes d'hydrogène libres.

Ce n'est donc pas dans les séries amidées ou imidées que l'on trouvera de puissants antiseptiques, à moins qu'on les combine aux dérivés à fonctions phénoliques comme c'est le cas pour la phénacétine, le phénocole, etc.

Il est à remarquer que les amines primaires de la série aromatique sont généralement toxiques ; le remplacement des deux hydrogènes de l'azote par des groupes alcooliques ou des radicaux acides, tout en augmentant le pouvoir antiseptique, diminue le pouvoir toxique. Tel est le cas de l'exalgine par rapport à l'aniline.

## ANTIFÉBRINE

*Syn.* : Acétaniline

$$Form. : \quad C^6H^5Az \Big\langle {\phantom{x} H \atop C^2H^3O}$$

20 kilogrammes d'aniline et 30 kilogrammes d'acide acétique glacial sont chauffés pendant huit à dix heures dans un appareil muni d'un réfrigérant ascendant. On coule la masse liquide et encore chaude dans l'eau froide : l'acétaniline se prend en masse. On presse les cristaux et on fait une seconde cristallisation dans l'eau bouillante.

L'acétaniline

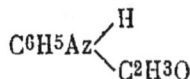

$$C^6H^5Az \Big\langle {\phantom{x} H \atop C^2H^3O}$$

se présente sous forme de poudre blanche cristalline soluble dans 160 parties d'eau froide et dans 50 parties d'eau chaude. Son point de fusion est 112°.

(Voyez, figure 55, l'appareil destiné à prendre son point de fusion).

Par suite de sa toxicité, l'emploi de l'acétaniline en médecine est très restreint.

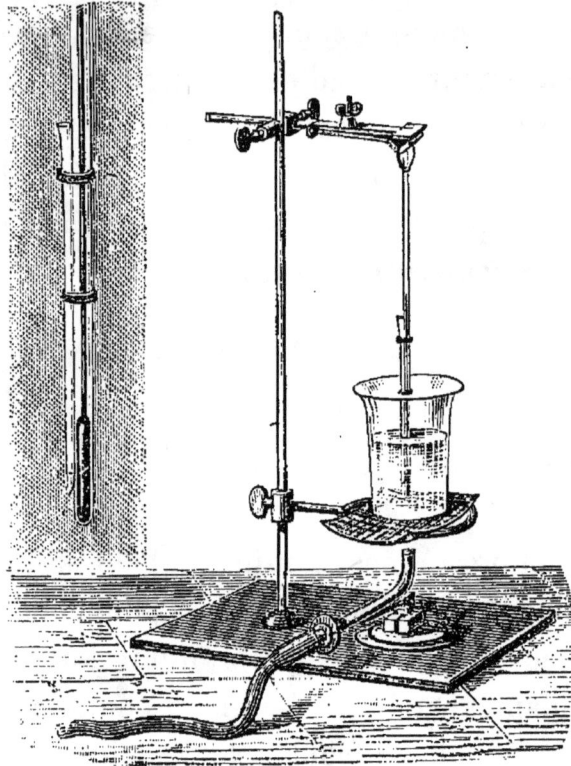

Fig. 55. — Appareil destiné à prendre le point de fusion
des corps solides.

## EXALGINE

*Syn.* : Monométhylacétaniline

$$Form. : C^6H^5Az < {}^{CH^3}_{C^2H^3O}$$

L'exalgine peut être considérée soit comme de
l'acétaniline méthylée à l'azote, soit comme de la
monométhylaniline acétylée, d'où il résulte qu'on

pourrait la préparer de deux manières différentes, en employant comme point de départ l'acétaniline ou la monométhylaniline.

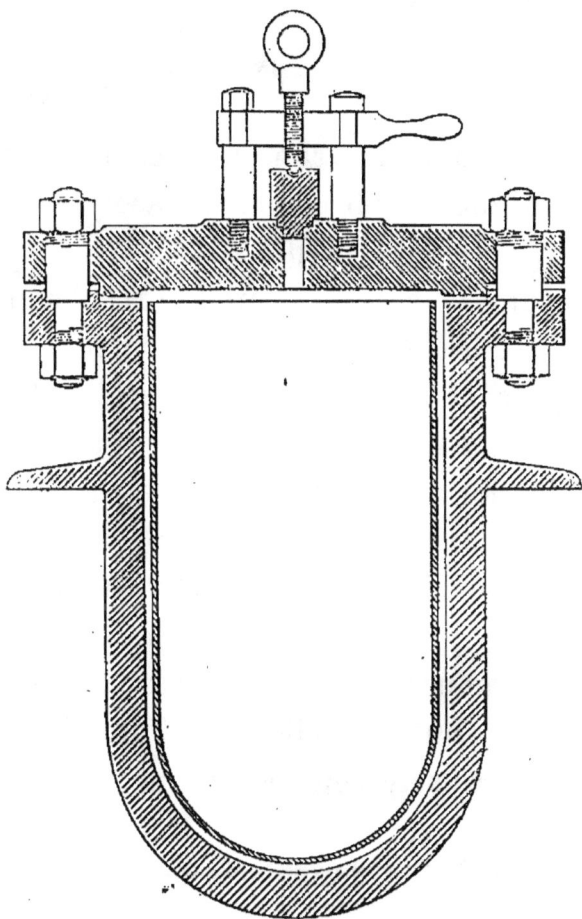

Fig. 56. — Autoclave servant à la préparation de la monométhylaniline.

D'après Hepp (4), on obtient la méthylacétaniline en chauffant à 130° pendant deux à trois heures

(1) *Berichte der deutschen Chem. Gesellschaft*, 10, 328.

un mélange de 4 parties d'acétaniline, 1 partie de sodium et 25 parties de xylol. La combinaison sodique est ensuite méthylée par l'iodure de méthyle en léger excès :

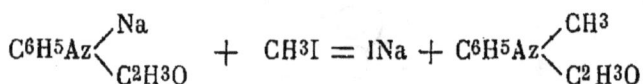

$$C^6H^5Az{\Large<}^{Na}_{C^2H^3O} \quad + \quad CH^3I = INa + C^6H^5Az{\Large<}^{CH^3}_{C^2H^3O}$$

Le procédé industriel consiste à chauffer la monométhylaniline avec le chlorure d'acétyle et à recueillir la portion qui distille à 101°.

La difficulté de cette préparation réside en partie dans la fabrication de la monométhylaniline pure. Le procédé Hoffmann (1) consiste à chauffer pendant deux heures, à une température de 200°, un mélange formé de 40 parties de chlorhydrate d'aniline, 60 parties d'aniline et 35 parties d'alcool méthylique. On élève la température à 235° et on chauffe encore dix heures. On obtient un mélange d'aniline, de mono et de diméthylaniline. L'acide sulfurique étendu précipite le sulfate d'aniline. Les autres bases sont séparées au moyen du chlorure d'acétyle.

Cette méthode ne donne pas de résultats très satisfaisants.

Un autre procédé pour l'obtention de la monométhylaniline consiste à chauffer la diméthylaniline avec l'aniline, de manière à provoquer la déméthylation partielle de la diméthylaniline.

(1) *Berichte der deutschen Chem. Gesellschaft*, 7 523.

$$C^6H^5Az\left\langle{CH^3 \atop CH^3}\right. \quad + \quad C^6H^5Az\left\langle{H \atop H}\right. \quad = \quad 2C^6H^5Az\left\langle{H \atop CH^3}\right.$$

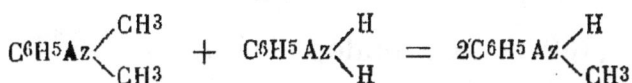

L'exalgine se présente sous la forme d'aiguilles blanches fondant à 101° peu solubles dans l'eau froide.

L'exalgine est employée comme analgésique.

———

Solubilité de l'antifébrine, de l'exalgine et de la phénacétine dans différents liquides

|  | Antifébrine | Exalgine |
|---|---|---|
| Chloroforme ds 1.495.. | 6cc | 2cc |
| Ether absolu......... | 52cc | 13cc,5 |
| Alcool à 95°......... | 10cc | 4cc,6 |
| Sulfure de carbone ... | Insoluble | 10cc |
| Éther de pétrole..... | Insoluble | 140cc |
| Benzol............. | 100cc | 4cc,6 |

———

## PHÉNACÉTINE

*Syn.* : *p*-acétophénétidine

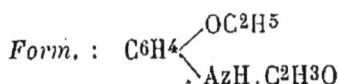

$$Form. : \quad C^6H^4\left\langle{OC^2H^5 \atop AzH.C^2H^3O}\right.$$

La phénacétine :

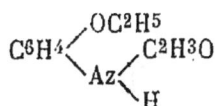

$$C^6H^4\left\langle{OC^2H^5 \atop Az\left\langle{C^2H^3O \atop H}\right.}\right.$$

résulte de l'acide acétique glacial sur le paraamido-phénétol.

M. Riedel a eu l'ingénieuse idée d'augmenter le rendement du paraamidophénétol par rapport au phénol en employant le procédé suivant:

$13^{kg},700$ de paraamidophénétol :

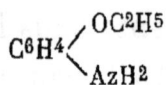

$$C^6H^4 \Big\langle {{OC^2H^5} \atop {AzH^2}}$$

sont traités par $37^{kg},500$ d'acide chlorhydrique à 2 0 0/0 et $6^{kg},300$ de nitrite de soude. Il se forme un composé diazoïque :

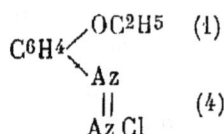

$$C^6H^4 \Big\langle {{OC^2H^5 \quad (1)} \atop {{Az} \atop {\underset{Az\,Cl}{||}} \quad (4)}}$$

dont la solution est traitée par $9^{kg},500$ de phénol et 20 kilogrammes de carbonate de sodium.

Après une heure, il se forme l'éthyldioxyazobenzol :

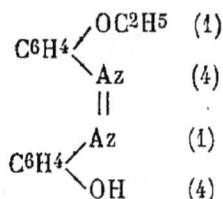

$$C^6H^4 \Big\langle {{OC^2H^5 \quad (1)} \atop {Az \qquad (4)}}$$
$$||$$
$$C^6H^4 \Big\langle {{Az \quad (1)} \atop {OH \quad (4)}}$$

qui donne de petits cristaux bruns fondant à 104°,5.

Ce produit desséché est transformé en combinaison diéthylique. 10 kilogrammes de monoéthyldioxyazobenzol sont dissous dans 50 kilogrammes d'alcool et $1^{ks},66$ de soude caustique; on ajoute $4^{kg},690$ de bromure d'éthyle et on chauffe à 150° pendant dix heures sous pression. On obtient ainsi le produit diéthylé. Si maintenant on traite par l'étain et l'acide chlorhydrique, une molécule de

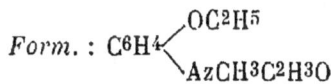

diéthyldioxyazobenzol se dédouble en 2 molécules
de paraamidophénétol :

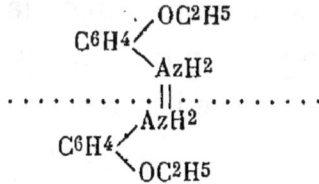

$$C^6H^4\diagup^{OC^2H^5}_{\diagdown AzH^2}$$

$$\cdots\cdots\cdots\|\cdots\cdots\cdots$$

$$C^6H^4\diagup^{AzH^2}_{\diagdown OC^2H^5}$$

Après avoir rendu la solution alcaline, on distille
à la vapeur pour recueillir le paraamidophénétol
qui, par l'acide acétique glacial à chaud, est facilement transformé en phénacétine.

La phénacétine se présente sous la forme de
cristaux blancs. Elle est insoluble dans l'eau, peu
soluble dans l'alcool et l'éther, mais très soluble
dans les acides, ce qui explique sa rapide absorption
dans l'estomac qui contient une certaine quantité
d'acide lactique libre.

### MÉTHYLPHÉNACÉTINE

$$Form. : C^6H^4\diagup^{OC^2H^5}_{\diagdown AzCH^3C^2H^3O}$$

On a trouvé que la paraacétophénacétine méthy-
léc à l'azote :

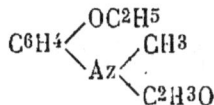

$$C^6H^4\diagup^{OC^2H^5}_{\diagdown Az\diagup^{CH^3}_{\diagdown C^2H^3O}}$$

pouvait s'obtenir en traitant la combinaison sodique de la phénacétine avec les dérivés méthylés
des halogènes (1). Pour cela, on dissout la phéna-

(1) Brevet allemand 53.753.

cétine dans le xylène et on ajoute la quantité correspondante (1 molécule) de sodium nécessaire pour former le sel. La combinaison de la phénacétine et du sodium se dépose sous forme de cristaux blancs au fur et à mesure que l'hydrogène se dégage. On peut directement éthyler ce produit au moyen de l'iodure de méthyle : il se forme de l'iodure de sodium et de la méthylphénacétine. La réaction se passe d'après la formule suivante :

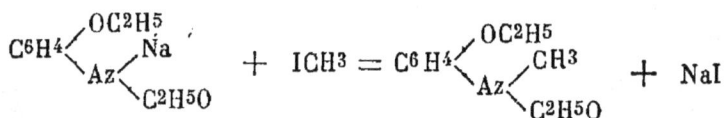

$$C^6H^4{\Large\langle}\substack{OC^2H^5 \\ Az{\large\langle}\substack{Na \\ C^2H^5O}} \quad + \quad ICH^3 = C^6H^4{\Large\langle}\substack{OC^2H^5 \\ Az{\large\langle}\substack{CH^3 \\ C^2H^5O}} \quad + \quad NaI$$

On filtre, on fait passer un courant de vapeur pour chasser le xylène et, après l'avoir desséché, on le distille. La méthylphénacétine passe vers 300° ; elle a l'aspect huileux et elle ne tarde pas à se solidifier et à cristalliser. Les cristaux sont pressés et purifiés par une dissolution dans l'éther et dans l'alcool.

La méthylphénacétine se présente sous forme de cristaux incolores peu solubles dans l'eau, solubles dans l'alcool et l'éther. Son point de fusion est de 40°.

### ÉTHYLPHÉNACÉTINE

Si, dans le procédé décrit, on remplace les dérivés halogénés méthylés par les dérivés éthylés, on obtient la phénacétine éthylée. Dans ce cas, le produit distille à une température beaucoup plus élevée. L'éthylphénacétine est peu soluble dans l'eau et soluble dans l'alcool et l'éther.

La méthylphénacétine et l'éthylphénacétine ont le même emploi que la phénacétine et peuvent être employées comme antiseptiques, analgésiques et antithermiques.

## Réactions diverses de l'antifébrine, de l'exalgine, de la phénacétine et de la méthacétine.

| | 1 décigr. de substance est traité par 1 centimètre cube d'acide chlorhydrique. | On ajoute acide azotique. | 1 gr. de substance + 5 à 6 cc. de HCl. froid et 1 cc. acide chromique à 3 0/0 | 0gr,1 de substance + 1 cc. de lessive de potasse. On chauffe, on laisse refroidir et ajoute 5 gr. permanganate de potasse |
|---|---|---|---|---|
| *Antifébrine* 115° | Soluble mais précipite aussitôt | Pas de coloration | Jaune, devient vert après quelques heures | Dégagement de carbylamine |
| *Exalgine* 100° | Soluble | Pas de coloration | Jaune | Pas de carbylamine |
| *Phénacétine* 135° | Insoluble | Le liquide devient jaunâtre | Jaune, puis vert | Vert foncé |
| *Méthacétine* 127° | Soluble | Rouge | Vert | Jaune brun |

## PHÉNACÉTINE IODÉE

On décompose une solution de phénacétine par une solution appropriée d'iode et en présence d'un acide tel que l'acide chlorhydrique. La phénacétine iodée se précipite à l'état de cristaux bruns. On la purifie par une cristallisation dans l'acide acétique glacial.

### THYMACÉTINE

*Form.* : $C^{14}H^{21}O^2Az$

La thymacétine est un composé qui dérive du thymol de la même façon que la phénacétine dérive du phénol.

La phénacétine étant un éther éthylique acétylé ou paraamidophénol, la thymacétine est donc un éther éthylique acétylé ou paraamidothymol et le rapport qui existe entre la constitution de chacun de ces deux corps se trouve ainsi exprimé :

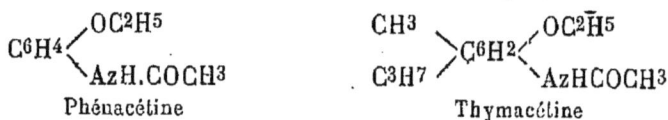

$$C^6H^4 \begin{cases} OC^2H^5 \\ AzH.COCH^3 \end{cases} \qquad \begin{matrix} CH^3 \\ C^3H^7 \end{matrix} \Big\rangle C^6H^2 \Big\langle \begin{matrix} OC^2\bar{H}^5 \\ AzHCOCH^3 \end{matrix}$$

Phénacétine                 Thymacétine

La thymacétine se présente sous forme d'une poudre blanche cristalline, peu soluble dans l'eau.

Au point de vue physiologique, la thymacétine se place près de la phénacétine.

### PHÉNOCOLE

*Form.* : $C^{10}H^{14}O^2Az^2$

Le phénocole répond à la formule :

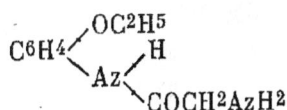

$$C^6H^4\diagdown \begin{matrix} OC^2H^5 \\ Az \diagdown \begin{matrix} H \\ COCH^2AzH^2 \end{matrix} \end{matrix}$$

Schering prépare le phénocole en traitant la *p*-phénétidine par le chlorure de chloracétyle.

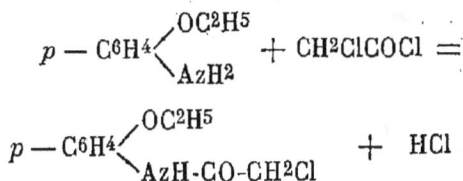

$$p - C^6H^4\diagdown \begin{matrix} OC^2H^5 \\ AzH^2 \end{matrix} + CH^2ClCOCl =$$

$$p - C^6H^4\diagdown \begin{matrix} OC^2H^5 \\ AzH\text{-}CO\text{-}CH^2Cl \end{matrix} + HCl$$

On chasse l'acide chlorhydrique et, par un traitement à l'ammoniaque, on transforme la phénacétine chlorée en phénocole.

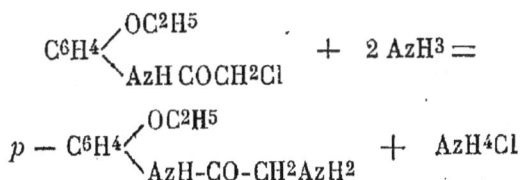

$$C^6H^4\diagdown \begin{matrix} OC^2H^5 \\ AzH\ COCH^2Cl \end{matrix} + 2\ AzH^3 =$$

$$p - C^6H^4\diagdown \begin{matrix} OC^2H^5 \\ AzH\text{-}CO\text{-}CH^2AzH^2 \end{matrix} + AzH^4Cl$$

Le phénocole forme très facilement des sels cristallisés : l'acétate se présente sous forme de petites aiguilles effilées.

Le phénocole est employé concuremment avec la phénacétine.

*L'acétate de phénocole* se présente sous forme d'aiguilles feutrées et légères. Il est soluble dans trois fois et demi son poids d'eau. La saveur est plus douce que celle du chlorhydrate.

La formule de constitution est la suivante :

$$OC^2H^5$$
$$AzH.CO.CH^2AzH^2.CH^3COOH$$

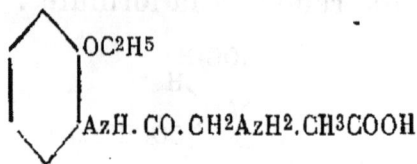

*Le salicylate de phénocole* cristallise de ses solutions aqueuses, bouillantes en longues aiguilles. Sa saveur est sucrée et agréable. La formule serait :

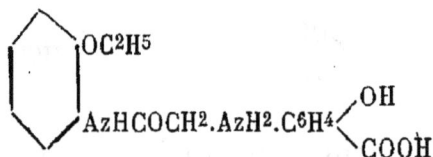

$$OC^2H^5$$
$$AzHCOCH^2.AzH^2.C^6H^4 \big< \begin{array}{l} OH \\ COOH \end{array}$$

*Le carbonate de phénocole* cristallise en fines lamelles. Il est moins soluble dans l'eau que le chlorhydrate, mais il se dissout facilement en présence des acides organiques faibles. Il répond à la formule :

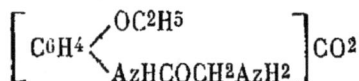

$$\left[ C^6H^4 \big< \begin{array}{l} OC^2H^5 \\ AzHCOCH^2AzH^2 \end{array} \right] CO^2$$

### ¡SALOPHÈNE

*Syn.* : Éther salicylique de l'acétyl-*p*-amidophénol

*Form.* : $C^{15}H^{13}O^4Az$

Le salophène est obtenu par l'action de l'oxychlorure de phosphore sur un mélange d'acide salicylique et de *p*-nitrophénol. Le produit de la réaction est ensuite réduit et acétylé. Il peut donc être considéré comme un acétyl-*p*-amidosalol.

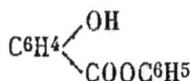

Salol

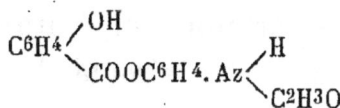

Salophène

Pour l'obtenir, on chauffe à 170° un mélange à molécules égales d'acide salicylique et de *p*-nitrophénol, dans lequel on ajoute de l'oxychlorure de phosphore. On a soin d'agiter constamment pendant la réaction. Il se forme un éther nitré : celui-ci est dissous dans l'alcool et réduit par addition d'étain et d'acide chlorhydrique. Après avoir fait évaporer l'alcool, on décompose la combinaison par l'acide chlorhydrique. Le chlorozincate est dissous dans l'eau ; on précipite le zinc que l'on enlève par filtration et l'éther salicylique de l'amidophénol est précipité par le carbonate de sodium. L'acétylation se fait facilement par la méthode connue.

Le salophène cristallise en petites paillettes minces sans odeur et sans goût ; il est peu soluble dans l'eau froide, plus soluble à chaud, facilement soluble dans l'alcool et l'éther. Il fond à 187-188°.

Le salophène est employé concurremment aux salols.

## SULFAMINOL

*Syn.* : Thio-oxydiphénylamine

*Form.* :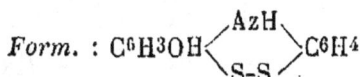

Pour obtenir le thiodérivé de la *m*-oxydiphénylamine, il suffit de chauffer ses sels avec du soufre à une certaine température. Mais il est plus commode et plus simple d'introduire le soufre dans les solutions des sels alcalins de l'oxydiphénylamine et de faire bouillir un certain temps. L'opération marche mieux en présence d'un grand excès d'alcali : l'hydrogène sulfuré résultant est absorbé et la réaction est accélérée.

*Première méthode.* — On dissout 370 parties d'oxydiphénylamine dans de l'eau en présence de 80 parties de soude caustique. La solution est portée à l'ébullition ; on y ajoute successivement et par portion 96 parties de soufre. Il se dégage de l'hydrogène sulfuré : on sépare la thiooxydiphénylamine formée par l'addition d'un acide ou d'un sel. On la purifie par cristallisation dans l'alcool.

*Deuxième méthode.* — On obtient peut-être plus facilement la thiooxydiphénylamine en faisant agir les polysulfures alcalins sur l'oxydiphénylamine. On peut opérer de la manière suivante :

On dissout 250 parties de soude caustique dans de l'eau, on y ajoute 200 parties de soufre et on chauffe jusqu'à ce que tout le soufre soit dissous. On porte la solution dans un digesteur fermé contenant 145 parties d'oxydiphénylamine : on élève la température à 150-200°. Le sulfaminol est séparé et purifié comme dans la première méthode.

Le sulfaminol répond à la formule :

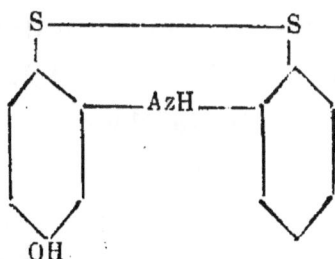

Il se présente sous la forme d'une poudre jaune-clair, sans goût et sans odeur, insoluble dans l'eau, soluble dans les alcalis, l'alcool et l'acide acétique glacial. Le point de fusion du sulfaminol est à 155° environ. On peut facilement le convertir en dérivé acétylé.

Le sulfaminol est employé comme succédané de l'iodoforme.

*Thiodérivés des orthodiamines.* — En faisant agir l'acide sulfureux ou le bisulfite de soude sur les orthodiamines aromatiques telle que la phénylénediamine, on obtient des thiodérivés d'une constitution assez mal définie.

Ces produits qui font l'objet d'un brevet allemand ne se rencontrent pas dans le commerce.

## ACIDE BENZOÏLAMIDOPHÉNYLACÉTIQUE

L'acide benzoïlamidophénylacétique s'obtient en décomposant l'acide amidophénylacétique en solution alcaline par le chlorure de benzoïle.

1$^{kg}$,5 d'acide amidophénylacétique sont dissous

dans 5 kilogrammes d'une solution de soude à 25 0/0. On chauffe à 50° et on ajoute 1$^{kg}$,6 de chlorure de benzoïle en agitant constamment.

Après avoir étendu fortement la solution, on la coule dans de l'acide chlorhydrique très étendu : la combinaison du benzoïle est précipitée, tandis que les impuretés restent en solution. On filtre et on purifie par cristallisation dans l'alcool. L'acide benzoïlamidophénylacétique se présente sous la forme de cristaux fins, fondant à 175°,5; ses sels alcalins sont facilement solubles dans l'eau.

*Éther phénylique de l'acide benzoïlamidophénylacétique*. — On fond 2 kilogrammes d'acide benzoïlamidophénylacétique avec 0$^{kg}$,8 de phénol : on ajoute rapidement 0$^{kg}$,7 d'oxychlorure de phosphore, ce qui provoque un abondant dégagement d'acide chlorhydrique. On chauffe un certain temps à 140° et on dissout la masse sirupeuse qui en résulte dans de l'alcool suffisamment étendu. Par l'addition d'une lessive de soude, on sépare l'éther phénylique formé; celui-ci, convenablement purifié, se présente sous la forme de petites aiguilles allongées fondant à 131°.

L'acide benzoïlamidophénylacétique et son éther sont employés en médecine comme antiseptiques.

### SACCHARINE

*Syn.* : Acide benzosulfimide

*Form.* : C7H5O3SAz

La saccharine répond à la constitution suivante :

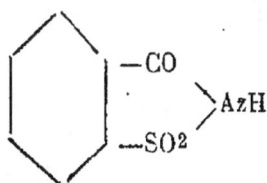

On peut la considérer comme une imide anhydride de l'acide orthosulfobenzoïque.

La préparation de la saccharine comprend
quatre phases :

1° Préparation de l'orthosulfotoluol ;

2° Préparation du chlorure de l'orthosulfotoluol ;

3° Transformation du précédent en amidosulfotoluol ;

4° Oxydation de l'amidosulfotoluol.


1° *Préparation de l'orthotoluolsulfoné.* — On
traite le toluol avec de l'acide sulfurique concentré à une température qui ne doit pas dépasser
100°. On a soin d'agiter constamment pendant la
durée de la sulfonation ; on la suppose terminée
lorsqu'on n'aperçoit plus surnager le toluène sur
la surface de la couche d'acide sulfurique. On fait
couler le produit résultant dans l'eau froide, on
sature avec de la craie, et, après filtration, on décompose le liquide par le carbonate de sodium.

Cette méthode donne environ 40 à 50 0/0 d'acide
orthosulfoné.

Lorsqu'on opère en employant de l'acide sulfurique fumant, le rendement est beaucoup plus faible, à tel point qu'il peut être quelquefois nul.

2° *Préparation du chlorure.* — L'ortho et le paratoluolsulfoné à l'état de sels sodiques sont mélangés avec du trichlorure de phosphore : ce mélange se fait sans difficultés. Le produit résultant est soumis à un courant de chlore ; on a soin de remuer constamment. La température doit être inférieure à celle du point d'ébullition de l'oxychlorure de phosphore. On obtient de l'orthosulfochlorure qui est liquide, du parasulfochlorure qui est solide et de l'oxychlorure de phosphore (1). En opérant avec précaution, il ne se produit pas d'émigration de chlore dans le noyau benzénique.

On sépare facilement le chlorure du para et de l'orthotoluolsulfoné en faisant cristalliser le chlorure du paraorthotoluolsulfoné, tandis que la combinaison ortho reste à l'état liquide.

3° *Préparation de l'orthoamidosulfotoluol.* — Le chlorure de l'orthotoluolsulfoné est soumis à l'action du gaz ammoniac desséché. On peut aussi mélanger le chlorure avec du carbonate d'ammonium.

(1) Le trichlorure de phosphore convient mieux pour cette réaction que le pentachlorure. Celui-ci a l'inconvénient de donner une réaction trop violente, qui rend son emploi difficile en grand.

La transformation en dérivé amidé est complète ; il se forme du chlorure d'ammonium comme sous-produit ; on s'en débarrasse facilement par une dissolution dans l'eau.

4° *Oxydation de l'amidosulfotoluol. — Première méthode.* — On avait admis au début que l'oxydation devait se faire en solution alcaline : on avait aussi observé qu'il se formait comme sous-produit une quantité notable d'acide sulfobenzoïque. On a reconnu que cet inconvénient disparaissait en oxydant en solution neutre. L'amidosulfotoluol est introduit dans une solution très étendue de permanganate de potasse ; il se forme le sel potassique de l'acide amidosulfobenzoïque.

On filtre, on décompose par un acide, et on obtient la benzosulfimide ou l'acide anhydroorthobenzosulfaminique. On peut remplacer le toluol par l'éthylbenzine, la propylbenzine ; on a les dérivés correspondants.

Dans ce procédé, on obtient, comme sous-produits, le chlorure du paratoluolsulfoné, du chlorure d'ammonium, de l'oxychlorure de phosphore et du bioxyde de manganèse. Ils peuvent être utilisés de la manière suivante : le chlorure du paratoluolsulfoné peut servir à la régénération du toluol ; l'oxychlorure de phosphore est transformé en phosphate de chaux et en chlore. Le chlorure d'ammonium et le bioxyde de manganèse servent, le premier, à faire le gaz ammoniac, et le second, à fabriquer le permanganate de potasse.

*Deuxième méthode.* — Cette méthode consiste à oxyder le mélange de l'ortho et du paratoluolsulfoné obtenu par la méthode précédente : ces produits se transforment en acides benzoïques sulfonés correspondants. On dessèche soigneusement leurs sels alcalins et on les traite par un courant de chlore en présence du trichlorure de phosphore, comme il a été déjà indiqué : on obtient les bichlorures correspondants.

L'ammoniaque jouit de la remarquable propriété de transformer le bichlorure de l'acide parasulfobenzoïque en amide correspondante, tandis que le bichlorure de l'acide orthosulfobenzoïque est converti en un sel ammonium de l'acide orthoamidosulfobenzoïque. Pour obtenir cette double réaction, on peut employer le carbonate d'ammonium qui, sous l'influence de la chaleur, peut engendrer la quantité nécessaire de gaz ammoniac. Il se forme du chlorure d'ammonium, de l'acide paraamidosulfobenzoïque et de l'orthoamidosulfobenzoate d'ammonium. Quand la réaction est bien terminée, on traite toute la masse par l'eau : la combinaison ortho se dissout. Par l'addition de l'acide chorhydrique, on obtient la saccharine.

En résumé, dans ces méthodes, le toluol est successivement transformé en combinaisons suivantes :

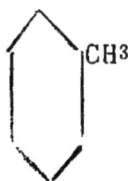

CH³

Toluol.

CH³
SO³H

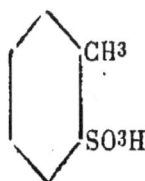

Orthosulfotoluol.

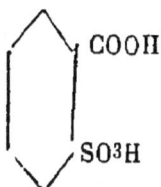

COOH
SO³H

Acide orthosulfobenzoïque.

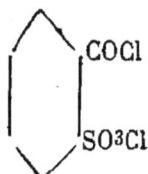

COCl
SO³Cl

Bichlorure de l'acide orthosulfobenzoïque.

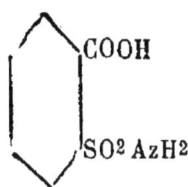

COOH
SO²AzH²

Acide orthoamidosulfobenzoïque.

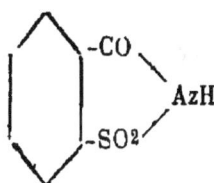

-CO
AzH
-SO²

Saccharine.

La saccharine se présente sous forme de petites aiguilles blanches fondant à 220° (1) en se décomposant partiellement.

*Propriétés*. — La saccharine est peu soluble dans l'eau froide, très soluble dans l'eau bouillante, assez soluble dans l'alcool. Elle forme facilement des sels cristallisés : on a essayé de la combiner avec les alcaloïdes (2). La saccharine a la propriété d'être douée d'un pouvoir sucrant remarquable : comparativement au sucre de canne, ce pouvoir est de deux cent cinquante à trois cents fois supé-

(1) Beilstein, *Organische Chemie.*
(2) Constantin Fahlbert et Adolphe List. Brevet allemand 35.933.

rieur (1). Ce goût sucré est sensible à la dilution de $\frac{1}{70000}$ (2).

La saccharine a passé par les phases de tous les nouveaux produits ; elle a été l'objet de violentes attaques de la part des médecins, ainsi que des industriels qui craignaient la ruine de l'industrie sucrière. La saccharine, qui n'est pas un aliment, ne peut remplacer le sucre dans beaucoup de cas. Des travaux récents faits non seulement en France, mais aussi et surtout à l'étranger, ont prouvé son innocuité absolue.

La fabrication de la saccharine prend de jour en jour de plus grandes proportions : les nombreuses applications qu'elle peut recevoir en font un produit d'un grand intérêt.

## MÉTHYLSACCHARINE

On a essayé de préparer la méthylsaccharine : elle a l'inconvénient de posséder un goût amer et ne présente aucun avantage sur la saccharine.

On ne la trouve pas dans le commerce.

## AGATHINE

*Syn.* : Salicylal-2-méthylphénylhydrazine.

*Form.* : $C^{14}H^{14}Az^2O$

Pour préparer ce produit on fait réagir par poids

(1) Friedlænder, *Fortschritte der Teerfarbenfabrikation.*
(2) Bardet, *Formulaire annuel des nouveaux remèdes*, 7e année.

moléculaires égaux l'aldéhyde salicylique sur la méthylphénylhydrazine assymétrique :

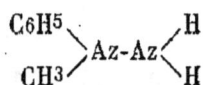

$$\begin{matrix} C_6H^5 \\\\ CH^3 \end{matrix} \Big\rangle Az\text{-}Az \Big\langle \begin{matrix} H \\\\ H \end{matrix}$$

Comme dissolvant, on emploie l'alcool méthylique ou éthylique.

La réaction se fait avec dégagement de chaleur. Il y a élimination d'une molécule d'eau et formation d'agathine :

$$C^6H^4OHCH : Az.AzCH^3 C^6H^5 = C^{14}H^{14}Az^2O$$

L'agathine pure se présente sous la forme de petites lamelles cristallines blanches, fusibles à 74°. Elle est insoluble dans l'eau, soluble dans l'éther, l'alcool, la benzine, la ligroïne. Elle est décomposée à chaud par l'acide chlorhydrique concentré.

L'agathine jouit de propriétés calmantes (1).

## PYRODINE

*Form.* : $C^6H^5Az \Big\langle \begin{matrix} H \\\\ AzH.C^2H^3O \end{matrix}$

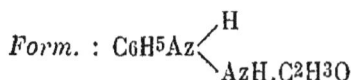

La pyrodine est le résultat du mélange de la monoacétylphénylhydrazine avec une substance indifférente. Le même nom de pyrodine est également donné à la monoacétylphénylhydrazine pure.

(1) *Pharmaceutische Zeitung*, 1892, p. 414; *Journal de Pharmacie*, 1892, p. 73.

Ce produit se présente sous forme d'une poudre constituée par de petits cristaux blancs brillant inodores et presque sans saveur. Il est facilement soluble dans l'eau chaude et peu soluble dans l'eau froide. Son point de fusion est de 128°.

Ce corps jouit des propriétés réductrices de la phénylhydrazine. A froid, il réduit la liqueur cupro-potassique. Il décolore les solutions de permanganate de potasse. La pyrodine est encore caractérisée par la propriété qu'elle possède de donner lieu à une coloration rouge carmin lorsqu'on la dissout dans de l'acide sulfurique concentré additionné d'acide azotique.

# CHAPITRE IX

## GROUPE SE RATTACHANT A LA PYRIDINE

Az

Pyridine. — Quinoléine. — Kaïroline. — Kaïrine. — Thalline. — Orexine.

L'intérêt de l'étude médicale des dérivés de la pyridine et de la quinoléine se fit sentir dès que l'on eut constaté que les alcaloïdes les plus importants fournissaient comme ultimes produits de décomposition de la pyridine ou de la quinoléine.

La pyridine fut extraite, en 1846, des produits de distillation des os, par Anderson. La quinoléine fut découverte, à la même époque, dans les produits de la distillation de la houille : on ne tarda pas à reconnaître que ces deux bases sont dans le même rapport entre elles que la naphtaline avec la benzine.

La pyridine et la quinoléine possèdent un pouvoir antiseptique très marqué et des propriétés antipyrétiques qui les firent utiliser en médecine pendant quelques années sous forme de différents sels. Les travaux de Königs sur la constitution de la quinine donnèrent l'idée d'essayer certains hydrodérivés de la quinoléine, et le commerce livra la kaïroline, la kaïrine et la thalline. Actuellement, ces produits sont à peu près délaissés; la kaïroline et la kaïrine ont complètement disparu.

On a eu l'idée de combiner la pyridine et la quinoléine avec les halogènes; en traitant ces bases par l'acide chloroïodique, on obtient des combinaisons doubles facilement cristallisables et sur lesquelles on fondait quelque espoir. Ces combinaisons ne sont pas davantage utilisées.

Nous nous bornerons à donner la préparation de la quinoléine et de la thalline, produits que l'on rencontre encore dans le commerce.

### QUINOLÉINE

$$\text{Form. : } C^6H^4 \begin{cases} CH = CH \\ | \\ Az = CH \end{cases}$$

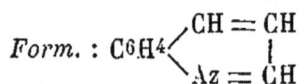

La première quinoléine synthétique a été obtenue en 1877 par M. Prud'homme. C'est la matière colorante connue sous le nom de *bleu d'alizarine*, qui provient de l'action de la glycérine sur la β-nitroalizarine en présence d'acide sulfurique concentré. M. Grœbe a établi sa constitution : c'est la dioxyanthraquinonequinoléine. Plus tard (1880), M. Skraup, en modifiant ce procédé, en a fait une méthode générale de préparation des quinoléines.

L'emploi de la quinoléine et de ses dérivés en médecine exige un produit purifié et qu'on pourrait difficilement obtenir en traitant les goudrons.

La méthode de Skraup permet d'obtenir un produit pur.

On chauffe pendant vingt-quatre heures, à 125°, un mélange de 600 parties de glycérine (28° Baumé), 600 parties d'acide sulfurique concentré, 144 parties de nitrobenzine et 216 parties d'aniline. On élève ensuite la température à 180-200°, en ayant soin de remuer constamment, afin d'éviter les explosions qui se produisent quelquefois en grand. Le produit de la réaction est étendu d'eau, et, au moyen d'un courant de vapeur, on chasse la nitrobenzine. On ajoute ensuite un alcali en excès et on décante la quinoléine, qui est purifiée par une distillation et par un traitement au chromate de sodium pour détruire les dernières traces d'aniline. Ce procédé donne environ 70 0/0 de rendement.

Cette méthode, qui fut prématurément publiée, ne put être brevetée qu'en Amérique (1). Elle permet de préparer une série de dérivés quinoléiques : ainsi, on peut obtenir l'oxy et la métoxyquinoléine en employant l'amidophénol et l'anisidine (2), la quinoléine sulfonée en employant les amides aromatiques sulfonées (3), et les diquinoléines substituées en partant des dianisidines (4).

La formation de la quinoléine par cette méthode a fait l'objet de beaucoup de recherches ; on peut

(1) Skraup, brevet américain n° 241.738.
(2) Brevet allemand 14.976.
(3) Brevet allemand 26.430.
(4) Brevet allemand 38.790.

supposer que, par déshydratation de la glycérine, il se forme d'abord l'aldéhyde de l'acide β-oxypropionique :

$$CH^2OH. CHOH.CH^2OH \qquad\qquad C^2HOHCH^2COH$$

Glycérine.            Aldéhyde de l'acide β-propionique.

qui, par l'enlèvement de 2 molécules d'eau, se transforme en dihydroquinoléine et enfin est oxydée en quinoléine aux dépens de la nitrobenzine.

Ces transformations successives peuvent être exprimées ainsi (1) :

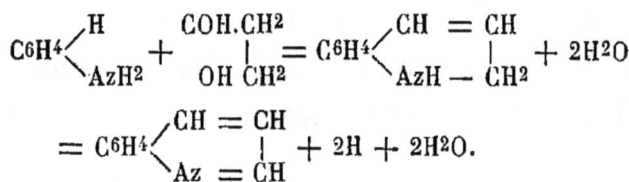

$$C^6H^4{\Large\langle}{}^{H}_{AzH^2} + {}^{COH.CH^2}_{OH\ CH^2} = C^6H^4{\Large\langle}{}^{CH\,=\,CH}_{AzH\,-\,CH^2} + 2H^2O$$

$$= C^6H^4{\Large\langle}{}^{CH\,=\,CH}_{Az\,=\,CH} + 2H + 2H^2O.$$

La quinoléine est un liquide incolore, possédant une odeur aromatique d'une saveur amère et âcre. Elle est employée encore quelquefois comme antiseptique.

## THALLINE

*Syn.* : Tétrahydroparaméthyloxyquinoléine.

*Form.* : $C^9H^{10}OCH^3Az$

La fabrication de la thalline comprend deux phases :

1° Préparation de l'éther méthylé de la paraoxyquinoléine ;

(1) *Fortschritte der Teerfarbenfabrikation.* Friedlænder.

2° Transformation du dérivé de la paraoxyquinoléine en thalline.

*Préparation de la paraoxyquinoléine.* — On fait
un mélange composé de 1 kilogramme de paraami-
doanisol, 0$^{kg}$,8 de paranitroanisol, 5 kilogrammes
de glycérine d'un poids spécifique de 1,25 et de
2$^{kg}$,8 d'acide sulfurique concentré. Le mélange est
mis dans un appareil distillatoire émaillé et muni
d'un réfrigérant ascendant. On chauffe à 140-
150° centigrades.

Pour terminer la réaction, on élève la température avec beaucoup de précaution; après deux à
trois heures, elle est terminée. On ajoute dans
l'appareil une quantité d'eau égale à deux fois le
volume de la masse : par ébullition, on chasse les
produits nitrés non transformés et on sature le
résidu de la distillation avec de la soude caustique
en léger excès. En faisant passer un courant de
vapeur d'eau, on obtient l'éther méthylé de la paraoxyquinoléine qui se trouve en solution dans la
partie distillée. En ajoutant de l'acide chlorhydrique, on forme le chlorhydrate de la base qui
cristallise par évaporation. Pour purifier complètement la paraoxyméthylquinoléine, on décompose
la solution étendue de son chlorhydrate par une
dissolution de bichromate de potasse ; il se forme
le chromate de la base qui est difficilement soluble,
tandis que les autres bases, telles que l'anisidine,

qui pouvaient se trouver mélangées à la paraoxyméthylquinoléine, sont oxydées. On décompose le chromate par un alcali et, au moyen d'un courant de vapeur d'eau, on obtient le produit à l'état de pureté absolue.

La paraoxyméthylquinoléine est l'éther méthylé de l'oxyquinoléine ; à la température ordinaire, elle se présente comme un liquide huileux sentant légèrement la quinoléine ; elle est soluble dans l'eau ; les solutions aqueuses de ses sels donnent une fluorescence bleue semblable à celle des sels de quinine. Le chlorhydrate et le sulfate sont très solubles dans l'eau ; le tartrate et l'oxalate sont difficilement solubles.

*Transformation en thalline*. — En traitant la base précédente par l'étain et l'acide chlorhydrique ou d'autres réducteurs, elle se transforme en un tétrahydrodérivé.

*Premier procédé*. — 4 kilogrammes d'étain granulé, 15 kilogrammes d'acide chlorhydrique d'un poids spécifique de 1,14, et 1 kilogramme de chlorhydrate de la paraoxyméthylquinoléine sont chauffés au bain-marie pendant 8 à 10 heures. Généralement, la réaction est terminée après ce temps ; on reconnaît que la réaction est achevée lorsque la combinaison stannique de la nouvelle base commence à se déposer et que celle-ci n'est pas redissoute par un chauffage prolongé. Par le refroidissement, la combinaison se dépose sous forme de beaux cristaux blancs ; en traitant le sel stannique par le zinc on le transforme en sel zincique, qui cristallise à froid sous forme d'aiguilles blanches.

On décompose cette combinaison par un alcali en excès, et on obtient ainsi la base à l'état libre ; celle-ci se sépare sous forme d'huile qui, par le refroidissement, se prend en cristaux légèrement colorés en jaune.

*Deuxième procédé.* — Une partie de paraoxyquinoléine est chauffée avec 4 parties d'étain et 8 parties d'acide chlorhydrique pendant 12 heures, à une température de 100-105°. Il en résulte la tétrahydroparaoxyquinoléine, que l'on neutralise exactement avec le carbonate de soude et qui est précipitée sous forme de poudre blanche. On purifie par cristallisation dans l'alcool étendu ; le point de fusion de cette base est à 148°.

La méthylation, ou transformation en thalline, se fait en dissolvant la tétrahydroparaoxyquinoléine dans de l'alcool méthylique et en ajoutant de l'iodure de méthyle et de la soude concentrée.

La tétrahydroparaméthyloxyquinoléine (thalline) a la constitution suivante :

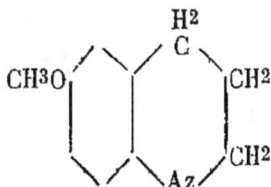

$$CH^3O \quad \underset{Az}{\overset{\overset{H^2}{C}}{\bigcirc}} \quad \begin{matrix} CH^2 \\ CH^2 \end{matrix}$$

La thalline est difficilement soluble dans l'eau

froide, plus soluble dans l'eau chaude, soluble
dans l'éther, la benzine et l'alcool, qui la laissent
déposer sous forme de cristaux blancs fondant à
42-43°. Avec les acides organiques et inorganiques,
elle donne des sels solubles qui cristallisent facilement. Le chlorure de benzyle la transforme en dérivé benzylé.

La thalline est employée comme antithermique;
son emploi est restreint.

## OREXINE

*Syn.* : Chlorhydrate de phényldihydroquinazoline.

*Form.* : $C^{14}H^{12}Az^2$

L'orexine est le chlorhydrate de la phényldihydroquinazoline (1).

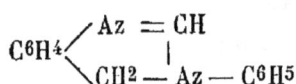

$$C^6H^4 \diagup \begin{matrix} Az = CH \\ | \\ CH^2 - Az - C^6H^5 \end{matrix}$$

On la prépare de la manière suivante :

10 kilogrammes de chlorure d'orthonitrobenzyle
sont chauffés pendant une heure à 100° avec 15 kilogrammes d'aniline.

Pour enlever l'excès de chlorhydrate d'aniline et

(1) Nous rappelons qu'on a désigné sous le nom de « Chinazo-
line », le corps de la forme :

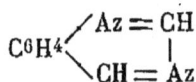

$$C^6H^4 \diagup \begin{matrix} Az = CH \\ | \\ CH = Az \end{matrix}$$

d'aniline, on traite la masse par l'acide acétique étendu, on filtre et on chauffe le résidu avec 20 kilogrammes d'acide formique pendant 2 heures. Après avoir étendu d'eau, on ajoute de l'acide chlorhydrique étendu qui dissout la nitrobenzylaniline qui n'a pas été attaquée. L'orthonitrobenzylformanilide, sous forme de liquide huileux, cristallise après quelques heures, en aiguilles fines colorées en jaune et fondant à 77°.

Sa réduction s'opère d'après les méthodes connues. On dissout, par exemple, 10 kilogrammes d'orthonitrobenzylformanilide dans 30 kilogrammes d'acide acétique cristallisable ; on chauffe au bain-marie et on ajoute 14 kilogrammes d'étain et 28 kilogrammes d'acide chlorhydrique concentré. Par le refroidissement, le sel stannique se dépose : celui-ci est dissous dans l'eau et décomposé à chaud par un courant d'hydrogène sulfuré. Après filtration, on évapore la liqueur et on obtient une masse cristalline formée par le chlorhydrate de phényldihydroquinazoline fondant à 80°.

La transformation de la nitrobenzylformanilide en orexine peut être exprimée ainsi :

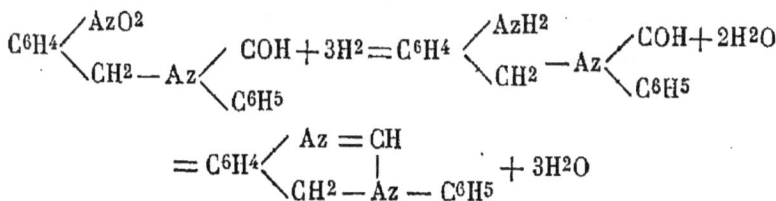

$$C^6H^4{\begin{matrix}AzO^2\\CH^2\end{matrix}}-Az{\begin{matrix}COH\\C^6H^5\end{matrix}}+3H^2=C^6H^4{\begin{matrix}AzH^2\\CH^2\end{matrix}}-Az{\begin{matrix}COH\\C^6H^5\end{matrix}}+2H^2O$$

$$=C^6H^4{\begin{matrix}Az=CH\\|\\CH^2-Az-C^6H^5\end{matrix}}+3H^2O$$

# CHAPITRE X

## GROUPE SE RATTACHANT AU PYRAZOL

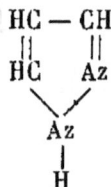

$$\begin{array}{c} HC - CH \\ \| \quad \| \\ HC \quad Az \\ \searrow \swarrow \\ Az \\ | \\ H \end{array}$$

### ANTIPYRINE|

*Syn.* : Diméthyloxyquinizine, diméthylphénylpyrazolon.

*Form.* : $C^{11}H^{12}Az^2O$

En faisant agir à froid l'éther acétylacétique sur la phénylhydrazine, il se forme avec enlèvement d'une molécule d'eau l'hydrazine de cet éther :

$$C^6H^5AzHAz = C.CH^3CH^2CO^2C^2H^5$$

qui, par l'action prolongée de la chaleur, se dédouble en alcool et en une nouvelle combinaison.

D'après Knorr, la réaction pourrait se formuler ainsi :

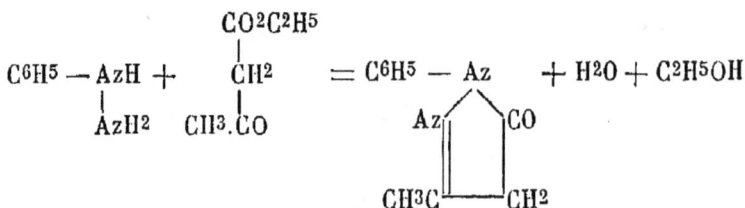

$$C^6H^5 - AzH + \begin{array}{c} CO^2C^2H^5 \\ | \\ CH^2 \\ | \\ CH^3.CO \end{array} = C^6H^5 - Az \begin{array}{c} \\ Az \diagup \diagdown CO \\ CH^3C \text{——} CH^2 \end{array} + H^2O + C^2H^5OH$$

Par la condensation des deux restes ammoniacaux de la phénylhydrazine avec les deux groupes carbonyles de l'éther acétylacétique, il se produit un nouveau groupement d'atomes qui a été désigné par Knorr, sous le nom de *pyrazol* :

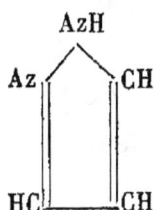

$$
\begin{array}{c}
\text{AzH} \\
\text{Az} \diagup \quad \diagdown \text{CH} \\
\text{HC} \underline{\qquad} \text{CH}
\end{array}
$$

tandis qu'il a désigné sous le nom de *pyrazolon* le groupement :

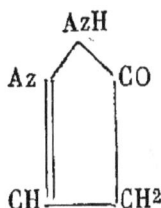

$$
\begin{array}{c}
\text{AzH} \\
\text{Az} \diagup \quad \diagdown \text{CO} \\
\text{CH} \underline{\qquad} \text{CH}^2
\end{array}
$$

La combinaison de l'éther acétylacétique avec la phénylhydrazine, a donc été désignée sous le nom de méthylphénylpyrazolon. D'après Knorr, auquel on doit la connaissance des dérivés pyrazoliques, la formation de ces dérivés a lieu lorsque l'on fait agir, dans des conditions déterminées, les hydrazines primaires sur les combinaisons β-dikétoniques.

Les hydrazines et les β-dikétones donnent les dérivés du pyrazol, tandis que les dérivés du pyrazolon sont donnés par les acides β-kétocarboniques.

Il existe une deuxième méthode, moins générale, pour l'obtention des dérivés pyrazoliques. Elle consiste à faire agir les hydrazines sur les acétones et aldéhydes non saturés de la forme :

$$RCO - CR' = CHR'' \quad \text{et} \quad HCO - CR' = CHR'' \, (1).$$

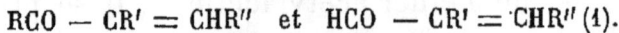

Parmi tous ces dérivés, le plus important est sans contredit le diméthylphénylpyrazolon qui est vendu dans le commerce sous le nom d'antipyrine. Quant aux nombreux dérivés à fonctions pyrazoliques qui, par suite de leur analogie avec la constitution chimique de l'antipyrine, ont été brevetés, ils ne semblent pas encore avoir fait leur apparition dans le commerce. On peut en dire autant, du moins jusqu'à ce jour, des dérivés halogénés de l'antipyrine ou de ses congénères.

*Divers modes de formation de l'antipyrine.* — Nous venons de voir que Knorr désignait sous le nom d'oxypyrazol, ou pyrazolon, les corps qui sont obtenus par la condensation des éthers acétylacétiques avec les hydrazines. L'antipyrine est le dérivé phénylé et diméthylé de l'oxypyrazol. Elle répond à la formule :

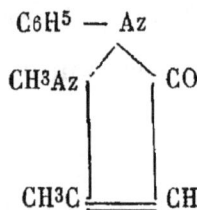

$$
\begin{array}{c}
C^6H^5 - Az \\
CH^3Az \diagup \diagdown CO \\
| \quad\quad | \\
CH^3C \underline{\quad\quad} CH
\end{array}
$$

On prépare d'abord le méthylphényloxypyrazol. Pour cela, on mélange l'éther acétylacétique et la phénylhydrazine proportionnellement à leur poids

(1) *Fortschritte des Theerfarbenfabrikation.* Friedlænder.

moléculaire, et on chauffe le produit de condensation qui en résulte à une température de 100°, jusqu'à cè qu'une tâte de l'opération se solidifie complètement par le refroidissement.

Le produit de la réaction encore chaud est versé dans de l'éther et la masse cristalline est lavée également à l'éther. Le méthylphényloxypyrazol obtenu a un point de fusion de 127°; il donne des sels aussi bien avec les bases qu'avec les acides.

Les hydrazines dérivées de la toluidine, xylidine, etc., donnent des combinaisons analogues.

*Transformation en diméthylphényloxypyrazol.* — Pour transformer le méthylphényloxypyrazol en dérivé diméthylé, on le chauffe à 100° avec les halogènes méthylés. Le produit étant dissous dans de l'alcool méthylique, on y ajoute de l'iodure de méthyle; il se produit une transformation moléculaire. Il est probable que le phénylméthylpyrazolon donne d'abord une combinaison avec une molécule d'iodure de méthyle (1) :

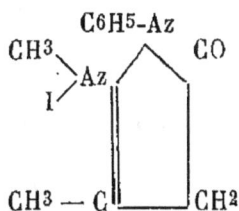

$$
\begin{array}{c}
C_6H_5\text{-}Az \\
CH_3\diagdown \qquad\qquad CO \\
\diagup Az \diagup \\
I \\
\\
CH_3 - C \underline{\qquad} CH_2
\end{array}
$$

et que le méthylate ainsi formé se transforme en iodhydrate d'antipyrine :

(1) Noelting, *Die Kunstlichen org. Farbstoffe.*

$$CH^3-Az \quad \overset{C^6H^5-Az}{\diagup} \quad CO$$

HI.

$$CH^3-C \quad \vert\_\_\_\vert \quad CH$$

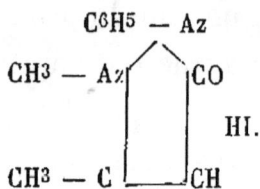

On a proposé de modifier le procédé qui vient d'être décrit, en faisant agir sur l'éther acétylacétique une hydrazine secondaire symétrique, telle que la méthylphénylhydrazine. La réaction peut se formuler ainsi :

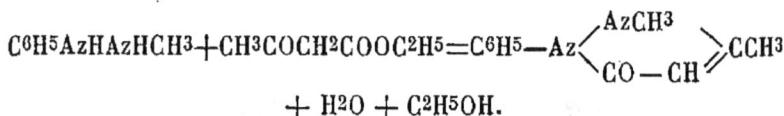

$$C^6H^5AzHAzHCH^3+CH^3COCH^2COOC^2H^5=C^6H^5-Az\overset{AzCH^3}{\underset{CO-CH}{\diagup\diagdown}}CCH^3$$
$$+ H^2O + C^2H^5OH.$$

La synthèse de l'antipyrine, d'après ce procédé qui supprime la méthylation, ne présente pas un grand intérêt au point de vue pratique, attendu que les rendements sont excessivement faibles.

On peut encore préparer l'oxypyrazol en employant, au lieu de l'éther acétylacétique, son amide :

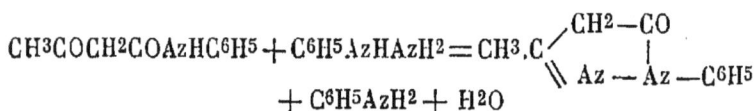

$$CH^3COCH^2COAzHC^6H^5+C^6H^5AzHAzH^2=CH^3.C\overset{CH^2-CO}{\underset{Az-Az-C^6H^5}{\diagup\diagdown}}$$
$$+ C^6H^5AzH^2+ H^2O$$

Le dérivé acétylé de l'aniline et la phénylhydrazine sont mélangés à parties égales, puis chauffés pendant quelques heures à 150°-200°. Par un traitement à la lessive de soude, on extrait le diméthylphényloxypyrazol.

Il était à prévoir que les éthers acétodicarbo-

niques devaient réagir sur les amines et les hydrazines. Cette méthode donne, en effet, des dérivés
de l'oxyquinoléine et de l'oxypyrazol. Cette synthèse n'a pas reçu d'application parce que les
produits sont difficiles à purifier.

Enfin, nous signalerons encore un autre procédé
qui consiste à faire agir la phénylhydrazine sur le
dérivé obtenu par l'action de l'éther acétylacétique
sur l'éthylène-diamine. On dissout dans l'eau 1 partie 1/2 d'éthylène-diamine : on mélange avec
5 parties d'éther acétylacétique et on chauffe au
bain-marie pendant quelques instants. Par refroidissement, il se sépare une masse cristalline que
l'on purifie par cristallisation dans l'alcool. Cette
nouvelle combinaison aurait la constitution suivante :

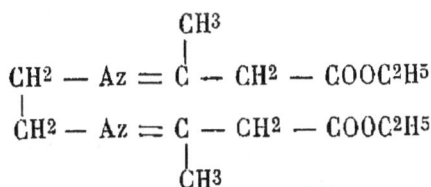

$$
\begin{array}{l}
\qquad\qquad\quad CH^3 \\
\qquad\qquad\quad | \\
CH^2 - Az = C - CH^2 - COOC^2H^5 \\
| \\
CH^2 - Az = C - CH^2 - COOC^2H^5 \\
\qquad\qquad\quad | \\
\qquad\qquad\quad CH^3
\end{array}
$$

Ce produit cristallise en aiguilles fondant à 126°,
il est insoluble dans l'eau, facilement soluble dans
l'acool et l'éther.

La transformation en antipyrine s'opère en le
chauffant avec de la phénylhydrazine.

*Préparation de l'antipyrine.* — Dans un récipient en fonte émailée, on verse $5^{kg},200$ d'acide
acétylacétique, $4^{kg},320$ de phénylhydrazine puri-

fiée et rectifiée, ayant un point de distillation de
241°. On mélange par agitation les deux produits
sans chauffer : l'éther de la combinaison de la
phénylhydrazine et de l'acide acétylacétique se
forme avec séparation d'eau. On chauffe ensuite
avec précaution le récipient jusqu'à ce qu'une
tâte de la matière en traitement se solidifie par refroidissement. On arrête le chauffage à ce moment; et on fait couler le produit encore liquide
dans de l'éther en agitant continuellement : on
obtient des cristaux du phénylméthylpyrazolon.
Après lavage à l'éther froid, on sèche cette combinaison dans l'étuve à 100°; on peut également
faire la purification par cristallisation dans l'eau
bouillante.

On procède ensuite à la méthylation.

Pour cela, on place dans un autoclave semblable
à celui représenté dans la figure 57 et analogue
à celui dont on se sert pour la méthylation et l'é-
thylation de l'aniline un mélange composé d'iodure de méthyle, d'alcool méthylique et de phénylméthylpyrazolon. Ce mélange est formé à parties égales de chacun de ces produits. On chauffe
alors l'autoclave à une température de 120° pendant quatre heures; le contenu de l'autoclave est
ensuite porté dans un appareil distillatoire et mélangé avec du noir animal ou de l'acide sulfureux
afin de le décolorer. On distille l'alcool et après
avoir additionné le résidu d'une lessive de soude

en excès, l'antipyrine se précipite sous forme d'un

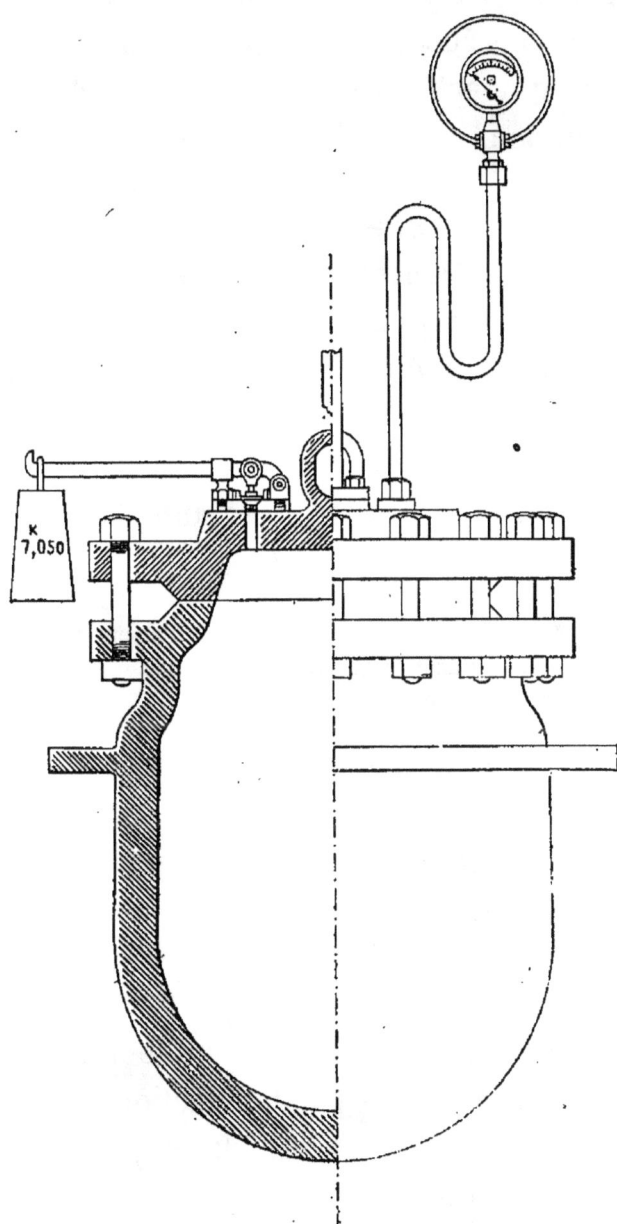

Fig. 57. — Autoclave pour la méthylation.

liquide huileux qui ne tarde pas à cristalliser.

L'antipyrine brute est soumise à une série de cristallisations successives, d'abord dans le toluène bouillant qui achève de la décolorer et ensuite dans l'eau pour enlever les traces de toluène.

*Procédé de Riedel.* — Dans le procédé de Riedel, les diverses substances sont toutes traitées simultanément sous pression et donnent l'antipyrine ans qu'il soit besoin d'isoler les produits intermédiaires.

On procède de la manière suivante :

On chauffe à 160°-185° dans un autoclave (fig. 57) pendant 10 heures,

| | |
|---|---|
| Phenylhydrazine . . . . . . . . . . . | 100 parties. |
| Éther acétylacétique. . . . . . . . . | 125 — |
| Méthylsulfonate de sodium . . . . . | 150 — |
| Iodure de sodium. . . . . . . . . . . | 150 — |
| Acide iodhydrique à 50 0/0. . . . . | 5 — |
| Alcool méthylique . . . . . . . . . | 100 — |

Le méthylsulfonate de sodium réagit avec l'iodure de sodium pour former de l'iodure de méthyle :

$$CH^3SO^4Na + NaI = Na^2SO^4 + CH^3I$$

L'iodure de méthyle réagit sur le méthylphenylpyrazolon engendré par la réaction de la phenylhydrazine sur l'éther acétylacétique et forme l'iodhydrate d'antipyrine :

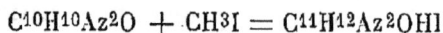

$$C^{10}H^{10}Az^2O + CH^3I = C^{11}H^{12}Az^2OHI$$

On purifie comme il a été indiqué ci-dessus.

*Propriétés et essais.* — L'antipyrine cristallise
en prismes clinorhombiques incolores, faiblement
odorants, fusibles à 110°. Elle se dissout dans 1
partie d'eau froide, dans la moitié de son poids
d'eau bouillante, dans 1 partie d'alcool à 80°. Sa
saveur est légèrement amère.

La solution d'antipyrine doit être neutre au papier de tournesol : elle est colorée en rouge par le
perchlorure de fer ; le nitrate mercureux donne un
précipité jaune ; oxydée par un mélange de bioxyde de manganèse et d'acide sulfureux on a une
coloration jaune plus ou moins rougeâtre. L'eau
iodée et le chlorure de chaux déterminent dans la
solution un précipité rouge brique.

# CARACTÈRES ANALYTIQUES

## DES PRINCIPAUX PRODUITS MÉDICINAUX

### ET MATIÈRES PREMIÈRES SERVANT A LEUR PRÉPARATION

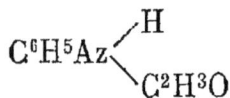

| DÉNOMINATIONS ET FORMULES | CARACTÈRES ANALYTIQUES |
|---|---|
| ACÉTAL.<br>Diéthylacétal.<br><br>$$C^2H^4 \begin{cases} OC^2H^5 \\ OC^2H^5 \end{cases}$$<br><br>Point de distillation : 104°.<br><br>*Préparation :* Produit d'oxydation de l'alcool éthylique. | Liquide éthéré, incolore. Peu soluble dans l'eau surtout à chaud, très soluble dans l'éther et l'alcool. Il ne réduit pas l'acétate d'argent ammoniacal. Les alcalis sont sans action sur lui. — Avec acide chromique, dégagement d'aldéhyde. — Avec acide sulfurique ou chlorhydrique, coloration noire après quelque temps. |
| ACÉTANILINE.<br>Antifébrine.<br><br>$$C^6H^5Az \begin{cases} H \\ C^2H^3O \end{cases}$$<br><br>Point de fusion : 112°.<br><br>*Préparation :* Résulte de l'action de l'acide acétique sur l'aniline. | Petits cristaux blancs inodores, doués d'une saveur légèrement brûlante. — Peu soluble dans l'eau, soluble dans l'alcool et l'éther. — 0 gr. 1 d'acétaniline, 1 centimètre cube d'une solution de lessive de soude et 3 gouttes de chloroforme, chauffés dans un tube à essai donnent un dégagement de phénylisocyanide $C^6H^5 - CAz$ reconnaissable à sa mauvaise odeur. — Avec nitrate et nitrite de sodium, coloration rouge. — Avec l'acide azotique, aucune coloration à froid; à chaud coloration orange. |

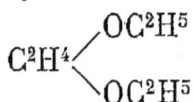

ACÉTIQUE (acide).

$CH^3CO^2H$.

Point de distillation : 118°.

*Préparation :* Résulte de l'oxydation de l'alcool ; se produit également dans la distillation du bois.

Liquide incolore à la température de 20°. Soluble dans l'eau et l'alcool. Les vapeurs sont inflammables. — Avec l'alcool méthylique et acide sulfurique, dégagement d'éther acétique. — Le chlorure de fer donne une coloration rouge avec un acétate alcalin. — Avec la potasse et l'acide arsénieux dégagement à chaud de cacodyle (très sensible).

---

ACÉTOPHÉNONE.

Hypnone, méthylphénylacétone.

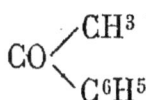

$CO \Big\langle \begin{array}{l} CH^3 \\ C^6H^5 \end{array}$

Point de fusion : 20°,5.

*Préparation :* Par distillation du benzoate et de l'acétate de chaux.

Cristallise en grosses paillettes blanches. Par oxydation avec le bichromate de potasse et l'acide sulfurique, formation d'acide benzoïque et d'acide carbonique. — Par l'acide sulfurique à chaud, formation d'acide benzoïque. Avec le sulfure d'ammonium à chaud, formation d'acide phénylacétique.

---

AMYLIQUE (alcool).

Huile de pommes de terre, hydrate d'amyle.

$C^5H^{11}.OH$

Point de distillation : 132°.

*Préparation :* On l'obtient par la distillation des pommes de terre.

Liquide incolore, doué d'une forte odeur de pomme, insoluble dans l'eau, facilement soluble dans l'alcool et l'éther. — Avec l'acide sulfurique et le bichromate de potasse, formation d'aldéhyde et d'acide valérique. — Avec acide azotique, formation de nitrite d'amyle et d'acide cyanhydrique. Le chlorure de chaux donne du chloroforme, reconnaissable à son odeur. L'acide chlorhydrique se dissout dans

| DÉNOMINATIONS ET FORMULES | CARACTÈRES ANALYTIQES |
|---|---|
| | l'alcool amylique ; par distillation on a du chlorure d'amyle. |

---

| DÉNOMINATIONS ET FORMULES | CARACTÈRES ANALYTIQES |
|---|---|
| ALDÉHYDATE D'AMMONIAQUE.<br><br>$C^2H^4\begin{cases} OH \\ AzH^2 \end{cases}$<br><br>Point de fusion : 70-80°.<br><br>*Préparation :* Combinaison de l'aldéhyde acétique avec l'ammoniaque. | Cristaux rhomboïdriques, solubles dans l'eau, dans l'alcool, très peu solubles dans l'éther. — Avec les acides, dégagement d'aldéhyde acétique. |
| ALDÉHYDE ACÉTIQUE.<br>Hydrure d'acétyle, éthanal.<br><br>$CH^3.COH$<br><br>Point de distillation : 21°.<br><br>*Préparation :* Par oxydation de l'alcool éthylique. | Liquide incolore, très mobile, d'une odeur pénétrante et suffocante.<br>Soluble dans l'eau, l'alcool et l'éther. Brûle. — Avec de la soude à chaud, production d'une matière jaune, résineuse. — Réduit fortement la solution ammoniacale d'argent. — En ajoutant une solution aqueuse d'aldéhyde à une solution concentrée d'un bisulfite, il se forme une combinaison cristalline. — Avec l'eau d'aniline, précipité blanc nuageux. |
| ALUMNOL.<br>Paraphénolsulfonate d'aluminium.<br><br>*Préparation :* Combinaison du p-sulfo- | Assez soluble dans l'eau avec fluorescence facilement soluble dans l'alcool et la glycérine, insoluble dans l'éther.<br>Il coagule l'albumine ; le précipité est soluble dans un excès d'albumine.<br>Avec les sels d'argent, on obtient une |

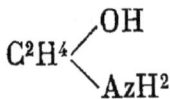

| DÉNOMINATIONS ET FORMULES | CARACTÈRES ANALYTIQUES |
|---|---|
| phénol avec les sels d'alumine. | réduction; avec le chlorure de fer, coloration bleue. |
| **ANILINE.**<br>Phénylamine.<br>$C^6H^5AzH^2$<br>Point de distillation : 183°.<br>*Préparation :* Par la réduction du nitrobenzol. | Liquide huileux, brunissant à l'air, soluble dans 25 parties d'eau froide, soluble dans l'alcool, l'éther et le chloroforme. — Avec l'acide sulfurique et le bichromate de potasse, coloration bleue. Par addition d'eau de chlore, même coloration; l'eau de brome donne une coloration rougeâtre.<br>Par addition d'acide chlorhydrique et de chlorate de potasse, formation d'une couleur rouge. — La solution aqueuse d'aniline colore en jaune bois de sapin.<br>Avec la formaldéhyde précipité nuageux. Cette réaction peut déceler 1/20.000 d'aniline. |
| **ANTHRAROBINE.**<br>Dioxyanthranol.<br>$^6H^4 \diagdown \begin{smallmatrix} C(OH) \\ | \\ CH \end{smallmatrix} \diagup C^6H^2(CH)^2$ | Poudre amorphe, très peu soluble dans l'eau, soluble dans l'alcool et l'éther. La solution aqueuse se colore en rouge par addition de l'acide sulfurique. Par l'acétate de plomb, précipité brun. Le bichromate de potasse donne aussi un précipité brun intense.<br>5 milligrammes d'anthrarobine avec 2 centimètres cubes d'eau, fournit une coloration verdâtre par addition de quelques gouttes d'ammoniaque. La coloration passe ensuite au violet. |
| **ANTINERVINE.**<br>Salicylbromanilide. | |

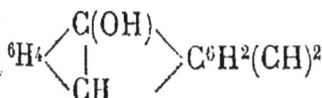

Composé mal défini résultant du mélange de bromure d'ammonium, d'acide salicylique et d'acétaniline.

---

ANTIPYRINE.

Diméthylphénylpyra - zolon.

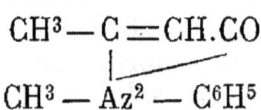

$$CH^3 — C = CH.CO$$

$$CH^3 — Az^2 — C^6H^5$$

Point de fusion : 110°.

*Préparation* : Par la méthylation de la combinaison de la phénylhydrazine et de l'éther acétylacétique.

Assez soluble dans l'eau et l'alcool, insoluble dans le sulfure de carbone. S dissout dans les acides sans coloration Par le nitrite de sodium et l'acide acétique, coloration bleu verdâtre et ensuit formation de nitrosoantipyrine. — Ave perchlorure de fer, précipité floconneu qui se dissout avec coloration roug par addition d'alcool.

---

ARISTOL.

Diiododithymol.

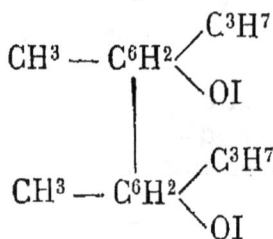

$$CH^3 — C^6H^2 \begin{cases} C^3H^7 \\ OI \end{cases}$$

$$CH^3 — C^6H^2 \begin{cases} C^3H^7 \\ OI \end{cases}$$

Point de fusion : se ramollit à 60°.

*Préparation* : Combi-

Poudre amorphe insoluble dans l'eau, so luble avec coloration rouge dans le chlo roforme. — En chauffant dans un tub fermé, dégagement de vapeurs d'iode La dissolution alcoolique de l'aristol n donne aucune coloration avec le perchlo rure de fer à froid ; par évaporation, il s forme un résidu noir, soluble dans l chloroforme avec une coloration brune — Par un traitement semblable à celu indiqué plus loin pour le sozoïodol, o ne trouve pas d'acide sulfurique dan les eaux.

| DÉNOMINATIONS ET FORMULES | CARACTÈRES ANALYTIQUES |
|---|---|
| naison du thymol non sulfoné avec l'iode. | |
| **ASAPROL.**<br>β-sulfonaphtolate de chaux.<br><br>$$(C^{10}H^7OSO^3)^2Ca + 3H^2O$$<br><br>L'asaprol renferme en outre un peu de naphtol β et de sulfate de chaux.<br><br>*Préparation :* Par la combinaison de la chaux avec le dérivé mono sulfoné α du β-naphtol. | Poudre blanchâtre, légèrement rosée, sans odeur, douée d'un goût successivement amer puis douceâtre. — Avec perchlorure de fer, coloration bleue. — Avec acide nitrique, coloration jaune. L'acide chromique donne un précipité brun, l'acétate de plomb, un précipité blanc, soluble dans les acides. |
| **ASEPTOL.**<br>Mélange mal défini formé d'éthers phéniliques et de phénols sulfonés.<br><br>*Préparation :* Résulte de l'action de l'acide sulfurique sur le phénol en présence de l'alcool. | |
| **BENZOÏQUE (Acide).**<br>$C^6H^5CO^2H$ | Très peu soluble dans l'eau, plus soluble dans l'alcool et l'éther. En chauffant |

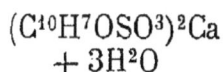

| DÉNOMINATIONS ET FORMULES | CARACTÈRES ANALYTIQUES |
|---|---|
| Point de fusion : $121°,5$.<br><br>*Préparation* : Extrait de l'urine des animaux ; par l'action de l'acide nitrique sur le toluène chloré. | dans un tube fermé, il y a sublimation. L'acide benzoïque fondu avec de la soude dégage de la benzine et de l'acide carbonique. — Avec acide sulfurique et bioxyde de manganèse, dégagement d'acide formique. |
| BENZOÏLAMIDOPHÉNYL-ACÉTIQUE (Acide).<br>Point de fusion : $175°,5$.<br><br>*Préparation* : S'obtient en décomposant l'acide amidophénylacétique par le chlorure de benzoïle. | |
| BENZONAPHTOL.<br>$C^{10}H^7O.COC^6H^5$<br>Point de fusion : $110°$.<br><br>*Préparation :* Combinaison du β-naphtol et du chlorure de benzoïle. | Peu soluble dans l'eau ; soluble dans l'alcool. |
| BENZOSOL.<br>Benzoïl-gaïacol :<br>$C^6H^4 \diagup^{OCH^3}_{\diagdown OCOC^6H^5}$<br>Point de fusion : $80°$. | Presque insoluble dans l'eau, soluble dans l'alcool et le chloroforme, difficilement soluble dans l'acide acétique. |

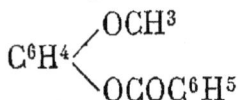

| DÉNOMINATIONS ET FORMULES | CARACTÈRES ANALYTIQUES |
|---|---|

*Préparation :* Combi-
naison du gaïacol
et du chlorure de
benzoïle.

---

BÉTOL.

Salicylate de β-naph-
tol.

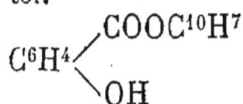

$$C^6H^4 \diagdown^{COOC^{10}H^7}_{OH}$$

Point de fusion : 95°.

*Préparation :* Combi-
naison de l'acide sa-
licylique avec le β
naphtol.

Presque insoluble dans l'eau, peu soluble
dans l'alcool, soluble dans l'éther. Avec
l'acide sulfurique contenant du nitrate
de sodium, coloration verdâtre; avec
le nitrite, coloration rougeâtre. — Une
dissolution de soude à chaud ne dissout
pas le bétol (différence avec le salol).
— Chauffé avec un lait de chaux, on
obtient, après filtration, un liquide bleu
fluorescent qui devient, après acidification, violet par le perchlorure de fer.

---

BROMURE D'ÉTHYLE.

Éther bromhydrique.

$C^2H^5Br$

Point de distillation :
30°,7.

*Préparation :* Action
du brome ou de l'a-
cide bromhydrique
sur l'alcool.

Liquide incolore, plus lourd que l'eau,
doué d'une odeur agréable et éthérée,
d'une saveur sucrée et brûlante. Insoluble dans l'eau, soluble dans l'alcool
et l'éther. Les vapeurs brûlent assez
difficilement avec une flamme verte. —
Avec l'acide sulfurique et l'acide azotique : rien. — Avec potasse alcoolique,
formation de bromure de potassium et
d'alcool.

---

BUTYLCHLORAL.

Chloral crotonique.

$C^4H^5Cl^3O$

Point de distillation :
163-165°.

Liquide oléagineux, incolore, attirant fortement l'humidité. Peu soluble dans
l'eau froide, plus soluble à chaud, soluble dans l'alcool. — Avec l'acide nitrique formation d'acide trichlorobutyli-
que. — Avec l'ammoniaque, formation

*Préparation :* Par l'action du chlore sur l'alcool éthylique.

de butylchloralammoniaque. — Les solutions alcalines le transforment en chloroforme propylique.

---

CARBOTHIALDINE.

$C^5H^{16}Az^2S^2$

*Préparation :* Combinaison de l'aldéhydate d'ammoniaque avec le sulfure de carbone.

Cristaux incolores, insolubles dans l'eau, l'alcool et l'éther à froid, solubles dans l'alcool bouillant. Ils se dissolvent dans l'acide chlorhydrique; l'ammoniaque les sépare inaltérés. — Avec acide oxalique la solution alcoolique de carbothialdine donne de l'oxalate d'ammoniaque.

---

CARVACROL.

Oxycymol.

$C^{10}H^{13}OH$

Point de distillation : 236°.

*Préparation :* Existe dans l'essence du cummel. Par la fusion du cymol sulfoné avec la soude.

Liquide huileux, incolore, se solidifiant à -20°. Peu soluble dans l'eau, soluble dans l'alcool. La dissolution possède une saveur âcre et une odeur désagréable. — Avec le perchlorure de fer, formation de dicarvacrol et coloration verte (en solution alcoolique).

---

CHLORALAMIDE.

Chloralformamine.

$C^3H^4Cl^3OAz$

Point de fusion : 115-116°.

*Préparation :* Combi-

Cristaux incolores, solubles dans l'eau et dans l'alcool : par distillation, ils se dédoublent en chloral et en formamine.

| DÉNOMINATIONS ET FORMULES | CARACTÈRES ANALYTIQUES |
|---|---|
| naison du chloral et de la formamine. | |
| CHLORALOSE.<br>Anhydroglucochloral.<br>$C^8H^{11}Cl^3O^6$<br>Point de fusion : 184-186°.<br>*Préparation* : Combinaison du chloral et du glucose. | Aiguilles fines se volatilisant sans décomposition. Peu soluble dans l'eau, soluble dans l'éther bouillant. — Avec le chlorure de benzoïle, formation d'un dérivé tétrabenzoïlé. |
| CHLORALURÉTHANE.<br>Ural.<br>$C^5H^8O^3Cl^3Az$<br>*Préparation* : Combinaison entre le chloral et l'uréthane. | Cristaux incolores, insolubles dans l'eau froide, d'une saveur amère, facilement décomposables par la chaleur. |
| CHLOROFORME.<br>$CHCl^3$<br>Point de distillation : 61°.<br>*Préparation* : Par le traitement de l'alcool avec le chlorure de chaux en présence de la chaux. Par le traitement du | Liquide incolore très mobile, d'une densité de 1,48, doué d'une odeur très particulière. Ses vapeurs ne sont pas inflammables. Peu soluble dans l'eau, très soluble dans l'alcool et l'éther, insoluble dans l'acide sulfurique concentré. — Chauffé avec une solution aqueuse d'éthylamine, il se forme une carbylamine reconnaissable à sa mauvaise odeur. On reconnaît la présence de l'alcool dans le chloroforme en l'agi- |

| DÉNOMINATIONS ET FORMULES | CARACTÈRES ANALYTIQUES |
|---|---|
| chloral par les alcalis. | lant avec de l'eau distillée, le mélange devient opalescent. — 1 milligramme de fuchsine agité avec 2 centimètres cubes de chloroforme colore en rouge le chloroforme alcoolique. Le nitrate d'argent indique la présence du chlore ou de l'acide chlorhydrique. En chauffant avec de la potasse, on a une coloration brune en présence de l'aldéhyde. |
| CHLORURE D'ÉTHYLE. Éther éthylchlorhydrique. $C^2H^5Cl$ Point de distillation : 11°. *Préparation:* Obtenu par l'action de l'acide chlorhydrique sur l'alcool. | Liquide incolore, d'une odeur aromatique, doué d'une saveur âcre et alliacée. Il est combustible et brûle avec une flamme bordée de vert en dégageant de l'acide chlorhydrique. Il dissout le soufre, le phosphore, les huiles grasses, etc. Avec le perchlorure de fer, formation d'un composé cristallisé. — Avec le nitrate d'argent, aucun précipité. Une solution alcoolique de sulfhydrate de potasse le transforme en mercaptane. Les perchlorures d'antimoine et d'étain absorbent abondamment les vapeurs de chlorure d'éthyle. |
| CHLORURE DE MÉTHYLE. Éther méthylchlorhydrique. $CH^3Cl$ Point d'ébullition : -23°,7. *Préparation:* Par le | Gaz incolore d'une odeur éthérée, d'une saveur sucrée. Il brûle avec une flamme blanche bordée de vert. L'eau en dissout 2,8 fois son volume à 16°, l'alcool absolu en dissout 1/35 de son volume. |

traitement de la tri-
méthylamine par
l'acide chlorhydri-
que sec.
Par la distillation d'un
mélange de sel ma-
rin d'alcool méthy-
lique et d'acide sul-
furique.

---

CITRIQUE (acide).

$C^6H^8O^7$

Point de fusion : 153-
154° (acide citrique
anhydre).

*Préparation :* Extrait
du jus de citron.

Cristaux fondant dans leur eau de cristallisation. L'acide citrique se dissout
dans 0,75 parties d'eau froide, et
0,5 parties d'eau bouillante; il est soluble dans l'alcool et l'éther. — Avec
l'acide sulfurique, dégagement d'oxyde
de carbone : le peroxyde de manganèse
et l'acide sulfurique donnent de l'acide
formique et de l'acide carbonique.
La solution aqueuse d'acide citrique dissout le fer et le zinc. — Avec le chlorure aurique, il y a réduction. — Par les
alcalis, aucun précipité.

---

CRÉOSOL (commer-
cial).

Point de distillation :
219°.

*Préparation :* Obtenu
par l'action de la
potasse sur la créo-
sote du goudron
de hêtre.

Liquide incolore réfringent, d'une odeur
aromatique, insoluble dans l'eau, soluble dans l'alcool, l'éther et l'acide acétique. — Avec l'ammoniaque aqueuse
concentrée, formation de cristaux ; avec
la potasse, formation de créosolate de
potassium. L'acide sulfurique donne
une couleur rouge et violette; avec le
perchlorure de fer, coloration verte. La
solution réduit les sels d'argent. Il
coagule l'albumine.

| DÉNOMINATIONS ET FORMULES | CARACTÈRES ANALYTIQUES |
|---|---|
| **CRÉOSOTE.**<br><br>Mélange de divers homologues du phénol.<br><br>*Préparation :* Obtenu par la distillation du goudron de bois. | Liquide huileux, incolore, se colorant à la lumière, d'une odeur forte et désagréable. Peu soluble dans l'eau, très soluble dans l'alcool, l'éther, le sulfure de carbone, etc. Par addition d'acide sulfurique, coloration pourpre ; avec la potasse, formation d'un sel cristallisé. — 15 parties de phénol et 10 parties de collodion donnent une masse gélatineuse, tandis que la créosote se mélange au collodion en donnant une solution claire. En ajoutant de l'ammoniaque et du perchlorure de fer jusqu'à ce que le précipité soit persistant, on obtient une liqueur qui donne, avec la créosote du goudron de hêtre, une coloration verte, puis brune, tandis qu'avec le phénol, la coloration est bleue. |
| **CRÉSYLOL** (commercial).<br><br>$C^6H^4\begin{cases} OH \\ CH^3 \end{cases}$<br><br>*Préparation :* On l'isole des créosotes du goudron de houille ; synthétiquement, on l'obtient par la transformation du toluène. | Liquide incolore, réfringent, d'une odeur de créosote. Peu soluble dans l'eau ainsi que dans la solution de carbonate d'ammoniaque. — Avec perchlorure de fer, coloration bleue. Par l'acide azotique, réaction vive et formation d'une matière brune cristallisable.<br>Le paracrésol est solide, fondant à 36° ; ses solutions donnent des réactions analogues. |

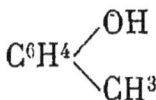

| DÉNOMINATIONS ET FORMULES | CARACTÈRES ANALYTIQUES |
|---|---|

DERMATOL.

Sous gallate de bis-muth.

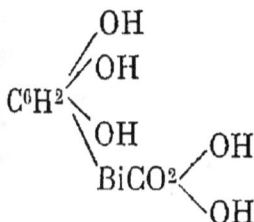

$$C^6H^2 \begin{cases} OH \\ OH \\ OH \\ BiCO^2 \begin{cases} OH \\ OH \end{cases} \end{cases}$$

*Préparation :* Résulte de l'action du ni-trate de bismuth sur l'acide gallique.

Insoluble dans l'eau, l'alcool et l'éther. — En chauffant le dermatol sur une plaque de platine, on peut rechercher le bismuth dans le résidu.

---

ÉTHYLIQUE (alcool).

$C^2H^5OH$

Point de distillation : 79°,4.

*Préparation :* Obtenu par la distillation des liquides fermentés.

Liquide mobile, soluble dans l'eau et l'éther. Il ne dissout généralement pas les sels des acides mineraux, mais les chlorures, bromures et iodures sont généralement dissous. — Avec l'iode et la soude caustique précipité d'iodoforme. — Avec chlorure benzoïque, dégage-ment d'éther benzoïque (très sensi-ble). 1 partie d'acide molybdique et 10 parties d'acide sulfurique produisent une coloration bleue par addition d'al-cool.

Les aldéhydes se reconnaissent dans l'al-cool par la fuchsine et le bisulfite, le fusfurol par l'acétate d'aniline. Les al-cools homologues sont déterminés par l'appareil de Rose.

L'alcool exempt de bases organiques ne doit être troublé par aucun réactif.

| DÉNOMINATIONS ET FORMULES | CARACTÈRES ANALYTIQUES |
|---|---|
| **ÉTHER.**<br>Oxyde d'éthyle.<br><br>$$O\begin{cases}C^2H^5\\C^2H^5\end{cases}$$<br><br>Point de distillation : 34°.<br><br>*Préparation* : Par la distillation d'un mélange d'alcool et d'acide sulfurique. | Liquide incolore, mobile, neutre et inflammable, soluble dans 10 parties d'eau, soluble dans l'alcool, le chloroforme et l'acétone. Il dissout le brome, l'iode, le chlorure de fer.<br>On reconnaît la présence de l'eau dans l'éther par l'addition d'une petite quantité de tanin. Celui-ci reste pulvérulent, lorsque l'éther est absolu ; à la proportion de 1,5 0/0, il s'agglomère.<br>Pour déterminer la présence de l'alcool dans l'éther, voyez page 100. |
| **EUGÉNOL.**<br>$C^9H^8(OH)(OCH^3)$<br>Point de distillation : 247°,5.<br><br>*Préparation* : Retiré de l'huile essentielle de girofle. | Liquide huileux, très réfringent. Soluble dans l'alcool, l'éther, ainsi que dans les alcalis. Le chlorure de fer donne une coloration bleue avec la solution alcoolique ; celle-ci est réduite par l'azotate d'argent en présence d'ammoniaque. Par le bichromate de potasse et l'acide sulfurique, formation d'acide acétique.<br>La solution éthérée est traitée par le brôme à froid ; après distillation, il reste une huile brune qui, saponifiée, fournit par oxydation une substance douée de l'odeur de la vaniline. |
| **EUROPHÈNE.**<br>Iodhydrate d'isobutyl-crésol.<br><br>$$HI\begin{cases}O.C^6H^4(C^4H^9)CH^3\\ \qquad\qquad\qquad (?)\\O.C^6H^3(C^4H^9)CH^3\end{cases}$$ | Insoluble dans l'eau et les alcalis, soluble dans l'alcool et l'éther. Par addition d'eau, la solution alcoolique précipite des flocons jaunes. Par ébullition prolongée avec l'eau, séparation d'iode. — La séparation d'iode s'effectue aussi par l'acide sulfurique. En chauffant l'euro- |

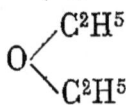

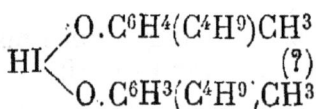

| DÉNOMINATIONS ET FORMULES | CARACTÈRES ANALYTIQUES |
|---|---|
| Point de fusion : se ramollit vers 70°.<br><br>*Préparation :* Combinaison de l'isobutylorthocrésylol avec l'iode. | phène avec de la poudre de zinc, on forme de l'iodure de zinc. |
| EXALGINE.<br>Méthylacétanilide.<br><br>$$C^6H^5Az \Big\langle {CH^3 \atop C^2H^3O}$$<br><br>Point de fusion : 101°.<br><br>*Préparation :* Résulte de l'action du chlorure d'acétyle sur la monométhylaniline. | Peu soluble dans l'eau, soluble dans l'alcool. — Avec la soude et le chloroforme, il n'y a pas dégagement de phénylisocyanide (différence avec l'acétanilide). — La solution d'exalgine dans l'acide sulfurique donne, par addition de nitrate de soude, une coloration vert jaune. |
| FORMIQUE (Acide).<br>H. $CO^2H$<br><br>Point de distillation : 99°.<br><br>*Préparation :* Par l'oxydation de substances organiques. | Liquide incolore, d'une odeur piquante, cristallisant à 0°, soluble dans l'eau, l'alcool et l'éther. — Avec l'acide sulfurique et excès, formation d'oxyde de carbone et d'eau. La poudre d'iridium et de ruthénium provoquent à froid cette décomposition. Les azotates d'argent et de mercure sont réduits à chaud. |
| FORMOL.<br>Aldéhyde formique, formaldéhyde. | En solution alcoolique, liquide doué d'une odeur piquante. Par évaporation, donne du trioxyméthylène. —Avec la liqueur |

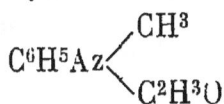

## H.COH

*Préparation :* Par l'oxydation des vapeurs d'alcool méthylique.

de Fehling ou le nitrate d'argent ammoniacal : réduction.

L'eau d'aniline donne un précipité blanc (très sensible) avec la solution de formol. La solution aqueuse étendue d'un sel de fuchsine vire au violet bleu par addition de quelques gouttes de formol. On chauffe le formol avec de la diméthylaniline et de l'acide sulfurique étendu. Après avoir rendu alcalin et chassé l'excès de diméthylaniline, on filtre la liqueur. Si l'on humecte le papier par de l'acide acétique, on obtient par la projection de l'oxyde de plomb une coloration bleue intense.

---

GAÏACOL.

Éther méthylique de la pyrocatéchine.

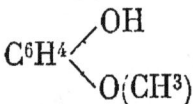

$$C^6H^4 \begin{cases} OH \\ O(CH^3) \end{cases}$$

Point de distillation : 201-204°.

*Préparation :* Retiré de la créosote du hêtre.

Très peu soluble dans l'eau (1/200), soluble dans l'alcool, l'éther et les alcalis. — Le perchlorure de fer donne un trouble brunâtre avec la solution aqueuse et une belle coloration bleue avec la solution alcoolique. — Avec l'acide sulfurique à chaud, coloration orange. — En agitant 4 centimètres cubes de gaïacol avec un lait de chaux (0 gr. 10 de chaux dans 10 centimètres cubes d'eau), on obtient des cristaux blancs formés par la combinaison calcique du gaïacol.

---

GALLIQUE (Acide).

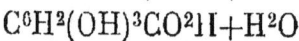

$C^6H^2(OH)^3CO^2H+H^2O$

Point de fusion : environ 230° avec décomposition.

Soluble dans 3 parties d'eau bouillante et 120 parties d'eau froide ; peu soluble dans le chloroforme et le sulfure de carbone. En chauffant un mélange d'acide gallique et de carbonate de chaux dans un tube de verre, formation d'a-

| DÉNOMINATIONS ET FORMULES | CARACTÈRES ANALYTIQUES |
|---|---|

*Préparation :* On l'obtient par le traitement du tanin par les acides étendus.

cide pyrogallique contre les parois. Avec le chlorure de fer, coloration bleue qui devient violette par l'addition de l'acétate de soude. — Avec les alcalis, l'acide gallique donne généralement diverses colorations. Les solutions d'acide gallique et de sulfate de cuivre fournissent par l'addition du carbonate de chaux un précipité brun. La solution saturée de quinine ne donne aucun précipité avec l'acide gallique.

GLYCÉRINE.

$C^3H^5(OH)^3$

Point de distillation : 290°.

*Préparation :* Obtenue par la saponification des corps gras.

Liquide sirupeux, incolore, soluble dans l'eau et l'alcool, insoluble dans l'éther et le chloroforme, d'une saveur douce et sucrée. La glycérine dissout un très grand nombre de substances. Avec le peroxyde de manganèse et l'acide sulfurique, il se dégage de l'acide carbonique avec formation d'acide formique ; avec acide arsénieux, liquide huileux qui se solidifie par refroidissement. Dans la glycérine, on peut rechercher la chaux au moyen de l'acide sulfurique et de l'alcool ; le sucre ou dextrine par le molybdate d'ammoniaque ; le glucose en chauffant avec un alcali (coloration brune).

HYDRATE D'AMYLÈNE.

Alcool pseudo-amylique ; diméthyl-éthyl-carbinol.

Liquide mobile, incolore, doué d'une odeur aromatique particulière et d'une saveur rappelant celle de la menthe. Légèrement soluble dans l'eau, soluble dans l'alcool. Par oxydation de l'hydrate d'amylène, il se forme de l'acide acétique

$COH.C^2H^5(CH^3)^2$

Point de distillation : 102°,5.

*Préparation :* Par le traitement du β-iso-amylène par l'acide sulfurique et l'eau.

et de l'acétone avec dégagement d'acide carbonique.

---

HYDRATE DE CHLORAL.

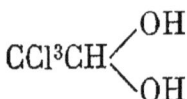

$$CCl^3CH{<}{OH \atop OH}$$

Point de fusion : 57°.

*Préparation :* Résulte de l'action du chlore sur l'alcool éthylique.

Cristaux blancs solubles dans l'alcool, les éthers, le sulfure de carbone. La solution aqueuse de chloral chauffée à l'ébullition en présence du zinc donne un liquide rougissant le papier de tournesol et fournit un abondant précipité avec le nitrate d'argent (très sensible).

2 centigrammes de chloral, 3 centigrammes de resorcine additionnés de 5 gouttes d'une lessive de soude donnent une coloration rouge intense ; par addition d'eau, fluorescence verte. En mélangeant 1 centimètre cube de lessive de soude et 1 centigramme de chloral, dégagement d'odeur de chloroforme. Si on ajoute 3 gouttes d'aniline dans le liquide, il se forme de l'isocyanure de phényle, reconnaissable à sa mauvaise odeur.

Pour les autres caractères analytiques du chloral, voyez page 175.

---

HYDROXYLAMINE.

$AzH^3O$

*Préparation :* Se for-

La solution d'hydroxylamine décolore la solution ammoniacale d'oxyde de cuivre. Avec le bichlorure de mercure précipité

| ÉNOMINATIONS ET FORMULES | CARACTÈRES ANALYTIQUES |
|---|---|
| me dans la réduction des azotates, azotites, etc. | jaune devenant blanc ; par un excès d'hydroxylamine, il y a séparation de mercure. Avec les sels de plomb, de fer, de nickel d'alumine et de chrome précipités insolubles dans un excès de réactifs. Les sels de chaux et de magnésie ne sont pas précipités. |
| HYPNAL. Monochloralantipy - rine. $C^{13}H^{15}Az^2Cl^3O^3$ Point de fusion : 67°-68°. Préparation : Combinaison de l'antipyrine et de l'hydrate de chloral. | Cristaux blancs, solubles dans l'alcool. Avec le perchlorure de fer, coloration rouge. A chaud, il réduit la liqueur de Fehling. |
| ODOFORME. odure de méthyle bi-iodé. $CHI^3$ Préparation : Obtenu par l'action de l'iode en présence d'un alcali sur l'alcool méthylique ou éthylique. | Paillettes nacrées, d'un jaune de soufre, onctueuses et très odorantes. L'iodoforme est insoluble dans l'eau, les acides et les alcalis; soluble dans les alcools, les éthers, le sulfure de carbone et les huiles grasses. — Avec le perchlorure de phosphore, formation de chloroforme. —Avec oxyde de mercure, l'iodoforme est rapidement attaqué. L'acétate d'argent se transforme en iodure avec dégagement d'oxyde de carbone. |

| DÉNOMINATIONS ET FORMULES | CARACTÈRES ANALYTIQUES |
|---|---|
| **IODOL.**<br>Tétraïodopyrrol.<br><br>$$AzH\Big\langle \begin{matrix} IC = CI \\ | \\ IC = CI \end{matrix}$$<br><br>*Préparation :* Combinaison de l'iode avec le pyrrol. | Insoluble dans l'eau, soluble dans l'alcool et l'éther. — Avec le bichlorure de mercure, précipité noir. — Avec l'acide chlorhydrique, dégagement de vapeurs d'iode. — Le perchlorure de fer donne avec une solution d'iodol et l'alcool un anneau coloré en brun verdâtre. |
| **IODURE D'AMYLE.**<br>Éther amyliodhydrique.<br>$$C^5H^{11}I$$<br>Point de distillation : 147°.<br>*Préparation :* Par la distillation d'un mélange d'alcool amylique, d'iode et de phosphore. | Liquide mobile, doué d'une odeur éthérée. — Insoluble dans l'eau, se décompose partiellement sous l'influence de la lumière. — Avec les sels d'argent, donne des éthers amyliques. |
| **IODURE D'ÉTHYLE.**<br>Éther iodhydrique.<br>$$C^2H^5I$$<br>Point de distillation : 72°,2.<br>*Préparation :* Résulte de l'action de l'iode sur l'alcool éthylique en présence du phosphore. | Liquide incolore, doué d'une odeur aromatique éthérée. Il se décompose facilement sous l'influence des rayons solaires.<br>Par un courant de chlore, l'iode est précipité. Par l'acide azotique, même réaction. L'acide sulfurique concentré le brunit rapidement. — Avec les sulfocyanates métalliques, formation de sulfocyanate d'éthyle. — Avec magnésium en fil à froid, combinaison avec dégagement de chaleur. |

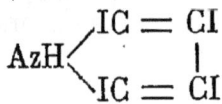

| DÉNOMINATIONS ET FORMULES | CARACTÈRES ANALYTIQUES |
|---|---|
| ISOEUGENOL.<br><br>$C^9H^8(OH)(OCH^3)$<br><br>Point de distillation : 258-262°.<br><br>*Préparation* : Par l'action de la chaleur sur un mélange d'acide homoférulique et de chaux. | Huile brunissant à l'air, soluble dans l'alcool et l'éther. La solution alcoolique est colorée en vert par le perchlorure de fer; par addition d'ammoniaque, la coloration devient violette et trouble. |
| KAIRINE.<br>Tétrahydrooxyméthyl-quinoléine.<br><br>$C^9H^9(OH)AzCH^3$<br><br>*Préparation:* Obtenue en réduisant l'oxyquinoléine par l'étain et l'acide chlorhydrique. On méthyle ensuite. | Avec l'eau de chlore, coloration verte et formation de flocons; après quelques instants, coloration violette. — Avec les acides sulfurique et azotique, aucune coloration. — L'ammoniaque précipite la kaïrine de ses solutions. — Le perchlorure de fer donne, après une heure, une coloration verte qui devient rouge, puis brune. — Avec le ferricyanure de potassium, coloration verte, puis rouge. |
| LACTIQUE (acide).<br>$CO^2H.CH(OH)CH^3$<br><br>*Préparation* : Par la fermentation du glucose, sucre, fécule, etc., en présence de matières azotées. | Liquide sirupeux incolore, d'une saveur acide, soluble dans l'eau, l'alcool et l'éther. Il est hygrométrique.<br>L'eau de chaux n'est pas troublée par addition de l'acide lactique : il dissout le phosphate tricalcique récemment précipité. L'acide lactique coagule l'albumine. — Avec acide chlorhydrique et bioxyde de manganèse formation de chloral. |

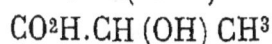

| DÉNOMINATIONS ET FORMULES | CARACTÈRES ANALYTIQUES |
| --- | --- |
| MENTHOL.<br><br>Oxyhexahydrocymol .<br><br>$C^{10}H^{19}(OH)$<br><br>Point de fusion : 43°.<br><br>*Préparation* : Extrait de la *mentha pipe-rita.* | Cristaux insolubles dans l'eau et les alcalis, solubles dans l'alcool, l'éther et le chloroforme. — Avec l'acide azotique à froid, aucune coloration. — 5 décigrammes de menthol mélangés avec 20 centimètres cubes d'acide sulfurique donnent un liquide jaune, puis rouge, duquel se sépare après un jour du menthène $C^{10}H^{18}$ sous forme de couche huileuse.<br>Le chloral, le phénol ou le résorcine mélangé avec le menthol, dans la proportion de 2 à 1 partie, fournissent un composé facilement volatil. |
| MÉTHACÉTINE.<br><br>Paraoxyméthylacéta -nilide.<br><br>$C^6H^4 \diagdown {\diagup}^{AzHCH^3CO}_{\phantom{O}OCH^3}$<br><br>Point de fusion : 127°. | Cristallise en aiguilles ou en paillettes' soluble dans 500 parties d'eau froid et 12 parties d'eau bouillante ; soluble dans l'alcool, le chloroforme et l'éther.<br>Avec l'acide sulfurique à chaud, coloration violette. — 3 décigrammes de méthacétine mélangés avec 3 décigrammes de nitrate de sodium donnent une belle coloration verte par addition d'acide sulfurique ; dans les mêmes conditions, le nitrite de sodium donne une coloration violette.<br>Avec l'eau de chlore, coloration orange ; par addition d'ammoniaque, elle devient brun rouge. |
| MÉTHYLAL.<br><br>Diméthylate de mé-thylène. | Liquide limpide, doué d'une odeur éthérée, légèrement poivrée, soluble dans 3 fois son volume d'eau ; la potasse le sépare de cette solution. Il est soluble dans l'alcool et dans l'éther. |

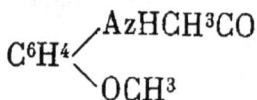

| DÉNOMINATIONS ET FORMULES | CARACTÈRES ANALITYQUES |
|---|---|
| $CH^2 \Big\langle {\atop} {CH^3O \atop CH^3O}$ <br><br> Point de distillation : 42°. <br> *Préparation :* Produit d'oxydation de l'alcool méthylique. | Par l'action des agents oxydants, formation d'acide formique. <br> On chauffe le méthylal avec du sulfate de diméthylaniline et de l'acide sulfurique; après avoir saponifié et chassé l'excès de diméthylaniline on oxyde par l'acide acétique et le bioxyde de plomb; il se forme une coloration bleue intense. |
| MÉTHYLIQUE (Alcool). <br> $CH^3OH$ <br><br> Point de distillation : 66°. <br> *Préparation :* Produit retiré de la distillation des bois. | Liquide mobile, incolore, d'une odeur aromatique et d'une saveur brûlante. Il précipite les sulfates de leurs solutions aqueuses. — Avec la baryte anhydre, formation d'un corps cristallisé avec dégagement de chaleur ; *id.* avec le chlorure de calcium. — Avec acide azotique à chaud, production de vapeurs nitreuses; avec acide sulfurique et bioxyde de plomb, dégagement d'un produit éthéré (méthylal). Par addition de soude ou de potasse, coloration brune à l'air. |
| MICROCIDINE. <br> Mélange formé en grande partie de β-naphtolate de soude. <br> *Préparation :* Action de la soude à haute température sur le β-naphtol. | Soluble dans l'eau avec légère fluorescence. — Produit à réaction alcaline. — Par addition de l'acide sulfurique, on précipite le β-naphtol. |

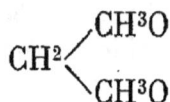

| DÉNOMINATIONS ET FORMULES | CARACTÈRES ANALYTIQUES |
|---|---|

NAPHTALINE.

$C^{10}H^8$

Point de fusion : 80°.

*Préparation :* Par le traitement des goudrons.

Insoluble dans l'eau, soluble dans l'alcool et l'éther. — Avec l'acide sulfurique contenant un peu d'acide azotique, coloration brune. — En chauffant doucement 2 centimètres cubes d'acide sulfurique, 1 centimètre cube de chloroforme et 0 gr. 05 de naphtaline, l'acide sulfurique se colore en rouge, le chloroforme ne se colore pas. — L'acide picrique dissous dans l'alcool donne, avec la naphtaline, des cristaux de picrate de naphtaline peu solubles dans les acides.

---

α-NAPHTOL.

$$C^6H^4\!\!\begin{cases} CH\ COH \\ \quad | \\ CH\ CH \end{cases}$$

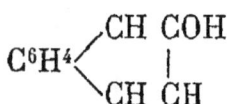

Point de fusion : 94°.

*Préparation :* Obtenu par fusion de · l'α-sulfonaphtaline à haute température avec de la soude.

Caractères distinctifs : 1° on filtre un mélange d'α-naphtol avec un lait de chaux et on ajoute de l'eau de brome : il se produit une coloration trouble lilas qui devient violette ; 2° 2 parties d'α-naphtol, 2 parties de bichlorure de mercure donnent à chaud, avec une solution de 1 partie de nitrate de sodium, un dépôt rouge vif ; dans les mêmes conditions, le β-naphtol donne une combinaison amorphe rouge brune. (Flückiger).

---

β-NAPHTOL.

(Isomère du précédent)

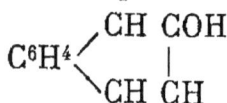

$$C^6H^4\!\!\begin{cases} CH\ COH \\ \quad | \\ CH\ CH \end{cases}$$

Point de fusion : 122°.

*Préparation :* Par fusion de la β-sulfo-

Donne la plupart des réactions de l'α-naphtol. — Peu soluble dans l'eau, soluble dans l'alcool, l'éther et les alcalis. Avec acide sulfurique, coloration rouge jaune. — En agitant avec un lait de chaux, on obtient une liqueur filtrée fortement fluorescente. — Avec l'ammoniaque, il se produit aussi une fluorescence. En chauffant du β-naphtol, de l'acide

| DÉNOMINATIONS ET FORMULES | CARACTÈRES ANALYTIQUES |
|---|---|
| naphtaline avec la soude à haute température. | picrique et de l'alcool, on obtient par refroidissement des cristaux orangés. — 5 gouttes d'une lessive de soude se colorent en une couche bleue lorsqu'on les ajoute à 50° à une solution de 0 gr. 01 de β-naphtol dans 5 gouttes de chloroforme. |
| NITRITE D'AMYLE.<br>Éther amylnitreux.<br><br>$$O \begin{cases} C^5H^{11} \\ \\ AzO \end{cases}$$<br><br>Point de distillation : 99°.<br><br>*Préparation :* Se produit par l'action de l'acide nitreux sur l'alcool amylique. | Liquide légèrement coloré en jaune..<br>Il est décomposé par la potasse alcoolique avec formation de nitrite de potasse. Il s'enflamme lorsqu'on le projette sur de la potasse fondue.<br>Avec eau de chlore, coloration jaune devenant successivement rouge, puis verte. |
| OREXINE.<br>Chlorhydrate de phényldihydrochinazoline.<br>$C^6H^4CH^4AzCH.$<br>$AzC^6H^5.HCl + 2H^2O$<br>Point de fusion : 80°.<br><br>*Préparation :* Obtenue par la réduction de l'ortho-nitrobenzyl-formanilide. | Assez soluble dans l'alcool méthylique, peu soluble dans l'éther. — L'ammoniaque et les acides donnent des précipités. En traitant un mélange d'orexine et de nitrite de sodium par l'acide sulfurique, coloration brune qui devient verte ; par le nitrate, coloration rouge, puis jaune. |

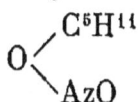

| DÉNOMINATIONS ET FORMULES | CARACTÈRES ANALYTIQUES |
| --- | --- |
| OXYNAPHTOÏQUE (acide).<br><br>$C^{10}H^6 \diagdown^{OH}_{COOH}$<br><br>Point de fusion : 186°.<br><br>*Préparation :* Résulte de l'action de l'acide carbonique sec sur le naphtolate de sodium. | Peu soluble dans l'eau, soluble dans l'alcool et l'éther. — Avec l'acide nitreux, coloration jaune et dégagement d'acide carbonique. — Avec le perchlorure de fer, le sel potassique donne une coloration bleue. |
| PARALDÉHYDE.<br><br>$(CH^3.COH)^3$<br><br>Point d'ébullition : 124° :<br><br>*Préparation :* Produit de polymérisation de l'aldéhyde acétique. | Liquide fluide, limpide, doué d'une odeur aromatique et d'une saveur âcre. Peu soluble dans l'eau, soluble dans l'alcool et l'éther.<br>Par addition d'acide sulfurique, formation d'aldéhyde. |
| PENTAL.<br><br>Triméthyléthylène.<br><br>$(CH^3)^2C : CH (CH^3)$<br><br>Point d'ébullition 36-38°.<br><br>*Préparation :* S'obtient par la distillation de l'alcool amylique de fermentation en présence du chlorure de zinc fondu. | Liquide mobile, incolore, neutre, inflammable, doué d'une odeur éthérée et d'une saveur douceâtre. |

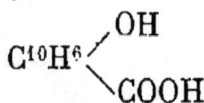

PHÉNACÉTINE.

Paraacétophénétidine.

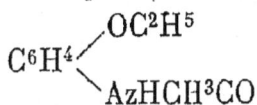

$$C^6H^4\diagdown^{OC^2H^5}_{AzHCH^3CO}$$

Point de fusion : 135°.

*Préparation :* Résulte de la combinaison entre le paraamidophénétol et l'acide acétique.

Petits cristaux blancs sans odeur et sans goût. — Très peu soluble dans l'eau froide, plus soluble dans l'alcool. — Avec le perchlorure de fer, aucune coloration. — Soluble dans l'acide sulfurique, sans coloration quand la phénacétine est pure. — Un mélange à parties égales de phénacétine et de nitrite de sodium donne, avec l'acide sulfurique, une coloration violette qui devient ensuite verte. — Chauffée avec de la poudre de zinc, formation d'acide salicylique. — Avec la soude et le chloroforme, à chaud, dégagement de phénylisocyanide reconnaissable à sa mauvaise odeur.

PHÉNIQUE (Acide).

Acide carbolique, phénol.

$$C^6H^5.OH$$

Point de fusion : 42°.

*Préparation :* Obtenu par la distillation des goudrons.

Peu soluble dans l'eau, soluble dans l'alcool, l'éther, les alcalis. — 20 parties d'acide phénique et 10 parties d'alcool donnent, avec 1 partie de perchlorure de fer, une coloration verte qui devient violette par addition d'eau. — Avec l'acétate de plomb, précipité abondant. — Avec l'acide sulfurique, aucune coloration ; quand l'acide sulfurique contient de l'acide azotique, coloration rouge brune ou verdâtre. — En introduisant des vapeurs de brome dans une solution aqueuse de phénol, formation d'un précipité cristallin blanc, fondant à 95° (tribromophénol).

PHÉNOCOLE.

Chlorhydrate de la dia-

Soluble dans 18 parties d'eau. — Donne la plupart des réactions colorées de la phénacétine. Soluble dans l'acide sul-

| DÉNOMINATIONS ET FORMULES | CARACTÈRES ANALYTIQUES |
|---|---|

midoacétoparaphé - nétidine.

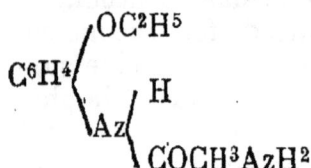

$$C^6H^4 \diagup \begin{matrix} OC^2H^5 \\ \\ Az \diagdown \begin{matrix} H \\ COCH^3AzH^2 \end{matrix} \end{matrix}$$

Se carbonise vers 200°.

*Préparation :* Résulte de l'action de l'ammoniaque sur la combinaison obtenue avec la paraphénétidine et le chlorure d'acétyle.

furique avec coloration jaune ; par addition du nitrate de soude, coloration rouge brun. — Ses solutions sont précipitées par la solution d'iode. — Avec le bichlorure de mercure et le nitrite de sodium, précipité jaune, amorphe.

---

PHÉNOSALYL.

Composé non défini résultant d'un mélange d'acide phénique, d'acide salicylique d'acide lactique e' de menthol.

---

PIPÉRAZINE.

Diéthylène-diamine.

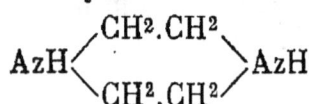

$$AzH \diagdown \begin{matrix} CH^2.CH^2 \\ CH^2.CH^2 \end{matrix} \diagup AzH$$

Point de fusion : 107°.

*Préparation :* Par l'action de l'ammonia-

Cristallise en petites paillettes déliquescentes ; odeur rappelant celle du sel ammoniac. Elle a une réaction alcaline, elle est soluble dans l'eau et dans l'alcool, peu soluble dans l'éther. Sa solution aqueuse donne une coloration noire avec le calomel ; le bichromate de potasse et le ferrocyanure de potassium ne donnent rien.

| DÉNOMINATIONS ET FORMULES | CARACTÈRES ANALYTIQUES |
|---|---|
| que sur le bromure d'éthylène.<br>Par la décomposition des pipérazides résultant de l'action du bromure d'éthylène sur les amides sulfonés de la série aromatique. | En dissolvant la pipérazine dans un peu d'acide chlorhydrique, par addition d'alcool, on précipite le chlorure sous forme cristalline.<br>Le sulfure de carbone, intimement mélangé avec la pipérazine, donne un dépôt de soufre. |
| PYOKTANIN.<br>Sous ce nom, on désigne en thérapeutique certaines couleurs d'aniline telles que le violet de méthyle, l'auramine, etc. | |
| PYRIDINE.<br>$C^5H^5Az$<br>Point de distillation : 114°,8.<br>*Préparation* : Retirée de la distillation sèche des matières azotées. | Se mélange à l'eau. — Une solution d'iode dans l'iodure de potassium donne un précipité cristallin par addition de pyridine. — L'eau de brome et le tanin donnent un précipité abondant. — Avec le calomel à chaud, formation de cristaux contre les parois du récipient. |
| PYRODINE.<br>Monoacétylphénylhydrazine :<br>$C^6H^5AzH.AzHC^2H^3O$<br>Point de fusion : 128°.<br>*Préparation :* Combi- | Peu soluble dans l'eau. — A froid, la liqueur cupro-potassique est réduite. — Avec ferricyanure de potasse et perchlorure de fer, précipité bleu. — L'acide sulfurique contenant de l'acide azotique donne une coloration rouge carmin. |

| DÉNOMINATIONS ET FORMULES | CARACTÈRES ANALYTIQUES |
| --- | --- |
| naison de la phényl-hydrazine et de l'acide acétique. | |
| PYROGALLOL.<br>Acide pyrogallique.<br>$C^6H^3 \begin{cases} OH \\ OH \\ OH \end{cases}$<br>Point de fusion : 115°.<br>*Préparation :* Se forme par l'action de la chaleur sur l'acide gallique. | Assez soluble dans l'eau et l'alcool, peu soluble dans la benzine et le chloroforme. — Avec le perchlorure de fer, coloration jaune. — Avec le vanadate d'ammonium, coloration jaune virant au brun. — Le ferricyanure de potasse donne, après un jour, des cristaux de purpurogalline. — Le pyrogallol ne précipite pas les sels de quinine. |
| QUINOLÉINE, QUINO-LINE.<br>$C^9H^7Az$<br>Point de distillation : 238°.<br>*Préparation :* Obtenue en chauffant l'aniline avec la glycérine et l'acide sulfurique. | Peu soluble dans l'eau, soluble dans l'alcool. — Le cyanure de mercure donne un précipité cristallin soluble dans l'acide chlorhydrique. — Avec le calomel, coloration grise. — L'eau de brome donne un abondant précipité. — Avec le sulfate de cuivre et l'alun, il se forme l'hydrate correspondant. |
| RÉSORCINE.<br>Métadioxybenzine. | Très soluble dans l'eau, l'alcool et l'éther, peu soluble dans le chloroforme. — Avec le perchlorure de fer, coloration |

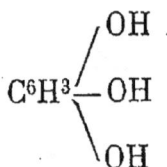

$C^6H^4\diagdown^{OH}_{OH}$

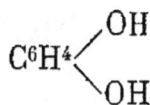

Point de fusion : 110°.

*Préparation :* Résulte de l'action de la soude en fusion sur le disulfobenzolate de sodium.

violette. — Avec le sulfate ferreux, aucune coloration (différence avec l'acide pyrogallique). — L'acide sulfurique contenant une trace d'acide nitrique donne une coloration violette. — Une réaction sensible consiste à ajouter de l'hydrate de chloral à une solution de résorcine dans la soude ; il se forme une coloration rouge.

SACCHARINE.

Saccharine.

$C^6H^4\diagup^{CO}_{SO^2}\diagdown AzH$

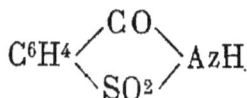

Point de fusion : 220°.

*Préparation :* Résulte de l'oxydation de l'amidosulfotoluène.

Assez soluble dans l'eau chaude, soluble dans l'alcool et l'éther. — Avec le perchlorure de fer, aucune coloration. — Avec le carbonate de potasse à chaud, dégagement de vapeurs sentant l'amande amère. — Avec la chaux, dégagement d'ammoniaque. — En chauffant avec l'acétate de sodium, à sec, dégagement de vapeurs noircissant un papier imbibé d'acétate de plomb ; le résidu, dissous dans l'acide azotique, donne un précipité de sulfate de baryte par addition du nitrate de baryte.

SALICINE.

$C^6H^4\diagup^{OC^6H^{10}O^5}_{CH^2OH}$

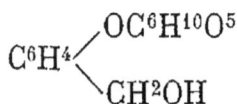

Point de fusion : 201°.

*Préparation :* Par la réduction de l'hélicine par l'amalgame de sodium.

Poudre cristalline soluble dans 1 partie d'eau bouillante et dans 28 parties d'eau froide. La solution aqueuse possède un goût amer. Soluble dans l'alcool, peu soluble dans l'éther et le chloroforme. — Avec l'acide sulfurique, coloration rouge ; avec l'acide chlorhydrique précipité floconneux de salirétine.

Le bichromate de potasse et l'acide sulfurique donnent avec la salicine de

DÉNOMINATIONS ET FORMULES | CARACTÈRES ANALYTIQUES

l'aldéhyde salicylique facilement reconnaissable à son odeur.

---

SALICYLIQUE (Acide).

Acide orthohydroxy-benzoïque.

$$C^6H^4 \Big\langle \begin{matrix} OH \\ CO^2H \end{matrix}$$

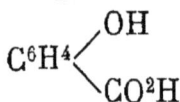

Point de fusion : 155°.

*Préparation* : Résulte de l'action de l'acide carbonique sec sur le phénate de sodium.

Peu soluble dans l'eau, soluble dans l'alcool et l'éther. — Avec le perchlorure de fer, coloration violette. — Avec acide sulfurique à froid, aucune coloration ; si on ajoute du nitrate de sodium, coloration rouge. — L'acide azotique à chaud donne une coloration rouge (acide nitrosalicylique).—0 gr. 16 d'acide salicylique et 0 gr. 11 de borax dissous dans 1 centimètre cube d'eau laissant déposer des cristaux.

---

SALINAPHTOL.

Salicylate de naphtol.

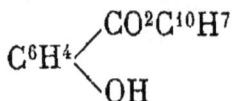

$$C^6H^4 \Big\langle \begin{matrix} CO^2C^{10}H^7 \\ OH \end{matrix}$$

Point de fusion : 83°(?).

*Préparation :* Par la combinaison de l'acide salicylique et du β-naphtol.

Corps solide blanc, insoluble dans l'eau, ne possédant ni odeur ni saveur.

---

SALIPYRINE.

Salicylate d'antipyrine.

Poudre cristalline, ayant le goût de l'acide salicylique. Elle se dissout dans 25 parties d'eau bouillante et 200 parties d'eau à 15°. La solution rougit le papier de tournesol. Par l'acétate de plomb, pré-

| DÉNOMINATIONS ET FORMULES | CARACTÈRES ANALYTIQUES |
|---|---|

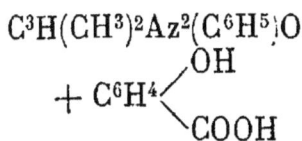

$C^3H(CH^3)^2Az^2(C^6H^5)O$

$$+\ C^6H^4 \Big\langle {}^{OH}_{COOH}$$

Point de fusion : 92°.

*Préparation :* Obtenu par la combinaison de l'antipyrine et de l'acide salicylique.

cipité abondant (il ne se forme pas par l'acétate neutre de plomb ; l'addition d'eau de chlore précipite l'acide salicylique ; le bichromate de potasse ne donne rien.

Les acides chlorhydrique et sulfurique ne donnent rien à froid. L'acide azotique fournit une coloration rouge qui devient successivement violette et bleue. Cette réaction permet de la distinguer de l'antipyrine et de l'acide salicylique.

En ajoutant quelques gouttes d'une solution de nitrite de sodium dans une solution saturée de salipyrine et en décomposant par l'acide acétique, on obtient une coloration bleue.

---

SALOL.

Salicylate de phénol.

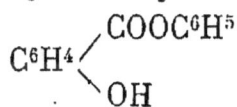

$$C^6H^4 \Big\langle {}^{COOC^6H^5}_{OH}$$

Point de fusion : 43°.

*Préparation :* Résulte de la combinaison entre l'acide phénique et l'acide salicylique.

Insoluble dans l'eau froide, soluble dans l'alcool et l'éther. — Avec acide sulfurique à chaud, coloration jaune ; l'acide azotique ne donne rien. — En chauffant le salol avec l'ammoniaque, on obtient un liquide qui est coloré en violet par le perchlorure de fer. — 0 gr. 05 de salol mélangés avec 0,08 de nitrate de sodium donnent, avec 1 centimètre cube d'acide sulfurique, une coloration bleue verte ; avec le nitrite de sodium, la coloration est rouge et devient successivement brune et bleu-verdâtre.

---

SALOPHÈNE.

Salicylate d'acétylparaamidophénol :

Peu soluble dans l'eau froide, plus soluble à chaud, soluble dans l'alcool et l'éther.

| DÉNOMINATIONS ET FORMULES | CARACTÈRES ANALYTIQUES |
|---|---|
| $C^6H^4COOC^6H^4$ <br> $\mid$       $\mid$   H <br> O H     Az $\big<$ <br>           $C^2H^3O$ <br><br> Point de fusion : 188°. <br><br> *Préparation :* Provient de l'action de l'oxychlorure de phosphore sur l'acide salicylique et le paranitrophénol. On réduit et on acétyle. | |
| SOMNAL. <br><br> Ethylchloraluréthane. <br> $C^7H^{12}Cl^3O^3Az$ <br> Point de fusion : 42°. <br><br> *Préparation :* Résulte de l'action du chloral en solution alcoolique sur l'uréthane. | Cristaux fins, très hygrométriques, très solubles dans l'eau et l'alcool. |
| Sozoïodol. <br><br> Diiodoparaphénolate de sodium : <br><br>           I <br>         / <br>       / I <br> $C^6H^2$ $\big<$ <br>        \ OH <br>         \ <br>          $SO^3Na$ | Soluble dans l'alcool, peu soluble dans l'éther. — En suspension dans l'eau, à la lumière, formation d'un dépôt d'iode après une heure. — Chauffé avec de l'acide azotique, on obtient, après évaporation, un résidu qui, dans l'eau bouillante, laisse déposer des cristaux d'acide picrique. — En filtrant, on peut rechercher l'acide sulfurique dans les eaux. |

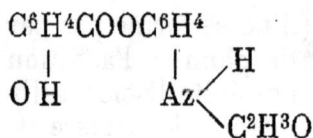

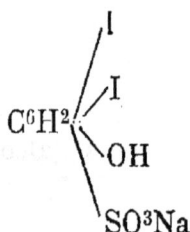

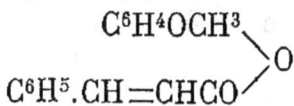

| DÉNOMINATIONS ET FORMULES | CARACTÈRES ANALYTIQUES |
|---|---|
| *Préparation :* Combinaison du phénol sulfoné avec l'iode. | |
| STYRACOL.<br>Cynnamylgaïacol.<br><br>$C^6H^4OCH^3$<br>$\phantom{C^6H^4OCH^3}\!\!\diagdown\!O$<br>$C^6H^5.CH\!=\!CHCO\diagup$<br><br>Point de fusion : 130°.<br>*Préparation :* Obtenu par la combinaison du gaïacol et du chlorure de cinnamyle. | Cristaux en aiguilles, solubles dans l'alcool. |
| SULFAMINOL.<br>Thiooxydiphénylami - ne :<br><br>$C^6H^3OH\diagup\!\!\genfrac{}{}{0pt}{}{AzH}{S-S}\!\!\diagup C^6H^4$<br><br>Point de fusion : 155°.<br>*Préparation :* Combinaison entre le soufre et la métaoxydiphénylamine. | Poudre jaune, amorphe, sans odeur et sans goût, insoluble dans l'eau, soluble dans l'alcool, les alcalis et l'acide acétique cristallisable. — Avec acide azotique, coloration bleue. — On peut déterminer facilement la présence du soufre. |
| SULFONAL.<br>Diéthylsulfone - diméthylméthane. | Cristaux blancs solubles dans le chloroforme, le sulfure de carbone et l'éther. 15 parties d'eau bouillante dissolvent 1 partie de sulfonal. La solution aqueuse |

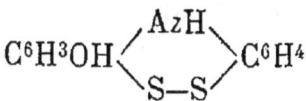

| DÉNOMINATIONS ET FORMULES | CARACTÈRES ANALYTIQUES |
|---|---|

$$\begin{matrix} CH^3 \\ \\ CH^3 \end{matrix} \diagdown C \diagup \begin{matrix} SO^2C^2H^5 \\ \\ SO^2C^2H^5 \end{matrix}$$

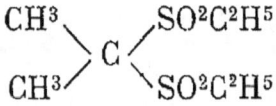

Point de fusion : 131°.

*Préparation :* Produit de la combinaison de l'éthylmercaptane et de l'acétone.

est sans goût et sans odeur. L'eau de chlore et le nitrate de baryum n'ont aucune action sur la solution.

5 centigrammes de sulfonal et 1 gramme d'acétate de sodium desséché, chauffés dans un tube de verre, dégagent des vapeurs odorantes, douées d'une réaction acide (Flückiger).

On broie 2 décigrammes de sulfonal avec 2 grammes de péroxyde de manganèse et on chauffe fortement le mélange dans un tube : il se forme du sulfate manganeux.

---

TANIN.

Extrait de la noix de galle.

Poudre amorphe brillante. La solution aqueuse rougit le papier de tournesol. 10 parties d'eau à 15° dissolvent une partie de tanin ; très soluble dans l'alcool, l'éther acétique et la glycérine, insoluble dans l'éther pur. — Avec les acides concentrés, précipités abondants ; avec le sulfate ferreux et le chlorure de fer, abondante coloration bleuâtre. 1 centimètre cube d'une dissolution de tanin additionnée de 4 centimètres cubes d'eau, contenant 1 centigramme de sulfate ferreux, donne une coloration rouge, violette par addition de 1 centigramme de carbonate de chaux.

Le vanadate d'ammonium colore en jaune la dissolution de tanin. L'ammoniaque et la soude donnent une coloration rouge. L'iode se dissout en donnant une coloration brune. Le bichromate de potasse fournit, après quelques minutes de contact avec la solution

| DÉNOMINATIONS ET FORMULES | CARACTÈRES ANALYTIQUES |
|---|---|
| | aqueuse de tanin, un abondant précipité brun. |
| **TARTRIQUE (Acide).**<br>Point de fusion : 135°.<br>*Préparation :* Obtenu par la décomposition du tartrate de chaux provenant des tartres. | Cristaux transparents et incolores, inaltérables à l'air ; très solubles dans l'eau et dans l'alcool, peu solubles dans l'éther. Par le chauffage à l'air, odeur rappelant celle du caramel. — Avec le permanganate de potasse à froid, rien ; vers 50 ou 60°, le liquide se décolore avec dégagement de gaz carbonique et précipitation de peroxyde de manganèse. En solution alcaline, réduction des sels d'argent. Lorsqu'on broie 5 parties d'acide tartrique avec 16 parties de bioxyde de plomb, la masse s'échauffe considérablement. Par le bichromate de potasse, la solution d'acide tartrique se transforme en un liquide vert-brun foncé. |
| **TÉTRONAL.**<br>Diéthylsulfone - diéthylméthane.<br>$C^2H^5$ \ C / $SO^2C^2H^5$<br>$C^2H^5$ / \ $SO_2C^2H^5$<br>Point de fusion : 89°.<br>*Préparation :* Combinaison de la diéthyl acétone avec le sulfhydrate d'éthyle. On oxyde ensuite. | Peu soluble dans l'eau froide, très facilement soluble dans l'eau chaude, ainsi que dans l'éther, l'alcool et les autres dissolvants usuels.<br>La solution aqueuse est sans odeur et sans goût. |

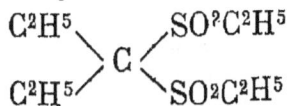

| DÉNOMINATIONS ET FORMULES | CARACTÈRES ANALYTIQUES |
|---|---|
| **THALLINE.** <br><br> Sulfate de tétrahydro-parachinanisol : <br><br> $C^9H^{10}(OCH^3)Az$ <br><br> Point de fusion de la base : 42°. <br><br> *Préparation* : Obtenu par réduction du paraquïnanizol. | Avec l'eau de chlore, coloration verte et formation de flocons; après quelques instants, coloration violette. — Avec les acides sulfurique et azotique, aucune coloration. — L'ammoniaque précipite la thalline de ses solutions. — Le perchlorure de fer donne, après une heure, une coloration verte qui devient rouge, puis brune. — Avec le ferricyanure de potassium, coloration verte, puis rouge. |
| **THIALDINE.** <br><br> $C^6H^{13}AzS^2$ <br><br> Point de fusion : 43°. <br><br> *Préparation* : Par la décomposition de l'aldéhydate d'ammoniaque par l'acide sulfhydrique. | Cristaux blancs, diaphanes et brillants, d'une odeur désagréable. Ils se décomposent par la distillation; ils sont volatils à la température ordinaire. La thialdine est peu soluble dans l'eau, facilement soluble dans l'alcool et l'éther. La solution alcoolique donne avec l'acétate de plomb, après quelque temps, un précipité blanc qui noircit; avec le chlorure de mercure, un précipité blanc qui passe au jaune. — Calcinée avec de la chaux, la thialdine donne une huile ayant les caractères de la quinoléine. |
| **THYMACÉTINE.** <br><br> Étheréthylique de l'acétoparaamido thymol. <br><br> $C_6H^2 \begin{cases} OH^3 \\ OC^2H^3 \\ C^3H^7 \\ AzH^3COCH^3 \end{cases}$ | Cristaux en paillettes, peu solubles dans l'eau, solubles dans l'alcool et l'éther. |

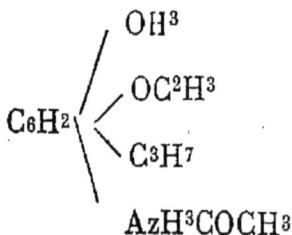

Point de fusion : 136°.

*Préparation* : On traite les sels du nitrothymol avec les halogènes éthylés.

---

THYMOL.

Propylmétacrésol :

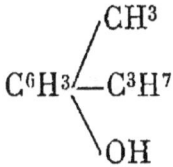

$$C^6H^3 \diagdown \begin{matrix} CH^3 \\ —C^3H^7 \\ OH \end{matrix}$$

Point de fusion : 44°.

*Préparation :* Retiré de l'essence de thym.

Très peu soluble dans l'eau, soluble dans l'alcool, et l'éther. — 5 milligrammes de thymol, 1 centigramme de nitrite de sodium et 2 centimètres cubes d'acide sulfurique, donnent une coloration jaune de nitrosothymol qui, après une heure, se transforme en une couleur verte stable (Flückiger). — En traitant 1 partie de thymol et 1 partie de soude par 10 parties de chloroforme, coloration rouge peu stable. — La dissolution sodique de thymol donne, en la versant dans une solution d'iode dans l'iodure de potassium, un précipité brun rouge d'aristol.

---

TRICHLORACÉTIQUE (acide).

$$CCl^3CO^2H$$

Point de fusion : 52°.

*Préparation :* On l'obtient par l'action de l'acide azotique sur l'hydrate de choral.

Cristaux rhomboédriques déliquescents ; son odeur est faible, à froid sa saveur caustique, ses vapeurs sont suffocantes. L'acide trichloracétique est très soluble dans l'eau ; la solution a une réaction fortement acide. A chaud avec de la potasse, dégagement de vapeurs de chloroforme.

---

TRINITRINE.

Nitroglycérine.

Liquide jaunâtre peu soluble dans l'eau et l'alcool ordinaire, très soluble dans

| DÉNOMINATIONS ET FORMULES | CARACTÈRES ANALYTIQUES |
|---|---|
| $C^3H^5(AzO^3)^3$<br><br>*Préparation* : Combinaison de la glycérine et de l'acide azotique. | l'alcool et l'éther absolu. Sa saveur est brûlante et sucrée. Par une élévation brusque de température, elle se décompose avec explosion. Les acides et les alcalis la décomposent. |
| TRIONAL.<br>Diéthylsulfone-méthyléthylméthane.<br><br>$$CH^3 \diagdown \quad \diagup SO^2C^2H^5$$ $$C$$ $$C^2H^5 \diagup \quad \diagdown SO^2C^2H^5$$<br><br>Point de fusion : 75,5o.<br><br>*Préparation :* On condense la méthyléthylacétone avec le sulfhydrate d'éthyle et on oxyde. | Cristallise en paillettes argentées. Difficilement soluble dans l'eau froide, soluble dans l'eau chaude, dans l'éther, l'alcool et la benzine. — La solution aqueuse est sans odeur, et possède un léger goût d'amertume. |
| TRITHIALDÉHYDE.<br>Sulfoparaldéhyde.<br>$(C^2H^4S)^3$<br><br>Point de fusion : 101o.<br><br>*Préparation :* Produit de polymérisation de la sulfaldéhyde. | Corps solide, insoluble dans l'eau, soluble dans l'alcool. Par l'acide azotique étendu, formation d'acide acétique. |
| VALÉRIANATE D'AMYLE<br>$C^5H^{11}O.C^3H^2O$<br>Point de distillatiou : 188-189o. | Liquide doué d'une odeur de pomme. |

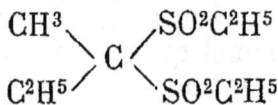

| DÉNOMINATIONS ET FORMULES | CARACTÈRES ANALYTIQUES |
|---|---|

*Préparation* : Obtenu par oxydation de alcool amylique par l'acide chromique.

---

**VANILINE.**

Méthylprotocatéchual-déhyde.

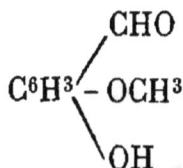

$$C^6H^3 \Big\langle \begin{array}{l} CHO \\ - OCH^3 \\ OH \end{array}$$

Point de fusion : 81°.

*Préparation* : Par le traitement du gaïacol par le chloroforme et un alcali; par oxydation de l'eugénol.

Cristaux en aiguilles solubles dans 100 parties d'eau froide et dans 20 parties d'eau chaude, solubles dans l'éther, le chloroforme et l'alcool. 1 centigramme de pyrogallol dissous dans 1 centimètre cube d'acide chlorhydrique à chaud donne une coloration rouge violette en présence d'une trace de vaniline. On peut remplacer le pyrogallol par la résorcine et le thymol.

Avec le perchlorure de fer, coloration bleue qui devient brune à chaud avec formation de déhydrovaniline. — Avec le sulfate ferreux, aucune coloration; par addition d'eau de chlore, coloration verte. La vaniline se dissout dans l'acide sulfurique avec une coloration jaune; l'acide azotique colore en jaune rouge avec formation de petits cristaux.

FIN

# ERRATA

Page 96. — Au lieu de $C^6H^5CO^6H$, *lisez* : $C^6H^5CO^2H$.

Page 140. — La formule doit être rectifiée ainsi :

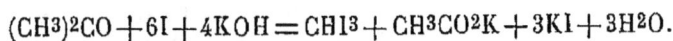

$$(CH^3)^2CO + 6I + 4KOH = CHI^3 + CH^3CO^2K + 3KI + 3H^2O.$$

Page 141. — Au lieu de $D^r$ Simplon, *lisez* : $D^r$ Simpson.

Page 160. — Au lieu de $(C^4H^4S^2)^3$, *lisez* : $(C^2H^4S)^3$.

Page 161. — Au lieu de $3CH^2H^4O.AzH^3$, *lisez* : $3C^2H^4O.AzH^3$.

TABLE ALPHABÉTIQUE.

# TABLE ALPHABÉTIQUE

FIN DE LA TABLE ALPHABÉTIQUE DES MATIÈRES.

ANGERS, IMP. A. BURDIN ET C⁰, RUE GARNIER, 4.

ANGERSTEIN et ECKLER. — La gymnastique à la maison, à la chambre et au jardin. 1892, in-16, fig............ 2 fr.
— La gymnastique des demoiselles. 1892, in-16, fig. 2 fr.

BEDOIN. — Précis d'hygiène publique, 1891. 1 vol. in-18 de 321 p, avec 70 gravures, cart............ 5 fr.

BERGERON (A.). — Précis de petite chirurgie et de chirurgie d'urgence, in-18 jésus de 436 pages avec 374 fig... 5 fr.

BERNARD (H.). — Premier secours aux blessés sur le champ de bataille et dans les ambulances. In-18 de 154 pages, avec 79 figures........................... 2 fr.

BONAMI. — Nouveau dictionnaire de la santé, comprenant la médecine usuelle, l'hygiène journalière, la pharmacie domestique et les applications des nouvelles conquêtes de la sciences à l'art de guérir. 1889, 1 vol. gr. in-8 de 950 pages à 2 col. illustré de 702 figures............ 16 fr.
Cartonné........................... 18 fr.

CORRE. — La pratique de la chirurgie d'urgence. 1872, in-18, de VIII-216 pages, avec 51 figures..... 2 fr.

CORIVEAUD. — Hygiène des familles. 1890, in-16 . 3 fr. 50

DONNÉ. — Hygiène des gens du monde, in-16 de 448 pages........................... 3 fr. 50

FERRAND (E.) et DELPECH (A.). — Premiers secours, en cas d'accidents et d'indispositions subites. 1890, in-16 de 360 pages, avec 86 figures, cart.......... 4 fr.

FONSSAGRIVES. — Hygiène alimentaire des malades, des convalescents et des valétudinaires, ou du régime envisagé comme moyen thérapeutique. 1881, 1 vol. in-8 de XLII-688 pages........................... 9 fr.

JACQUEMET. — Les maladies de la première enfance. Premiers soins avant l'arrivée du médecin. 1892, in-16. 2 fr.

LEVY (Michel). — Traité d'hygiène publique et privée. 2 vol. gr. in-8, ensemble 1,900 pages, avec figures..... 20 fr.

MALAPERT DU PEUX. — Le lait et le régime lacté. 1890, in-16 de 160 pages........................... 2 fr.

MONTEUUIS. — Guide de la garde-malade, conférences aux dames de la Société française de secours aux blessés militaires. 1891, in-16, 176 pages, avec figures ....... 2 fr.

SAINT-VINCENT. — Nouvelle médecine des familles à la ville et à la campagne : remèdes sous la main, premiers soins avant l'arrivée du médecin et du chirurgien. 11e édition, 1894, 1 vol. in-18 jésus de 456 pages, avec 129 fig. cart.. 4 fr.

ANGERS, IMP. BURDIN ET Cie, 4, RUE GARNIER.

www.ingramcontent.com/pod-product-compliance
Lightning Source LLC
Chambersburg PA
CBHW060951220326
41599CB00023B/3668